全国高职高专工程测量技术专业规划教材

工程监测技术及应用

杨晓平 主编

中国电力出版社
CHINA ELECTRIC POWER PRESS

本书是全国高职高专工程测量技术专业规划教材。本书以工程监测的基本理论和基本方法为基石，以监测技能技术和应用方法为主要内容，以突出监测技术在工程中的应用为核心，并结合具体工程给出了工程监测实例。本书在教材框架的编写上有所创新，力求有别于本科及中专教材。

　　全书共九章，分别讲述了工程监测技术基础知识、基坑工程变形监测、建筑物变形监测、公路工程及边坡工程施工监测、地铁盾构隧道工程施工监测、水利工程监测、GPS 定位技术在工程监测中的应用以及工程监测新技术及发展趋势等内容。

　　全书内容前沿、实用性强，可作为高职高专工程测量技术专业的教材，也可作相关土木工程技术专业的工程监测的通用教材或教学参考书，还可供从事测绘、土木、道路市政及有关工程监测的设计、施工的工程技术人员学习参考。

图书在版编目（CIP）数据

工程监测技术及应用/杨晓平主编. —北京：中国电力出版社，2007.8（2018.8重印）
全国高职高专工程测量技术专业规划教材
ISBN 978-7-5083-5493-4

Ⅰ. 工…　Ⅱ. 杨…　Ⅲ. 土木工程-工程施工-监测系统-高等学校：技术学校-教材　Ⅳ. TU712

中国版本图书馆 CIP 数据核字（2007）第 055201 号

中国电力出版社出版、发行
北京市东城区北京站西街 19 号　100005　http://www.cepp.com.cn
责任编辑：王晓蕾　责任印制：蔺义舟
责任校对：李　亚
北京雁林吉兆印刷有限公司印刷·各地新华书店经售
2007 年 8 月第 1 版·2018 年 8 月第 9 次印刷
787mm×1092mm　1/16·11.75 印张·291 千字·1 插页
定价：**28.00** 元

前　言

随着工程设计理论和工程施工技术的快速发展，工程变形监测逐渐成为工程设计的耳目，成为确保工程施工安全的重要手段。工程监测已成为工程建设实施阶段中不可缺少的重要环节。由此，工程监测的基本理论和方法及技术在工程测量专业及其专业知识结构中显得越来越重要，工程监测技术已脱离传统的工程测量范畴而成为一门独立的新学科。

工程监测技术是一门综合性极强的技术，它是以岩土力学、工程测量学及工程设计理论和方法等学科为理论基础，以仪器、传感器、计算机、监测技术等相关知识为技术支持，并结合工程施工工艺和工程建设的实践经验所形成的一门向多学科渗透的技术学科。

现今的地下工程设计与施工采用科学化的经验方法与工程实践相结合的信息化监控设计、施工手段，把地下工程开挖后周围管线、周边建筑物及工程支护结构系统的力学性态变化作为判断工程的稳定性和可靠性的依据，将工程施工监测所获取的各项监测数据信息进行分析处理，并与类似工程的经验方法相结合，建立起必要的判断准则，最终利用监测结果及时作出安全预报，并以此对设计的合理性作出验证，对工程施工作出决策。目前，在我国的一些相关的建设法规、强制性的规范中，已将对基坑围护结构和周围环境进行监测纳入其中，并作为一项强制性规定，要求在进行城市地下基坑、地铁盾构隧道等工程施工时，必须进行工程监测。

本书具体讲述工程建设中常见的各项监测项目的原理、方法、监测用的仪器仪表、各监测点的布设以及相关工程建设对监测的要求，并结合具体工程给出了工程监测实例。本书还吸纳了先进的监测技术与方法，对全站仪、GPS 接收机等现代测绘仪器及其在工程施工监测中的具体应用方法作了介绍。本书力求基础理论知识适度，注重实用性，尽可能做到通过对监测技术的学习，可以很快地将监测技术与方法应用到工程实践中。同时为了便于教学，每章均有学习要求和小结，且均附有习题，以利学习与复习。

本书由杨晓平主编。徐景田、张冬菊、王金玲、肖伦波、袁江红、吴晓群为副主编。各章节具体分工为：杨晓平主要编写第 1，第 3，第 5，第 6 章，金幼君编写第 3 章的 3.1 节，王金玲编写第 6 章的 6.3 节；张冬菊、袁江红合作编写第 2 章，文学编写第 2.8 节；肖伦波和吴晓群合作编写第 4，第 8 章；徐景田编写第 7，第 9 章，张细权编写第 9 章的 9.2 节。最后由杨晓平对全书进行修改、统编和定稿工作。

在本书编写过程中，得到了编者所在学院、中国电力出版社有关领导及编辑的鼓励与积极支持，同时还参阅了许多参考文献，有关的书刊作者已在参考文献中列出。在此，一并致以由衷的谢意。

尽管编者在编写过程中竭尽努力，但由于工程监测技术是一门新兴的科学技术，发展日新月异，再加上编者水平有限，书中难免存在一些不妥和错误之处，恳请专家、同行、读者批评指正。

编　者

目　　录

第1章 绪 论

通过本章的学习，要求了解变形及变形监测的概念，认识变形对工程建设的影响，以及进行工程变形监测的目的和意义。搞清楚变形监测的基本内容，并对变形分析有一定的认识，对工程变形监测的实施过程有清晰的概念。

1.1 工程变形监测的内容、目的与意义

1.1.1 工程变形监测的定义

变形是自然界普遍存在的一种客观现象，通常是指变形体在各种荷载及自然力作用下，变形体的形状、大小和空间位置随时间而变化的现象。变形体的变形在一定范围内（安全范围内）被认为是允许的，但若超出规定的允许值，则可能引发安全事故，造成灾害。自然界的变形危害现象极其普遍，如山体滑坡、地震、火山爆发、地表沉陷、溃坝、桥梁及建筑物的倒塌等。

对工程建设而言，为了保证工程项目顺利实施及安全营运，必须对工程变形体进行周期性的监测，且在监测前应根据工程项目的具体特点制定出切实可行的、有针对性的监测方案。

所谓变形监测，就是利用测量仪器及专用特制设备采用一定的监测方法对变形体的变形现象进行监视观测的一种工作，并通过这种工作确定变形体空间位置随时间变化而变化的特征。变形监测又称变形测量或变形观测，它包括全球性的变形监测、区域性的变形监测和工程变形监测。本书主要介绍工程变形监测技术。对于工程变形监测来说，变形体一般包括工程建（构）筑物、机器设备以及其他与工程建设有关的自然或人工对象，如水利大坝、桥梁、隧道、高层建筑物、地下建筑物、崩滑体、高边坡等都可称为变形体。一般，工程变形体均可用一定数量的有代表性的位于变形体上的监测点（或目标点）来代表。由于监测点空间位置的变化可以用来描述变形体的变形，所以通过对监测点观测，即可分析得出变形体的变形特征。

工程变形监测的任务是确定在各种荷载和外力作用下，各工程变形体的形状、大小及其位置变化的空间状态和时间特性。从一定意义上来讲，变形监测工作是保证工程项目正常实施和安全营运的必要手段。变形监测为变形分析和安全预报提供基础数据，对于工程建设的安全来说：监测是基础，分析是手段，预报是目的。

1.1.2 工程变形监测的内容

工程变形监测的内容主要包括对各工程变形体进行的水平位移、垂直位移的监测。对变形体进行偏移、倾斜、挠度、弯曲、扭转、裂缝等的测量，主要是指对所描述的变形体自身形变和位移的几何量的监测。水平位移是监测点在平面上的变动，一般可分解到某一特定方向；垂直位移是监测点在铅直面或大地水准面法线方向上的变动。偏移、倾斜、挠度等也可归结为监测点（或变形体）的水平或者垂直位移变化。偏移和挠度可以看作是变形点在某一

特定方向的水平位移；倾斜可以换算成水平或垂直位移，也可以通过水平或垂直位移测量和距离测量得到。

对一具体工程的监测工作而言，在确定监测内容时，应根据工程变形体的性质及其地基情况来相应制定。通常要求有明确的针对性，既要有监测的重点，又要作全面考虑，以便能正确地反映出变形体的变化特征，达到监视变形体的安全，掌握其变形规律的目的。

普通的工业与民用建筑物，其监测内容主要包括基础的沉陷观测和建筑物本身变形的观测。基础的沉陷是指建筑物基础的均匀沉陷与非均匀沉陷；建筑物本身变形是指观测建筑物的倾斜与裂缝；对于高层及高耸建筑物，还必须进行动态变形观测；对于各种工业设备、工艺设施、导轨等，主要进行水平位移和垂直位移观测。

对于水工建筑，如土坝和混凝土重力坝等，主要是进行水平位移、垂直位移以及渗透、裂缝和伸缩缝等的观测，必要时还应对混凝土坝进行混凝土应力、钢筋应力、温度等的观测。

对桥梁而言，其观测内容主要有桥墩沉陷观测、桥墩水平位移观测、桥墩倾斜观测、桥表沉陷观测、大型公路桥梁挠度观测以及桥体裂缝观测等。

除此之外，还应对工程项目的地面影响区域进行地表沉降观测，以掌握其沉降与回升的规律，进而可采取有针对性的防护措施。因为在工程建设的影响范围内，若发生较严重的地表沉降现象，可能会造成地下管线的破坏，甚至危及工程项目的安全。

1.1.3　工程变形监测的特点、目的和意义

变形监测的最大特点是需进行周期性观测。所谓周期性观测就是多次的重复观测，第一次称初期观测或零周期观测。每一周期的观测内容及实施过程如监测网形、监测仪器、监测的作业方法以及观测的人员等都要求一致。

在监测精度的确定方面，对于不同工程项目的监测，变形监测所要求的精度是不同的。一般情况下，对普通工程项目所实施的监测，其监测精度可以低一些；而对大型、重点的精密工程项目和对安全相关程度要求高的工程项目，在对其开展监测工作时，则要求有较高的监测精度。但在实际工作中，具体要达到多高的精度，却仍然是一个难以解答的问题。通常，应根据工程项目的要求并结合以往的经验数据资料来合理确定。总体说来，变形监测工作对工程建设安全施工和营运而言，是一个极为重要的环节，而从工程测量的角度来看，其工程测量技术正得以快速发展，其测量手段也越来越丰富，相应的测量精度水平也可以达到较高的程度，加之，精度要求再高的监测工作，其花费的监测费用在整个工程建设费和运营费中所占的比重却相对较小，故工程项目的变形监测的精度从安全监控的角度来讲，一般要求达到较高的精度水平（从测量技术层面来讲，也是很容易达到的）。同时，设计人员也总希望把监测的精度提得更高一些，以尽可能的保障工程项目的安全实施和安全营运，对于重要工程，一般要求"以当时能达到的最高精度为标准进行变形监测"。

另外，现代工程建设项目的规模、造型和施工的难度对变形监测也提出了更高的要求。许多新设计生产的专用变形监测仪器大都实现了自动化，且能在极其恶劣环境下长期稳定可靠地工作。同时，现代的变形监测，获取变形信息的空间分辨率和时间分辨率都得到了很大的提高。

工程变形监测的首要目的是要掌握工程变形体的实际性状，为判断其是否安全提供必要的信息。这是因为保证工程建设项目安全是一个十分重要且很现实的问题。人类社会的进步

和经济建设的快速发展，加快了工程建设的进程，且现代工程建筑物的规模逐步增大，造型愈加复杂，施工难度亦较前增加，因而变形监测工作对工程实施的意义也就更加重要。我们知道，工程建（构）筑物在施工和运营期间，由于受多种主观和客观因素的影响，会产生变形，变形如若超出了允许的限度，就会影响建（构）筑物的正常使用，严重时还会危及工程主体的安全，并带来巨大的经济损失。从实用上来看，变形监测工作可以保障工程安全，监测各种工程建筑物、机器设备以及与工程建设有关的地质构造的变形，及时发现异常变化，并对监测对象的稳定性、安全度作出判断，以便采取相应的处理措施，防止事故发生。所以，为了防止和减小变形对工程建设造成损失，必须进行工程变形监测，同时为进一步进行变形分析和工程安全预报提供基础数据。

科学、准确、及时地分析和预报工程及工程建（构）筑物的变形状况，对工程项目的施工和运营管理都极为重要，这一工作也属于变形监测的范畴。目前，变形监测技术已成为一门跨学科的应用性技术，并向边缘学科方向渗透发展。变形监测技术主要涉及变形信息的获取、变形信息的分析以及变形预报三个方面的内容。其研究成果对预防灾害及了解变形规律是极为重要的。对工程主体而言，变形监测除了作为判断其安全与否的耳目之外，还是验证设计及检验施工安全的重要手段，它为工程主体的安全性诊断提供必要的信息，以便及时发现问题并采取补救措施，最终保障工程项目的安全施工与使用。

1.2　变形监测技术的现状及其发展趋势

1.2.1　变形监测技术的现状

变形监测技术是集多门技术学科为一体的综合应用型技术，主要发展于 20 世纪末期。伴随着电子技术、计算机技术、信息技术和空间技术的发展，变形监测的相关理论和方法也得到了长足发展，主要表现在如下几方面：

（1）常规监测方法、技术更趋成熟，设备精度、设备性能都具有很高水平。位移监测均可以达到毫米级的监测水平，高精度位移监测方法可以识别 0.1mm 的位移变形。

（2）监测方法多样化、三维立体化。现今的工程变形监测已形成了空中、地面到变形体内部的立体化监测网络方法，使得变形监测系统的综合判别能力得以加强，促进了变形监测分析评价及安全预报能力的提高。

（3）其他领域的先进技术在逐渐向变形监测领域进行渗透。随着高新技术的发展和应用的深入，卫星遥感、航空遥感等空间技术的精度逐渐提高，全球定位系统（GPS）的应用，使得变形体的勘察技术与监测技术趋于融合，通过技术上的处理、提升，该类技术逐渐应用于工程和局部区域性的变形监测工作。

在现今的变形监测技术中，其变形信息获取方法的选择应取决于变形体的特征、变形监测的目的、变形大小和变形速度等因素。对工程变形监测而言，地面常规测量技术、地面摄影测量技术、特殊和专用的测量手段以及以 GPS 为主的空间定位技术等均得到了较好的应用。

变形监测技术的首要工作是合理编制变形监测方案并对变形监测网进行设计。而对于周期性变形的监测网设计来说，其主要内容包括：确定监测网的质量标准；选择合适的观测方法；监测点位的最佳布设和观测方案的最优选择。经过二十多年的发展，变形监测方案设计和监测网优化设计的研究已经较为深入和全面。目前在变形监测方案与监测系统设计方面，其主要发展是监测方案的综合设计和监测系统的数据管理与综合处理。例如，在工程水利大坝的变形监测中，要综合考虑外部和内部观测设计，要对大地测量与特殊测量进行综合处理与分析。

就变形监测的发展历程来看，目前大多的工程变形监测方法主要是采用大地测量法和地面近景摄影测量法。具体体现在以下几方面：

（1）常规地面测量方法的完善与发展。常规地面测量方法显著的进步是全站仪的广泛使用，特别是全自动跟踪全站仪（也称测量机器人）的使用，为工程变形的自动监测和室内监测提供了一种很好的技术手段。

（2）地面摄影测量技术在变形监测中的应用起步较早，但由于摄影距离不能过远，且绝对精度较低，因而其应用有一定的局限性，以前仅大量应用在高耸建（构）筑、古建筑、边坡体、船闸等的变形监测中。近些年来，数字摄影测量和实时摄影测量技术的发展为地面摄影测量技术在变形监测中的深入应用开拓了非常广阔的前景。

（3）光、机、电技术的发展，研制出了一些特殊和专用的监测仪器，促进了变形监测工作中自动监测的发展，可以用来进行应变测量、准直测量和倾斜测量，且使之自动化。这样在极其恶劣的环境下，便可组成遥测系统，实现在线分布式实时监测。

（4）GPS作为一种全新的现代空间定位技术，已逐渐在诸多的领域中取代了常规光学和电子测量仪器。现在，GPS技术也已应用于工程变形监测中，且取得了极为丰富的理论研究成果，并逐步走向实用阶段。

1.2.2 变形监测技术的未来发展趋势

根据国内外测量学者的研究，变形监测技术的未来发展方向主要有以下几个方面：

（1）多种传感器、数字近景摄影、全自动跟踪全站仪和GPS的应用，将向实时、连续、高效、自动化、动态监测系统的方向发展。

（2）变形监测的时空采样率会得到大大提高，变形监测自动化为变形分析提供了极为丰富的数据信息。

（3）可靠、实用、先进的监测仪器和自动化的监测系统，要求在恶劣环境下能长期稳定可靠地运行。

（4）远程在线实时监控的实现，在大坝、边坡体等工程监测中将发挥巨大作用，网络监控是推进重大工程安全监控管理的发展之路。

1.3 工程变形分析的内涵

变形分析是变形监测技术的重要手段。通过对所获取的变形信息的分析，可以透过各变形监测点的变形现象来看整个变形体的变形本质，从大量的杂乱无章的观测数据中找出变形体的内在的变形规律，既可遵循此规律进行合理处理，对监测对象的稳定性、安全度作出判断，又可以积累监测分析资料，解释变形机理，验证设计与施工是否合理，为以后的工程建设提供宝贵的可借鉴资料。这就是变形分析的真正内涵。

变形分析的内容涉及到变形数据处理与分析、变形机理解释和变形预报等几个方面。通常分为变形的几何分析和变形的物理解释两部分。所谓变形的几何分析是对变形体的形状、大小的变形作几何描述，描述出变形体变形的空间状态和时间特性，一般可以用一些图表来形象表达；变形物理解释的任务是解释变形体变形的原因，并确定变形与变形原因之间的相互关系，最终把握变形体变形的内在规律。

1.3.1　工程变形分析的基本方法

1.3.1.1　变形的几何分析

传统的变形几何分析主要包括参考点（即基点）的稳定性分析、观测值的平差处理和质量评定以及变形模型参数估计等内容。

监测点的变形信息是相对于参考点或一定基准的。在工作中，若所选基准本身不稳定或不统一，则由此获得的观测点的变形值就不能反映出变形体真正意义上的变形。所以，变形的基准是否稳定是变形监测数据处理与分析首先必须考虑的问题。对参考点的稳定性分析的方法有很多，传统的方法大都局限于周期性的监测网，如：以方差分析进行整体检验为基础的平均间隙法；以 B 检验法为基础的单点位移分量法；以方差分析和点的位移向量为基础的 Karlsruhe 法；考虑大地基准的 Munich 法；以位移的不变函数分析为基础的 Fredericton 法等，还有后来发展的逐次定权迭代法。

观测值的平差处理和质量评定非常重要，观测值的质量好坏直接关系到变形值的精度和可靠性。观测值的平差处理和质量评定主要包括观测值质量、平差基准、粗差处理、变形的可区分性等内容。其方法有在固定基准的经典平差基础上发展的重心基准的自由网平差和拟稳定基准的拟稳平差等。

对于变形模型参数估计，我国学者陈永奇教授提出了直接法和位移法两种基本分析方法。所谓直接法是直接用原始的重复观测值之差计算应变分量或它们的变化率；位移法是用各测点坐标的平差值之差（位移值）计算应变分量。后来陈永奇教授又提出了变形分析通用法。

多年来，对几何分析研究的较为完善的方法是用常规地面测量技术进行周期性监测的静态模型方法，但该模型仅仅考虑了变形体在不同观测时刻的空间状态，没有很好地建立各个状态间的联系，因而很难对变形监测自动化系统进行变形分析研究。事实上，由于变形体在不同空间状态之间是具有时间关联性的，因而后来学者通过对时序观测数据的动态模型研究，形成了一些动态模型的建模方法，如：变形的时间序列分析方法建模；基于数字信号处理的数字滤波技术分离时效分量；变形的卡尔曼滤波模型等。

在变形分析中，为了弥补单一方法的缺陷，将多种分析方法结合在一起应用，并已得到了一定程度的发展，在大坝、边坡等工程变形监测中已得以应用。

1.3.1.2　变形的物理解释

变形物理解释的方法可分为统计分析法、确定函数法和混合模型法三类。

统计分析法是以回归分析模型为主，通过分析所观测的变形（效应量）和外因（原因量）之间的相关性，来建立荷载—变形之间关系的数学模型。统计分析法具有"后验"的性质，是目前应用比较广泛的变形成因分析法。回归分析模型包括多元回归分析模型、逐步回归分析模型、主成分回归分析模型和岭回归分析模型等。

确定函数法是以有限元法为主，是在一定的假设条件下，利用变形体的力学性质和物理性质，通过应力与应变关系建立荷载与变形之间关系的数学模型，然后利用确定的函数模型预报在荷载作用下变形体可能的变形。确定性模型具有"先验"的性质，与统计模型相比具有更明确的物理概念，但计算工作量大，且对用作计算的监测基础资料有一定的要求。

混合模型分析是统计模型和确定性模型的进一步发展，目前已在大坝安全监测中得到了较好的应用。混合模型是对那些与效应量关系比较明确的原因量用有限元法计算数值，而对另一些与效应量关系不很明确或采用相应的物理理论计算成果难以确定它们之间函数关系的原因量，则仍然采用统计模型，然后与实际值进行拟合而建立的模型。

由于变形的物理解释涉及到多学科的知识，已不是测量工作者能独立完成的，需要相关学科专家的共同合作，在本书中此方面对学生不作要求，因而将不予介绍。

1.3.2　工程变形分析研究的发展趋势

根据国内外学者对变形分析方面的研究，并展望变形分析研究的未来，其发展趋势体现在以下几个方面：

（1）数据处理与分析将向自动化、智能化、系统化、网络化方向发展，且注重时空模型和时频分析的研究，加强数字信号处理技术更深程度的应用。

（2）加强对各种方法和模型的实用性研究，开发更多实用性的变形监测系统软件，研究更多的变形分析新方法，推进变形监测技术的发展，以适应变形监测体的多样化。

（3）基于变形体变形的不确定性和错综复杂性，在研究时应跳出原有的思维模式，产生新的思维方式和方法。由系统论、控制论、信息论、分形与混沌动力学等所构成的系统科学和非线性科学在变形分析中的应用研究将得到加强。

（4）几何变形分析和物理解释的综合研究将深入发展，以知识库、方法库、数据库和多媒体库为主体的安全监测专家系统的建立是未来发展的方向，变形的非线性系统问题将是一个长期研究的课题。

小　结

（1）主要讲述变形是一种客观现象，对工程实体而言，变形是有一定限度的，为了保证工程建设施工与运营安全，应进行变形监测。说明了变形监测对工程建设的作用及意义，以及变形监测工作的基本内容和特点。

（2）阐明了变形监测技术的现状及其发展趋势。变形监测技术是一门集多门技术学科为一体的综合应用型技术，其伴随着电子技术、计算机技术、信息技术和空间技术发展，变形监测方法和相关理论得到长足发展，并具有极其广阔的发展前景。

（3）介绍了工程变形监测的基本分析方法，包括变形的几何分析和变形的物理解释。要求学生重点了解变形分析的几何分析方法。

习　题

1. 什么叫变形监测？什么叫工程变形监测？
2. 对于工程的变形监测来说，变形体一般包括哪些？试举例说明。
3. 工程变形监测的任务是什么？试述工程变形监测的内容，并简述变形监测工作的意义。
4. 变形监测的方法有哪些？简述 GPS 在变形监测中的应用特点，其应用前景如何？
5. 试述变形分析的内涵。一般的变形分析方法有哪些？

第2章　工程变形监测技术基础知识

通过本章的学习，要求对变形监测系统有一定的了解，掌握变形监测网方案设计的原则及编制方法和具体包含的内容；重点掌握沉降观测和水平位移监测方法，了解变形监测网的高程控制网及平面控制网建立的常用方法；掌握倾斜观测、裂缝及挠度观测的方法；了解变形监测资料的整理工作，并学会编写监测报告。

2.1　工程变形监测系统概况

2.1.1　工程变形监测系统的组成及分类

一个监测系统可以由一个或若干个功能单元组成。一般包括进行监测工作的荷载系统（在工程建设中，荷载是通过施工和对地面的开挖等工程活动施加的）、测量系统、信号处理系统、显示和记录系统以及分析系统等几个功能单元。就目前我国的工程监测实际来说，其工程变形监测系统一般有人工监测系统和自动化监测系统两大类。

2.1.1.1　人工监测系统

由人工进行变换时间和地点的监测操作、各监测数据的读取与记录以及向计算机进行输入，并进行变形分析所组成的系统，称为人工监测系统。它一般由观测设备和传感器、采集箱、测读仪器、电子计算机等几部分组成。

1. 观测设备和传感器

观测设备通常为传统的测量仪器和针对具体工程所设计的专用仪器。而传感器是指埋设在土体或结构中的测量元件，传感器通过感知（即测量）被测物理量，并把被测物理量转化为电量参数（电压、电流或频率等），形成便于仪器接受和传输的电信号。观测设备和传感器是进行工程变形监测不可缺少的监测工具。

2. 采集箱

采集箱是传感器与测读仪表的连接装置，利用切换开关可实现多个传感器对应一个测读仪表的连接。

3. 测读仪器

把传感器传输的电信号转变为可测读的数字符号，便于记录和后期处理成所需的物理量值。接收的数字量成为观测值，运用相应的计算公式，由观测值计算得出物理量，最终形成观测成果。

4. 电子计算机

在人工变形监测系统中，电子计算机主要用于数据汇总、计算分析、制表制图、打印监测报告。

2.1.1.2　自动化监测系统

利用一些特定的测量技术和设备（如测量机器人等）来进行工程建设项目的变形监测，以实现全天候的无人值守监测，高效、全自动、准确、实时的进行监测并分析的一种代替人工操作的监测系统，称为自动化监测系统。它一般由传感器和观测设备、遥测采集器、自动化测读仪表、计算机系统等几部分组成。

1. 传感器和观测设备

自动化监测系统中的传感器与人工监测系统中所采用的基本相同，一般可视具体的监测项目具体选用。而观测设备一般是一些高精度的自动电子测量仪（全站仪等）、测量机器人、GPS 接收机等。

2. 遥测采集器

通过计算机或自动检测仪表进行自动切换，实现一台测读仪表能快速读取数十（甚至数百）个传感器，这样可以节约大量传输电缆，提高了测读的可靠程度和监测工作的效率。

3. 自动化测读仪表

自动化测读仪表的功能与人工监测系统中的测读仪表相似，自动测读仪表能够自动切换测点，定时、定点地测读数据，具有数据的切换、存储和显示功能，并可连接多种外围设备（如打印机、绘图仪、磁带机等）。

4. 计算机系统

计算机系统包括主机系统、外围设备和功能强大的软件系统，其在自动监测系统中不仅可以实现对整个监测系统的控制，而且能够对监测数据进行实时处理，使许多先进的技术和手段能够在监测系统中得以应用。

2.1.2 工程变形监测系统的应用及其发展

目前，在一些大型水利工程建设中所用的 GPS 变形监测系统，如湖北清江上游的隔河岩大坝外观变形 GPS 监测系统，便是一种自动化的监测系统，该系统由数据采集、数据传输、数据处理、分析和管理等几个部分组成，并采用了 7 台高精度的 GPS 接收机来进行数据的自动采集和传输。

全球定位系统的应用是测量技术的一项变革，它使建立三维的监测网变得简单可行，且 GPS 定位技术不需要测站间相互通视，这样可以免去建标（即建高大的观测觇标）、砍树之类的工作，并使监测网的一类设计有更多优化的余地。全球定位系统可以提供 1×10^{-6} 的相对定位精度。因此，GPS 在精度和经济上的优越性将使它取代很多传统的地面测量方法有了可能。

现在，GPS 定位技术已广泛应用于各种变形监测工作中。GPS 连续变形监测系统已研制成功，并应用于进行 San Andreas 断层地壳运动和大坝变形的实时监测。

除此之外，现今的变形监测系统还在向大型的综合变形监测系统发展，如四维形变监测系统。

四维形变监测系统是根据变形观测的特殊要求而建立的一种可对 x、y、z 三向移动和变形进行同时观测，并考虑时间因素对监测工作的影响的变形监测系统。其观测数据包括水平角、垂直角、光电测距边长、支距、仪器高、目标高、温度和时间。有关参考数据可用 GPS 测定，也可在全站型电子经纬仪上自动记录，在电子计算机上自动进行数据处理。四维形变观测系统的出现为大面积的形变观测提供了一种快速、经济的监测手段。基于形变监测的目的是观测地表在 x、y、z 三个方向或沿特定的纵、横方向的移动和变形值，以确定移动和变形对建筑物的破坏程度以及形变的时空变化。所以在采用该综合监测系统时，一般要求采用假定的变形坐标系，即首先按照工程设计资料，确定出变形体特定变形移动的重要方向，并将该方向作为变形坐标系的 x 轴方向或 y 轴方向。

2.1.3　变形监测系统的调试和管理

不管是人工监测系统还是自动监测系统，在进入正常监测工作状态前都应对系统进行调试。首先是进行室内单项和联机多项调试，它包括利用试验室内各种调试手段和设备对测量元件、仪器仪表以及组建好后的系统进行模拟试验；最终的调试是在监测现场安装完毕后进行。调试目的在于检查系统各部分功能是否正常，其中包括传感器、二次仪表和通信设备等的运转是否正常；测量仪器是否满足自身的各项几何条件及其精度是否满足监测要求；采集的数据是否可靠；精度能否达到安全监测控制指标的要求等。

监测系统的管理是指除了严格地按照监测系统的操作方法进行量测外，必须对数据的采集实行现场质量控制。为确保监测资料的可靠性，应定期检查监测系统的工作性能。管理检查工作包括以下内容：

（1）传感器或表面测点是否遭受人为或自然的损坏，性能是否稳定；

（2）各种测试仪表是否按期校验鉴定，以确定功能是否正常；

（3）仪表设备的工作环境是否符合测试条件；

（4）电缆电线是否完好，绝缘性能是否达到设计要求；

（5）对采集到的数据进行分析，以检查是否能将由仪器本身引起的有严重误差的数据予以剔除。

2.1.4　变形监测工作中的常用控制网

变形监测网一般分为绝对网和相对网。绝对网是指有部分点位于变形体影响范围之外的监测网。一般将设置于变形体影响范围之外的点作为监测工作的基准点或工作点（这些点也称为参考点，其所组成的网称为基准网），以用来测量变形体上监测目标的绝对变形。绝对网测量时，务必要通过测量来验证作为监测基准的基准点本身的稳定性。绝对网多用于工程项目的变形监测，因为在工程建设中，变形体的范围（包括其变形影响范围）一般较小。相对网是指监测网的全部测点都位于变形体影响范围内的监测网，这种网一般用在变形区域较大的情形下，如地壳形变的监测网等。

从测量的角度来看，工程变形监测工作中所布设的变形监测网一般有高程监测网和水平位移监测网。为了保证监测工作达到预期的要求，应对变形监测网进行控制测量。

1. 高程监测网

高程监测网通常可与国家大地水准网通用，其独立的水准网也常与国家水准网联测，无异于国家水准网。其网形可布设成带结点的水准网、闭合环或附合水准路线等形式。

2. 水平位移监测网

水平位移监测网可采用三角网、导线网、边角网、GPS 网和测边网等形式。

2.2　变形监测方案设计

变形监测方案是变形监测工作的实施性的指导文件，监测方案的好坏在一定程度上可以决定工程变形监测工作的成败。因此，对工程建设来说，为了有针对性的进行变形监测工作，以便为工程项目的设计、施工和安全营运提供第一手的基础数据资料，务必制定出合理有效的工程变形监测方案。

变形监测方案设计是变形监测中非常重要的一项工作，方案设计的好与不好将影响到变形监测工作实施时的观测成本，影响到各项监测成果数据的精度和可靠性。所以，应当在充分掌握工程项目的各项基础资料及项目的工程特点、设计者及业主的具体监测要求的基础上，认真、仔细的进行监测方案设计。变形监测方案设计工作包括：相关工程资料的收集、监测系统与各项监测项目的测量方法的确定和选择、监测网布设、应达到的监测精度和观测周期的确定等。

确定变形监测模型是变形监测方案设计的基础工作。通过对变形体的诸多变形影响因子（如变形体所受的外加力及其荷载等的预估值大小、时间特性及其对变形体发生作用等）的推断分析，可得到一个概略模型，由该模型计算出变形的预计值及其时间特性。然后，以此为基础，可确定出测量精度、观测周期数、一周期允许的时间长短以及各监测周期间的时间间隔。但应注意，变形监测方案随变形体自身的具体特点而异，不可能有一个统一的模式。

变形体可由离散化的多个监测目标点来代表，监测目标点与监测参考点（即基准点）组合起来，便构成变形体监测的几何模型。参考点和目标点一般应定义在一个统一的坐标系中，根据目标点坐标随时间的变化可导出变形体的变形规律。

采用变形监测技术获取工程变形体的变形量及其随时间变化的特征应确定好以下几项：

(1) 描述或确定变形状态所需要的测量精度。对于监测网而言，则为确定出测量目标点坐标或坐标差所应达到的允许精度。

(2) 所要施测的次数（观测频率）和各次观测之间的时间间隔 Δt。

(3) 进行一次观测所允许的观测时间 t。

以上三点在变形监测方案设计中都应该考虑。

2.2.1 变形监测方案的设计原则及编制步骤

1. 变形监测方案设计的依据和原则

变形监测方案的设计应在充分收集若干工程建设资料的基础上进行，一般说来，在进行方案设计之前，应收集如下资料：工程结构设计图或桩位布置图；工程地质勘察报告；降水挖土方案或打桩流程图；工程建设场区地形的各种比例尺地形图；场区周边管线平面布置图；周边受影响区内的拟保护对象的建筑结构图；地下主体结构的结构图；基坑支护结构和主体结构施工方案；最新监测元件和设备样本；国家现行的有关规定、规范、合同协议等；结构类型相似或相近工程的经验资料等。然后，在详细分析这些资料的基础上，按照以下原则着手进行变形监测方案设计。

(1) 变形监测方案应以安全监测为目的，根据不同的工程项目（如基坑工程、水利大坝工程）确定监测对象［基坑、水工建（构）筑物、管线、隧道等］，针对监测对象安全稳定的主要指标进行方案设计。

(2) 根据监测对象的重要程度确定监测工作的规模和内容，各监测项目和测点的布置应能够比较全面地反映出监测对象的工作状态。

(3) 设计先进的变形监测系统。应尽量采用先进的测试技术，如计算机技术、遥测技术，积极选用或研制效率高、可靠性强的有针对性的先进仪器和设备。

(4) 为确保能提供可靠、连续的监测资料，各监测项目应能相互校验，以利于进行监测数据的处理计算、变形分析和变形体的变形状态及规律的研究。

(5) 监测方案应在满足监测性能和精度要求的前提下，力求减少监测元件的数量和各测试用的电缆长度，减低监测频率，以降低监测工作总费用。

(6) 方案中临时监测项目（测点）和永久监测项目（测点）应相互衔接，一定阶段后取消的临时项目（测点）应不影响长期的监测和资料分析。

（7）在确保工程安全的前提下，确定各元件的布设位置和监测的测量时间，应尽量减少与工程施工的交叉影响。

（8）按照国家现行的有关规定、规范编制监测方案，不得与国家规定、规范相抵触。

2. 编制变形监测方案的步骤

变形监测方案的设计与编制，通常可按如下步骤进行：

（1）接受委托、明确监测对象和监测目的；

（2）收集编制监测方案所需的基础资料；

（3）现场踏勘，了解周围环境；

（4）编制监测方案初稿，并提交委托单位审阅；

（5）会同有关部门商定各类监测项目警戒值（即监测应达到的精度），并对监测方案初稿进行商讨，以形成修改文件；

（6）根据修改文件来完善监测方案，并形成正式的监测方案。

正式的监测方案应送达工程建设相关各方认定，认定后方可按监测方案予以实施，并将监测方案留存备档。

2.2.2　变形监测方案中各监测内容的确定

变形监测的内容应视变形观测系统的类型和性质以及设站观测的目的不同而异。要求有明确的针对性，且应全面考虑，以便方案的监测项目能正确地反映出变形信息的变化状况，达到安全监测的目的。

通常来说，对工程项目，其监测方案包含的主要内容可归纳为以下几项：

（1）监测目的；

（2）工程概况；

（3）监测内容和测点数量；

（4）各类测点布置平面图；

（5）各类测点布置剖面图；

（6）各项目监测周期和频率的确定；

（7）监测仪器设备的选用；

（8）监测人员的配备；

（9）各类警戒值的确定；

（10）监测报告送达对象和时限；

（11）监测注意事项；

（12）监测费用预算。

下面对变形监测方案设计中某些内容的具体确定原则作简单介绍。

2.2.2.1　变形监测的精度确定

变形监测工作中各项监测项目的监测精度的确定，取决于该工程建（构）筑物预计的允许变形值（即建筑限差）的大小和进行变形观测的目的。如何根据允许变形值来确定变形观测各监测项的观测精度，国内外还存在着各种不同的看法。一般来说，如果变形监测是为了确保工程实体的安全，则测量精度应达到允许变形值的 $1/10 \sim 1/20$ 的精度水平；如果是为了研究工程变形体变形的过程，则观测精度还应更高。普遍的观点是，应采用所能获得的最好的测量仪器和技术，达到其最高的精度，变形测量的精度愈高愈好。但是由于观测精度直接影响到观测成果的可靠性，同时也涉及到观测方法和仪器设备，因而过高的监测精度标准也将会引起监测总费用的大幅度提高。为此，在确定监测精度时，务必根据具体的工程监测对象的特点及工程设计人员和业主的具体监测要求，依据国家所制定的现行的工程监测规程来合理的确定。表2-1给出了建筑物进行变形测量的等级及相应的观测精度要求。

表 2-1 　　　　　　　　　　　　变形测量等级及精度要求

变形测量等级	垂直位移监测		水平位移监测	适 用 范 围
	变形点的高程中误差/mm	相邻变形点高差中误差/mm	变形点的点位中误差/mm	
一等	±0.3	±0.1	±1.5	变形特别敏感的高层建筑、工业建筑、高耸构筑物,重要古建筑、精密工程设施等
二等	±0.5	±0.3	±3.0	变形比较敏感的高层建筑、高耸构筑物、古建筑、重要工程设施和重要建筑场地的滑坡监测等
三等	±1.0	±0.5	±6.0	一般性的高层建筑、工业建筑、高耸构筑物、滑坡监测等
四等	±2.0	±1.0	±12.0	监测精度要求较低的建筑物,构筑物和滑坡监测

注：1. 变形点的高程中误差和点位中误差，是相对于最近基准点而言。

2. 当水平位移变形测量用坐标向量表示时，向量中误差为表中相应等级点位中误差的 $1/\sqrt{2}$。

3. 垂直位移的测量，可视需要按变形点的高程中误差和相邻变形点高差中误差确定测量等级。

对工业与民用建筑物进行变形监测时，由于其主要监测内容是基础沉陷和建筑物本身的倾斜，所以，其监测精度应该根据建筑物基础的允许沉陷值、建筑物自身的允许倾斜度、允许相对弯矩等来确定，同时还应考虑其沉陷速度。例如，我国建筑设计部门在研究高层建筑物的倾斜时，根据描述的观点以允许倾斜值的 1/20 作为倾斜观测的精度指标。某综合勘察院在监测一栋大楼的变形时，根据设计人员提出的允许倾斜度 $\alpha=0.4\%$，求得顶点的允许偏移值为 120mm，以其 1/20 作为观测中误差，即 $m=\pm6mm$，即按此思想将精度指标提高，取 ±2mm 作为最后的观测中误差。根据沉陷速度确定观测精度是指对那些沉陷延续的时间很长而沉陷量又较小的基础，其观测的精度就应当高些。

一般而言，从实用目的这一角度来看，对于连续生产的大型车间（如：钢结构、钢筋混凝土结构的建筑物）通常要求观测工作能反应出 1mm 的沉陷量；对于一般的厂房、没有较大的转动设备、生产连续性不大的车间，要求能反应出 2mm 的沉陷量。因此，对于观测点高程的测定误差，应在 ±1mm 以内，而为了科学研究的目的，往往要求达到 ±0.1mm 的精度。

对于水工建（构）筑物，根据其结构、形状不同，观测内容和精度也有差异。即使对于同一建（构）筑物（如拱坝）的不同部位，其观测精度也不相同，变形大的部位（如拱冠）的观测精度可稍微低于变形小的部位（如拱座）。对于大坝变形观测，混凝土坝的水平位移和沉陷观测精度为 1~2mm，土坝为 3~5mm；滑坡变形的观测精度为几毫米至 50mm。

2.2.2.2 监测部位和监测点布置

根据变形监测工作精度要求相对较高的特点，以及各监测点的作用和要求的不同，可将变形监测点分为基准点、工作基点和变形观测点。对于基准点，要求建立在变形影响范围以外的稳定区，同大地测量点比较，要求具有更高的稳定性，其平面控制点一般应埋设带有强制归心装置的观测墩；对于监测工作点，要求这些点在观测期间稳定不变，用以测定各变形点的高程和平面坐标，同基准点一样，其平面控制点一般也应采用强制归心装置来设置标志；对于变形监测点，是直接埋设在欲监测的变形体上的监测点，其各点位应设置在能反映变形体变形的特征部位，不但要求设置牢固，便于观测，还要求形式美观，结构合理，并且不破坏变形体的外观，不影响变形体的施工与使用，通常用一些特制的埋设元件来表征。

变形监测点的布设应符合下列要求：

(1) 每个监测工程至少应有 3 个及以上的稳固、可靠点作为基准点；

(2) 工作基点应选在比较稳定的位置。对通视条件较好或监测项目较少的工程，可不设立工作基点，而直接利用基准点测定变形观测点的坐标和变形量；

(3) 变形监测点应布设在变形体上能反映变形体的变形特征的位置。

在拟定观测点的布置方案时，通常是由设计部门提出测点的布设要求，由监测施工组织技术者提出布置方案，在施工前或施工期间进行埋设。变形监测点应有足够的数量，以便测出整个基础的沉陷、倾斜情况，并且能够绘出沉陷值曲线。具体布设时，还应考虑建筑物的规模、形式和结构特征，并结合施工场地的工程地质、水文地质等条件进行。同时观测点应牢固地与待监测的变形体结合在一起，以便于观测，并尽量保证在整个变形观测期间不遭受损坏。不同类的工程监测部位和监测点布置有所不同，下面分成几类进行简单介绍。

1. 工业与民用建筑物

对于民用建（构）筑物，通常在它的四角点、中点、转角处布置观测点，沿建筑物的周边每隔 10～20m 布置一个观测点；设置有沉降缝的建筑物，在各沉降缝的两侧均布置沉降观测点；在原有建筑场地上进行新建物的建设时，应在新建筑物与原有建筑物连接处的两侧各布置沉降观测点；对有伸缩缝的建筑物，可在伸缩缝的任一侧布置沉降观测点；对于宽度大于 15m 的建筑物，在其内部有承重墙或支柱时，应尽可能布置观测点。为了查明基础纵、横向的弯曲和挠折，在其纵横轴线上也应埋设观测点。

对于一般的工业建筑物来说，除了在柱子基础上布设观测点之外，在主要设备基础的四周，以及动荷载四周和地质条件不良之处也要布置观测点。

对于高层建筑物而言，由于层数多，荷载大，重心高，基础深，因此对其进行变形观测的作用也就显得更为重要。基于高层建筑物的上述特点，在观测过程中，除了进行基础沉陷观测之外，还要进行建筑物主体的倾斜与风振观测。为了观测基坑开挖过程中地基的回弹现象，在施工之前还应布设基坑及基础回弹观测点。布点时应以点数最少而又能测出所需要的地基纵、横断面的回弹量为原则。一般是在建筑物的各纵、横轴线上布置观测点。

为了研究土层压实的情况，应布置分层沉降观测点。布点时，最好是布置在基础的中心线上，条件不允许时，也可以布置在基坑边缘。分层沉降观测点埋设的最大深度应达到理论计算的受压层的底部，其余各层观测点的深度和数量应根据土层和应力大小而定。

2. 水工建筑物

下面以混凝土重力坝、土石坝、拱坝为例介绍水工建筑监测点的布设原则。

大坝的垂直位移观测包括基础沉陷和坝体在自身重力作用下的变形观测，但主要是基础的沉陷。一般根据大坝基础的地质条件、坝体结构、内部应力分布情况，以及便于观测等因素来布设变形观测点。

(1) 混凝土重力坝。混凝土重力坝垂直变形观测点的布设原则是，在平行于坝顶和坝址轴线的各段平行线上布设一排变形观测点。对于重要坝段，不仅纵向设点，横向也应该设点。另外，应根据需要在电厂、消力池和溢洪道等附属建筑物上也应布设若干变形观测点。

（2）土石坝。土石坝的结构要比混凝土坝简单得多，一般均应将变形观测点布设在坝面上，而且可以将水平位移与垂直位移的观测标志尽可能设在同一个观测点上。观测点位置的选择，应该使其具有代表性，且能反映坝体的主要变化情况。土石坝变形工作测点布设原则是，在坝体的主要变形部位，例如最大高度处、合拢段、坝内有泄水的空处、坝基地形和地质结构变化较大地段等予以布设。沿横向布设的工作测点要适当增多，横向测点数一般不少于 4 个，各测点纵向间距 50m 左右。水库坝体的上游坝坡正常水位以上至少要有一个测点；下游坝肩处应布设一点，下游每个马道上各布设一点。

上述各垂直变形观测点应尽量同水平观测点合用。而水闸上的变形观测点的布设原则是，垂直水流方向在闸墩上布设一排工作点，一般每一闸墩埋设一个工作点，如果闸身较长，可在每个伸缩缝两侧各布设一个点。

土石坝的溢洪道、电厂以及其他水工建筑物也应布设相应的变形观测点。

（3）拱坝。拱坝变形观测点的布设类似于混凝土重力坝，一般沿坝顶每隔 40～50m 布设一个工作测点，至少在拱冠、四分之一拱环及两岸接头处应布设一点。在连拱坝上应选择有代表性的拱环，根据上述原则布设变形观测点。

2.2.2.3 监测频率的确定

变形监测频率的确定取决于变形值的大小和变形速度，以及变形观测的目的。通常要求变形观测的次数既能反映出变化的过程，又不遗漏变化的时刻。

1. 观测周期的确定

变形监测的观测周期，应根据变形体的特性、变形速率和变形监测的精度要求来定。某些受外界影响比较大的监测项目，还必须结合外界自然条件的变化，如工程地质条件等因素综合考虑。当有多种原因使某一变形体产生变形时，在分别以各种因素考虑观测周期后，从中选取最短的周期作为该观测项的最终观测周期。

根据变形量的变化情况，应适当调整观测周期。当三个观测周期的变形量小于观测精度所确定的允许值时，可作为无变形的稳定限值。

在工程实体的建设初期，变形速度较快，观测周期次数应该多一些，随着施工的逐步展开，工程实体的变形一般逐步趋向稳定，在此阶段，可以适当减少观测次数，但仍应坚持长期观测，以便能发现异常变化。对于周期性的变形，在每一个变形周期内至少应观测两次。

2. 一个周期内观测时间的确定

由于变形观测的精度要求高，故一个周期所有的变形监测工作需在所允许的时间间隔 t 内完成，否则观测周期内的变形观测数据将会歪曲目标点的变形客观值。对于长周期（如年周期）变形，t 可达几天甚至数周，故可选用各种大地测量仪器和方法。对于短周期变形，t 仅为数分甚至数秒，如：对于日周期 t 为 10 多分钟，这时用大地测量仪器和方法将无能为力，需要考虑采用摄影测量方法或自动化监测方法。

2.3 工程变形监测仪器简介

在工程变形监测中，除使用精密水准仪、精密光学经纬仪、高精度全站仪、GPS 接收机等基本的常规测量仪器（常规仪器的结构及使用参见本系列教材的其他书籍）之外，还有液体静力水准仪、倾斜仪、激光准直仪等。

由于变形监测的精度要求高，故用于变形监测的精密水准仪的型号一般为 DS_{05}、DS_1。本节主要介绍液体静力水准仪、倾斜仪、激光投线仪（即激光准直仪系列仪器）等。

2.3.1　液体静力水准仪

如图 2-1 所示为南瑞公司开发的 RJ-100 型电容式静力水准仪。电容式静力水准仪根据连通管内液面保持自然水平的原理，用传感器测量各监测点液面高度变化，以测出二点或多点之间的高差。静力水准仪主要由钵体、联通水管及浮子等组成。电容式静力水准仪的体积较大，测量精度可以达到 $30\mu m$。

液体静力水准仪水准测量的基本原理可用图 2-2 加以说明。利用软管将两个或多个静力水准仪连接起来。当相连接的两个容器中盛的是均匀液体（即同类液体并具有相同的参数）时，则其液体的自由表面就处于同一水平面，欲求的两液体静力水准仪底面所处位置的高差 Δh 就是图中两液面相对于各自地面的高程 H_1、H_2 之差。测量时可由两个位移传感器测量出各自液面的高度值，两者的差就是两静力水准仪分别测定的 A、B 两固定点（可以是仪器底面所处位置，也可以是仪器所悬挂的测点位置）间的相对位移。即所求两点的高差 Δh 为

$$\Delta h = H_1 - H_2 = b_2 - b_1 = (a_1 - b_1) - (a_2 - b_2)$$

式中　a_1，a_2——容器的高度或读数零点相对于工作底面的位置；

b_1，b_2——两传感器所测得的液面位置的读数值，亦即读数零点至液面的距离。

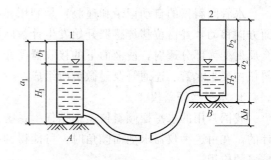

图 2-1　电容式静力水准仪外观图　　　　图 2-2　液态静力水准仪工作原理图

除电容式静力水准仪外，还有采用目视接触法确定液面位置的悬挂式液体静力水准仪，以及通过电传感器和光电传感器来测定液面高度变化的遥测仪器。各种不同结构的液体静力水准仪，实际上只是定位和测定液面位置的方法有所不同。测定液面的方法有：目视法、目视接触法和其他一些方法。对于某些固定设置的精密液体静力水准仪而言，多用电感（或电容）传感器来确定液面位置的变化，以达到遥测的目的。

2.3.2　倾斜仪

倾斜仪一般能连续读数、记录和进行数字传输，且能达到较高的精度，故在倾斜监测中应用较广。倾斜仪常见的有气泡式倾斜仪、水管式倾斜仪、水平摆倾斜仪及电子倾斜仪，可以用来监测建（构）筑物的位移和转动。水平型的倾斜仪用来进行变形体的沉降和隆起监测；垂直型倾斜仪用来进行变形体的位移和收敛监测。

1. 气泡式倾斜仪

气泡式倾斜仪是由一个高灵敏度的气泡水准管和一套精密的测微器组成。测微器中包括

测微杆、读数盘和读数指标。气泡水准管固定在支架上，支架可绕旋转端点转动，支架下装一块弹簧片，在底板下有置放装置。将倾斜仪安置在需要观测的位置上以后，转动读数盘，让测微杆向上（或向下）移动，直至水准气泡居中为止，此时在读数盘上读数，即可得出该处的倾斜度。

我国制造的气泡式倾斜仪，灵敏度为 $2''$，总的观测范围为 $1°$。气泡式倾斜仪适用于观测较大的倾斜角或量测局部地区的变形，如测定设备基础和平台的倾斜（见图2-3）。

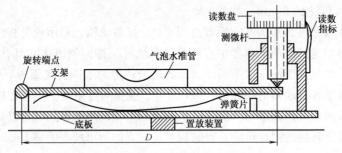

图2-3 气泡式倾斜仪

2. 水管式倾斜仪

它是利用软管连通的容器中，液体表面要实现静力平衡的原理，根据两端容器内液面的升降，可得出两点间的高差变化，并换算成倾斜角。

水管倾斜仪的自动记录和遥测，是利用光导装置来实现的。工作时，可使光导装置向液面方向移动，并由位移传感器开始发生计数脉冲，当光导装置接触液面时，光线就从原来的全反射变为部分透射，使液面下的接收器受光，从而停止脉冲计数。不用自动记录的水管倾斜仪主要由水管、连通管及显微镜所组成。

3. 水平摆倾斜仪

我国常用的水平摆倾斜仪是根据任一系统的质量中心必须处于最低位置才稳定的原理设计的。在由这种仪器求地面倾角时，可能得到一万倍的放大倍率，故在变形监测中已得到了较多的应用。

4. 电子倾斜仪（即倾角传感器）

电子倾斜仪可以自动监测建筑物倾斜度的变化，这种仪器是利用传感器的原理工作的。常见的有普通电子倾斜仪、安装水平摆的电子倾斜仪、电子水准器式的倾斜仪三种类型。

（1）普通电子倾斜仪。按照差动电路中交叉的传感器原理工作，利用电桥电压与倾斜度微小变化成比例的特点达到测量倾斜度的目的。

（2）安装水平摆的电子倾斜仪。这种倾斜仪是根据重力作用制成的。

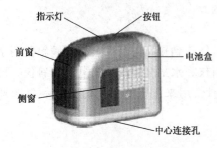

图2-4 APL-1 投线仪基本构造

（3）电子水准器式的倾斜仪。实际上是一个电子水准器，是一个玻璃水准管座上的传感器。这种电子水准器的灵敏度可达 $0.1''$ 的精度。

2.3.3 激光投线仪

如图2-4为北京博飞公司开发生产的 APL-1 投线仪，它是一种新型的光机电一体化仪器，采用 635nm 激光二极管，可以在墙面上（或地面上）投射出可见的红色水平直线和铅垂直线，利用仪器内部的自动补偿器可自动保持激光投射线的水平（或铅垂）位置。是一种工程施工用的测量仪器，也可用来进行工程变形监测以建立基准线。

　　该仪器使用极为方便，可以用来建立水平基线和铅直基线。在变形体的水平移动监测中，可以利用投线仪所发射出的一条高精度的"空间准直线"，建立一条精确的"基准线"，以测定变形体各变形点的水平位移。工作时，只需将仪器安置在事先布设好的某一基准点上，即可在需要的方向上投射出水平基线，布设出另一基准点，而且在各次周期性的监测中，实时的再现出该条基线，以方便监测出变形体上各监测点的动态水平位移。

2.3.4　监测专用传感器

　　在工程变形监测中，所需测量的物理量大多为非电量，如位移、压力、应力、应变等等。为使非电量能用电测方法来测定和记录，必须设法将它们转化为电量，这种将被测物理量直接转换为容易检测、传输或处理的信号的元件称为传感器，也称换能器、变换器或探头。

　　传感器一般可按被测量的物理量、变换原理和能量转换方式分类。按变换原理分类如电阻式，电容式、光电式、钢弦频率式、差动变压器式等；按被测量物理量分类如位移传感器、压力传感器、速度传感器等。

　　在工程变形监测中，需要在变形体的内部或深层设置监测元件，然后利用各种相应的传感器来进行监测，以测读出各测点的变形特征值。常用的有应力计和应变计两类传感器。另外还有土压力盒、热电阻温度计，以及一些电感式传感器等。工程监测中，可以利用这些专用传感器来完成某些特定环境下的监测工作，既方便又高效。

2.4　工程变形监测高程控制网的建立及沉降观测

2.4.1　变形监测高程控制网的建立

2.4.1.1　高程控制网的布设

　　建筑物的沉降观测是采用周期性的精密水准测量的方法进行的，为此应该建立高精度的水准测量控制网。用于变形监测的高程控制网的布设应符合下列要求。

　　（1）对于建筑物较少的测区，宜将控制点连同观测点布设成单一层次控制网，即只布成一级网；对于建筑物较多且分散的大测区，宜按两级布网方式布设控制网，即由基准点和工作基点组成第一级控制网，而变形观测点与所联测的工作基点（或基准点）组成扩展网。

　　（2）控制网应布设成结点水准网、闭合环或附合水准路线。扩展网应布设成闭合或附合水准路线。

　　（3）每一监测区的水准基点不应少于 3 个；对于小测区，当确认各基准点稳定可靠时可少于 3 个，但连同工作基点不得少于 3 个。在工程变形区内，点位与邻近建筑物的距离应大于工程基础最大宽度的 2 倍。

　　（4）工作基点与联测点布设的位置应视布网需要确定。作为工作基点的水准点位置与邻近建筑物的距离不得小于建筑物基础深度的 1.5～2.0 倍。工作基点与联测点也可在稳定的永久性建筑物墙体或基础上设置。

　　（5）各类水准点应避开交通干道、地下管线、仓库堆栈、河岸、水源地、滑坡地带、机器振动区等其他能使标石、标志易腐蚀和破坏的地点。

2.4.1.2 水准基点的标志构造和埋设

水准基点的标志构造，要根据埋设地区的地质条件、气候情况及工程的重要程度进行设计。对于一般的厂房沉降观测，可参照水准测量规范中三、四等水准点的规定进行标志设计与埋设；对于高精度的变形观测，需设计和选择专门的水准基点标志。

水准基点是作为沉降观测基准的水准控制点，每一个测区的水准基点不应少于3个；对于小测区，当确认点位稳定可靠时可少于3个，但连同基点不得少于3个。选定的各水准基点（或工作基点）构成一组，其点位标石，应埋设在基岩层或原状土层中。在建筑区内，点位与临近建筑物的距离应大于建筑物基础最大宽度的2倍，其标石埋深应大于临近建筑物的深度。在建筑物内部的点位，其标石埋深应大于地基土压缩层的深度。水准基点作为整个变形观测高程控制网的起始点。

为了检查水准基点本身的高程有无变动，可在每组3个水准基点的中心位置设置固定测站，经常测定三点间的高差，判断水准基点的高程有无变动。

水准基点的标志，可根据需要与条件选用下列几种标志：

（1）地面岩石标。用于地面土层覆盖很浅的地方，如有可能可直接埋设在露头的岩石上（见图2-5）。

（2）下水井式混凝土标。用于土层较厚的地方，为了防止雨水灌进水准基点井中，井台必须高出地面0.2m（见图2-6）。

（3）深埋钢管标。这类标用在覆盖层很厚的平坦地区，采用钻孔穿过土层和风化岩层达到基岩里埋设钢管标志（见图2-7）。

（4）深埋双金属标。这类标志用于常年温差很大的地方，当岩石上部土层较深时，双金属标可以避免温度变化对标志点高程产生的影响。

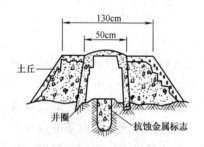

图2-5 地面岩石标

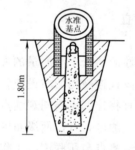

图2-6 下水井式混凝土标

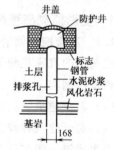

图2-7 深埋钢管标

2.4.1.3 沉降观测点标志的构造和埋设

沉降观测点是测量沉降量的依据。沉降观测点应布设在变形体上变形最具代表性的地方，即应埋设在真正能反映建筑物发生沉降变形的位置。对于沉降观测的变形观测点的布设，要看变形体地基的地质条件、基础及建筑物的建筑结构、内部应力的分布情况，还要考虑便于观测等。埋设时要注意观测点与建筑物的连接要牢固，使得观测点的变化能真正反映建筑物的沉陷情况。为了观测矿区地表沉陷，应在采空区的地表沿矿体走向和倾斜方向布设观测点，观测点应通过沉陷量及其变化最大的地点。观测点埋设时要注意便于观测和保存，如预计地表下沉后观测点可能被水淹没，则点的结构应便于接高（如测点标志上考虑螺丝扣连接加高）。

沉降监测点应埋设在稳固，不易被破坏，能长期保存的地方。埋设点的标高位置，一般在室外地坪＋0.500m 较为适宜，但在布置时应根据建筑物层高、管道标高、室内走廊、平顶标高等情况来综合考虑。点的高度、朝向等要便于立尺和观测。同时还应注意所埋设的监测点要避开柱子间的横隔墙、外墙上的雨水管等，以免所埋设的监测点无法监测而影响监测资料的完整性。

对于观测点的标志结构，是根据观测对象的特点和观测点埋设的位置来确定的。

对于工业与民用建筑物，其钢筋混凝土基础、设备基础、支护结构锁口梁上等布设的变形监测点，可将直径 20mm 的铆钉或钢筋头（上部锉成半球状）埋设于混凝土中作为标志（见图 2-8）。墙体上或柱子上的监测点，可将直径 20～22mm 的钢筋按图 2-9 的形式设置。

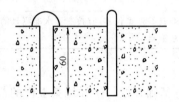 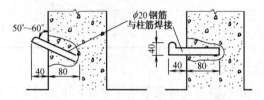

图 2-8　钢筋混凝土基础测点埋设　　　图 2-9　墙体（柱）沉降观测点的埋设

对于混凝土坝，为了测定基础沉陷，必须在基础岩石和坝顶混凝土面上埋设沉陷观测点。

水工建筑物沉降变形监测工作点的标志有大坝坝面标志点、廊道标志点、基础标志点和其他监测标志。按形式可分为：

（1）综合埋设标志。它是把垂直变形观测工作点和水平变形观测工作点集中为一个点上，这是各种类型的水坝变形观测最常用的标志形式。

（2）混凝土嵌心标志。它是直接埋设在混凝土坝面上的，常在需要独立埋设垂直变形观测工作点时采用。其结构如图 2-10 所示，观测点中心是一个直径为 15mm，长度为 100mm 的钢螺栓，头部露出 10mm，并加盖保护。

（3）墙上标志。常埋设在大坝的廊道墙壁上，其结构如图 2-11 所示，由留有倒齿的标志和保护箱组成。

（4）钢管标志。如图 2-12 所示，常在测定坝体内某一高度的垂直变形时采用。

2.4.1.4　高程控制网主要技术要求

高程控制网的主要技术要求，应参照表 2-2。

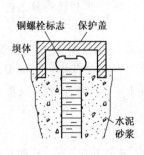 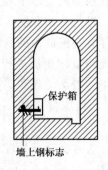 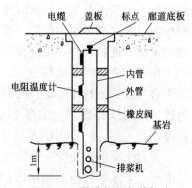

图 2-10　混凝土嵌心标志　　　图 2-11　廊道内的墙上标志　　　图 2-12　钻孔深埋钢管标志

表 2-2　　　　　　　　　　高程控制网的主要技术要求　　　　　　（单位：mm）

等级	相邻基准点高差中误差	每站高差中误差	往返较差、附合或环线闭合差	检测已测高差较差	使用仪器、观测方法及要求
一等	0.3	0.07	$0.15\sqrt{n}$	$0.2\sqrt{n}$	DS₀₅型仪器,视线长度小于等于15m,前后视距差小于等于0.3m,视距累积差小于等于1.5m。宜按国家一等水准测量的技术要求施测
二等	0.5	0.13	$0.30\sqrt{n}$	$0.5\sqrt{n}$	DS₀₅型仪器,宜按国家一等水准测量的技术要求施测
三等	1.0	0.30	$0.60\sqrt{n}$	$0.8\sqrt{n}$	DS₀₅ 或 DS₁ 宜按二等水准测量的技术要求施测
四等	2.0	0.70	$1.40\sqrt{n}$	$2.0\sqrt{n}$	DS₁ 或 DS₃ 型仪器,宜按三等水准测量的技术要求施测

2.4.2　沉降观测

在建筑物施工初期基坑开挖时，由于地面需破土以进行基础开挖，这样地基上部的荷重逐步卸除，使基底产生回弹；而又随着建筑物的基础及主体的逐步施工，对基底来说，其相应的荷载也就不断增加，这将使地基基础产生沉陷，也就引起建筑物自身的沉降。为了监控其沉降过程，以保证工程施工建设的正常实施，必须布设沉降观测的基准点、工作基点，并在变形监测体上布设沉降观测点，以进行沉降观测。具体观测时，可以定期地测量变形观测点相对于工作基点（或基准点）的高差，以求得各变形观测点的高程，并将不同时期测得的高程加以比较，得出基础沉陷与回弹的变形量，这种变形监测称之为沉陷与回弹观测，或习惯上统称为沉降观测。根据规范要求，基坑回弹观测应测定深埋大型基础在基坑开挖后，由于卸除地基土自重而引起的基坑内外影响范围内相对于开挖前的回弹量。而建筑物沉降观测应测定建筑物基础和主体的沉降量、沉降差及沉降速度。

目前沉降观测中最常用的是几何水准测量方法和液体静力水准测量的方法。对于中、小型厂房，土工建筑物以及矿区地表的沉陷观测可采用普通水准测量。对于高大重要的混凝土建筑物，例如大型工业厂房、高层建筑物和混凝土坝，以及城市地面的沉陷观测，要用精密水准测量的方法。

沉降观测一般分两步进行：水准基准点观测和沉降观测点的观测。

2.4.2.1　水准基准点的观测

由水准基点与工作点所组成的高程控制网是测定垂直位移的基础，水准基点与工作点之间应布设成水准环线，每年（或半年）进行一次联测，尽可能固定月份，即选择外界条件相近的情况下进行观测，以减少外界条件对观测成果的影响。

作业方法原则上应按一、二等水准测量作业法进行。就监测工作的水准测量方法来说，由于有其自身的特殊要求，因而相对于一般水准观测，其操作方法上有其自身特点，如要求每次观测的线路固定，定期重复观测，且应使用同一台仪器，由同一观测者进行仪器操作等。

为便于观测，消除一些误差影响，通常在转点处埋设简便的金属标头作为立尺点。一般要求每千米水准测量高差中数的中误差 $m_{km} \leqslant \pm 0.5mm$，并采用精密水准仪 DS₀₅ 及铟瓦水准尺进行施测。

水准环线是分段（如每段 1km 左右）进行观测，各段往返高差的较差不得超过 $d_限$ 为

$$d_限 = 4m_{km}\sqrt{L} = \pm 2\sqrt{L}\text{mm}(L \text{ 为各测段水准路线长度,以 km 计})$$

往返观测的高差加标尺长度改正后，计算各测段往、返观测高差的较差。高差较差满足精度要求后，可根据加了标尺长度改正后的往、返观测高差计算高差中数，再由高差中数计算水准环线闭合差，将环线闭合差按各测段线路长度进行分配（若水准线路不很长，测站间距离相差不大，也可按测站数分配）。然后由水准基点的高程推算工作基点的高程，再与各点的首次观测高程比较，可计算出各工作基点高程变化值。依据这些水准点高程变化值，即可以判断变形监测的水准基准网的稳定情况。

按上述要求所实施的精密水准测量，根据生产经验，其每千米高程的传递精度可达到 ± 0.5mm 以上。每千米水准测量高差中数的中误差，可按下式计算：

$$m_{km} = \pm \sqrt{\frac{[pdd]}{4n}}$$

其中

$$p_i = \frac{1}{L_i}(i = 1, 2, 3, \cdots, n)$$

式中　n——水准环线测段数；

L_i——各测段线路长度，单位为 km；

p_i——各水准测段的权；

d_i——各测段往返测高差的较差，单位为 mm。

2.4.2.2　变形观测点的沉降观测

对基准点的稳定性监测完成后，即可对各变形观测点进行沉降观测。观测时，应利用工作基点来测定各变形观测点的高程，且必须进行周期性监测。观测精度应根据不同工程的监测要求予以确定，对于大型工程建筑物如建筑在基岩上的混凝土块，其沉陷观测中误差不得超过 ± 1mm，应按二等水准测量规定施测。而对于中、小型或沉陷量较大的工程，根据需要也可用三等水准施测。

沉降观测的周期应根据建（构）筑物的特征、变形速率、观测精度和工程地质条件等因素综合考虑，并根据沉降量的变化情况适当调整。在沉降监测时间方面，施工期间的沉降监测次数，通常不得少于四次，以便得出荷载与沉降量的关系，一般可参照下列工程类型分别进行。

（1）深基坑开挖时，锁口梁会产生较大的水平位移，沉降观测周期应较短，一般每隔 1~2 天观测一次；浇筑地下室底板后，可每隔 3~4 天观测一次，一直到支护结构变形稳定为止。当出现暴雨、管涌，变形急剧增大时，要加密观测次数。

（2）工业建筑物包括装配式钢筋混凝土结构、砖砌外墙的单层或多层的工业厂房。各柱上的沉降监测点在柱子安装就位固定后进行第一次监测；屋架、屋面板吊装完毕后监测一次；外墙高度在 10m 以下者，砌到顶时监测一次，外墙高度大于 10m 者，当砌到 10m 时监测一次，以后每砌 5m 监测一次；土建工程完工时监测一次；吊车试运转前后各监测一次，吊车试运转时，应在最大设计负荷情况下进行，最好将吊车满载后，在每一柱边停留一段时间，再进行监测。

（3）民用建筑物及其他工业建筑物的主体结构施工时，每安装完一层楼后，应进行一次监测，结构封顶后每两个月左右观测一次，房屋完工交付使用前再监测一次。

（4）楼层荷重较大的建筑物如仓库或多层工业厂房，应在每加一次荷重前、后各监测一次。

（5）水塔或油罐等构筑物应在试水前、后各监测一次，必要时在试水过程中根据要求进行监测。

对各变形监测对象，在进行沉降观测时，务必重视首次观测（即零期观测）。因为零期观测数据是以后各次观测值比较的基础，其对应的观测数据应正确、合理、可靠，能如实的反映出监测对象的初始状态。

建（构）筑物竣工投入使用后，观测周期视沉降量大小而定，一般可每三个月左右观测一次，至沉降稳定为止。如遇停工时间过长，停工期间也要适当观测。若遇特殊情况，使基础工作条件剧变时，应立即进行沉降监测工作，以便掌握沉降变化，采取必要的预防措施。

对于建造在深度为8～10m以上的基坑工程，需要进行基坑回弹监测。回弹观测点一般沿基坑纵、横轴线或在能反映基坑回弹特征的位置上设立。一般用钻孔来埋设回弹监测标志，钻孔时应保证孔壁竖直，并须埋入保护管，观测标志要埋入基底面下10～20cm。

按《工程测量规范》（GB 50026—1993）规定，回弹观测一般不应少于3次：第一次在基坑开挖前；第二次在基坑开挖后；第三次在浇灌基础之前进行。当需要测定分段卸荷回弹时，应按分段卸荷时间，增加观测次数。当基坑挖完，至基础施工的间隔时间较长时，也应适当增加观测次数。回弹观测点的测量高差中误差应小于±1mm。

对大坝来说，其沉陷观测的周期，在施工期间和运转期间次数较密，而运转后期，当已经掌握变形规律，观测次数可适当减少，但在特殊情况下（如暴雨、洪峰、地震），除规定的周期必须观测外，尚应增加补充观测次数。

对变形观测点观测，其附合水准路线上每一测站高差中数的中误差可按下式计算：

$$m_{站} = \pm\sqrt{\frac{[pdd]}{4n}}$$

其中

$$p_i = \frac{1}{N_i}(i = 1, 2, 3, \cdots, n)$$

式中　　N_i——各测段的测站数；

　　　　d_i——各测段往返测高差的较差，单位为mm。

离工作基点最远的观测点，其高程的测定精度最低。最弱点相对于工作基点的高程中误差，按下式计算：

$$m_{弱} = m_{站}\sqrt{K}$$

其中

$$K = \frac{K_1 K_2}{K_1 + K_2}$$

式中　　K_1、K_2——由两工作基点分别测到最弱点的测站数。

沉陷量是两次观测高程之差。因此，最弱点沉陷量的测定中误差$m_{沉} = \sqrt{2}m_{弱}$，应满足±1mm的精度要求。

2.4.2.3　沉降观测点的精度要求

根据沉降观测的特点，沉降观测点的精度要求和观测方法，可以参照表2-3。

为消除和减弱观测过程中水准点之间的不均匀沉降所产生的影响，在观测中，需要采取下列措施：

表 2-3　　　　　　　　　　　　沉降观测点的精度要求和观测方法

等级	高程中误差 /mm	相邻点高差中误差/mm	观 测 方 法	往返较差、附合或环线闭合差/mm
一等	±0.3	±0.15	除按国家一等精密水准测量外,尚需设双转点,视线小于等于 15m,前后视距差小于等于0.3m,视距累积差小于等于 1.5m;精密液体静力水准测量;微水准测量等	$\leqslant 0.15\sqrt{n}$
二等	±0.5	±0.30	按国家一等精密水准测量;精密液体静力水准测量	$\leqslant 0.30\sqrt{n}$
三等	±1.0	±0.50	按二等水准测量;液体静力水准测量	$\leqslant 0.60\sqrt{n}$
四等	±2.0	±1.00	按规范三等水准测量;短视线三角高程测量	$\leqslant 1.40\sqrt{n}$

（1）尽量缩短水准环线或线路的长度，亦可用两架同精度水准仪对向观测代替往返观测，以缩短观测时间。

（2）沉降观测作业应从沉降量最大的地区开始，依次向沉降量最小的地区推进。

（3）在沉降量较大的地区，应在短时间内完成一个闭合环的观测；若沉降监测网中具有结点，组成了带结点的水准观测网，则应由几个小组协同作业，同时观测。

2.4.2.4　沉降观测注意事项

根据生产作业的经验，在沉陷观测中应注意下列问题：

（1）要认真检验仪器和标尺，每次观测前，还应检查观测点和工作基点等是否符合要求，观测标志点有无松动损害情况。

（2）仪器至标尺的最长距离不应超过 50m，每站的前后视距差应小于等于 0.3m，视距累计差在 1m 以内，视线高度应不大于 0.5m，即按二等水准观测要求进行施测。

（3）每次观测中应是固定的仪器、固定的人员和固定的施测路线。施测时严格按规定等级的要求进行，采用闭合环或往返闭合方法，闭合差应达到规定要求。

（4）观测记录中，必须注明观测时的气象情况和荷载重量。

2.4.3　沉降观测的成果整理及观测中的问题处理

2.4.3.1　沉降观测成果资料

1. 整理原始观测数据记录

每次观测结束后，应检查记录表中的数据和计算是否正确，精度是否合格，如果误差超限则需重新观测。然后调整闭合差，推算各观测点的高程，列入成果表中。

2. 计算沉降量

根据各观测点本次所测高程与上次所测高程来计算两次高程之差，同时，计算各观测点本次沉降量和累计沉降量，并将观测日期和荷载情况记入观测成果表（见表 2-4）。

3. 绘制沉降曲线

为了更清楚地表示沉降量、荷载、时间三者之间的关系，还需绘制各观测点的时间与沉降量关系曲线图，以及时间与荷载关系曲线图，如图 2-13 所示。

时间与沉降量的关系曲线是以沉降量 S 为纵轴，时间 T 为横轴，根据每次观测日期和相应的沉降量按比例画出各点的位置，然后将各点依次连接起来，并在曲线一端注明观测点号码。

时间与荷载的关系曲线是以荷载重量 P 为纵轴，时间 T 为横轴，根据每次观测日期和相应的荷载画出各点，然后将各点依次连接起来所形成的曲线图。

表 2-4 　　　　　　　　　　　某建筑物 6 个沉降观测点的观测结果

观测日期 年月日	荷重/(t/m²)	观测点																
		1			2			3			4			5			6		
		高程/m	本次下沉/mm	累计下沉/mm	高程/m	本次下沉/mm	累计下沉/mm	高程/m	本次下沉/mm	累计下沉/mm	高程/m	本次下沉/mm	累计下沉/mm	高程/m	本次下沉/mm	累计下沉/mm	高程/m	本次下沉/mm	累计下沉/mm
2005.4.20	4.5	50.157	±0	±0	50.154	±0	±0	50.155	±0	±0	50.155	±0	±0	50.156	±0	±0	50.154	±0	±0
5.5	5.5	50.155	−2	−2	50.153	−1	−1	50.153	−2	−2	50.154	−1	−1	50.155	−1	−1	50.152	−2	−2
5.20	7.0	50.152	−3	−5	50.150	−3	−4	51.151	−2	−4	50.153	−1	−2	50.151	−4	−5	50.148	−4	−6
6.5	9.5	50.148	−4	−9	50.148	−2	−6	50.147	−4	−8	50.150	−3	−5	50.148	−3	−8	50.146	−2	−8
6.20	10.5	50.145	−3	−12	50.146	−2	−8	50.143	−4	−12	50.148	−2	−7	50.146	−2	−10	50.144	−2	−10
7.20	10.5	50.143	−2	−14	50.145	−1	−9	50.141	−2	−14	50.147	−1	−8	50.145	−1	−11	50.142	−2	−12
8.20	10.5	50.142	−1	−15	50.144	−1	−10	50.140	−1	−15	50.145	−2	−10	50.144	−1	−12	50.140	−2	−14
9.20	10.5	50.140	−2	−17	50.142	−2	−12	50.138	−2	−17	50.143	−2	−12	50.142	−2	−14	50.139	−1	−15
10.20	10.5	50.139	−1	−18	50.140	−2	−14	50.137	−1	−18	50.142	−1	−13	50.140	−2	−16	50.137	−2	−17
2006.1.20	10.5	50.137	−2	−20	50.139	−1	−15	50.137	±0	−18	50.142	±0	−13	50.139	−1	−17	50.136	−2	−18
4.20	10.5	50.136	−1	−21	50.139	±0	−15	50.136	−1	−19	50.141	−1	−14	50.138	−1	−18	50.136	±0	−18
7.20	10.5	50.135	−1	−22	50.138	−1	−16	50.135	−1	−20	50.140	−1	−15	50.137	−1	−19	50.136	±0	−18
10.20	10.5	50.135	±0	−22	50.138	±0	−16	50.134	−1	−21	50.140	±0	−15	50.136	−1	−20	50.136	±0	−18
2007.1.20	10.5	50.135	±0	−22	50.138	±0	−16	50.134	±0	−21	50.140	±0	−15	50.136	±0	−20	50.136	±0	−18

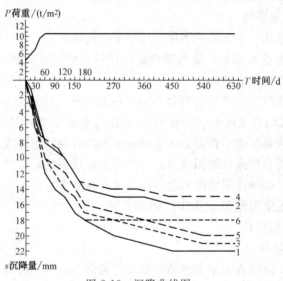

图 2-13　沉降曲线图

4. 沉降观测提交的资料

（1）沉降观测（即水准测量）记录手簿；

（2）沉降观测成果表；

（3）观测点布设位置图；

（4）沉降量、地基荷载与延续时间三者的关系曲线图；

（5）沉降观测分析报告。

2.4.3.2　沉降观测中常遇到的问题及其处理

1. 曲线在首次观测后即出现回升现象

在第二次观测时即发现曲线上升，至第三次后，曲线又逐渐下降。出现此种现象，一般是由于首次观测成果存在较大误差所引起的。此时，应将首次观测成果作废，而采用第二次观测成果作为首次测量成果。

2. 曲线在中间某点突然回升

出现此种现象，其原因多半是因为水准基点或沉降观测点被碰所致，如水准基点被压低，或沉降观测点被撬高。此时，应仔细检查水准基点和沉降观测点的外形有无损伤。如果多数沉降观测点均出现此种现象，则水准基点被压低的可能性很大，此时可改用其他水准点作为水准基点来继续观测，并另外埋设新的水准点以替代此被压低的水准基点。如果只有一个沉降观测点出现此现象，则多半是该点被撬高，此时则需另外埋设新点以替代之。

3. 曲线自某点起逐渐回升

出现此种现象一般是由于水准基点下沉所致。此时，应根据水准点之间的高差来判断出最稳定的水准点，并以其作为新的水准基点，将原来下沉的水准基点废除。但是，需注意埋在裙楼上的沉降观测点，由于受主楼的影响，也可能出现属于正常的逐渐回升的现象。

4. 曲线的波浪起伏现象

曲线在观测后期呈现微小波浪起伏现象，其原因一般是观测误差所致。曲线在前期波浪起伏之所以不突出，是因为各观测点的下沉量大于测量误差之故。但到后期，由于建筑物下沉极微或已接近稳定，因此在曲线上就出现测量误差比较突出的现象。此时，可将波浪曲线改成水平线，并适当地延长监测的间隔时间。

2.5　工程变形监测平面控制网的建立

2.5.1　概述

大型工程建筑物由于其本身的自重、混凝土的收缩、土料的沉陷及温度变化等原因，将使建筑物本身产生平面位置的相对移动；如果工程建筑物的地基处于滑坡地带，或受地震影响，当基础受到水平方向的应力作用时，将产生建筑物的整体移动，即绝对位移。由于相对位移往往是由于地基产生不均匀沉降所引起的，所以相对位移是与倾斜同时发生的、是小范围的、局部的。因此相对位移观测可采用物理方法、近景摄影测量方法及大地测量方法；如高大建筑物因受风震影响而进行顶部位移测量时，可采用激光位移计和电子水准器倾斜仪等进行观测。绝对位移往往是大面积的整体移动，因此绝对位移的观测，多数采用大地测量方法和摄影测量方法。

2.5.1.1　变形监测平面控制网的测点布设

采用大地测量方法进行变形观测，其构建的监测平面控制网，大都是小型的、专用的、高精度的变形观测控制网。其平面控制网常埋设三种监测点，分两级予以建立。

1. 基准点

基准点通常埋设在比较稳固的基岩上或在变形影响范围之外，尽可能做到长期保存，稳定不动。

2. 工作点

工作点是基准点和变形观测点之间的联系点。工作点与基准点构成变形观测的首级网，用来测量工作点相对于基准点的变形量，由于这种变形量较小，所以要求变形观测的精度高，复测间隔时间长。

3. 变形监测点

变形监测点即变形目标监测点，一般埋设在建筑物上与建筑物构成一个整体，一起移动。变形监测点与工作点组成次级网，次级网用来测量变形监测点相对于工作点的变形量。由于这种变形量相对上级网的变形量来说，其变形量较大，所以要求次级网复测时间间隔短，即观测周期间隔相对较小，以期通过经常性的监测来求取观测点的坐标变化量，最终反映建筑物空间位置的变化。

2.5.1.2 变形监测平面控制网的布设形式

变形观测平面控制网的常用布设形式有导线控制网、视准线法变形观测控制网、交会法或单三角控制、三角测量控制网、综合变形监测控制网和四维变形观测系统等。

1. 导线控制网

导线控制网是一种使用极广的变形监测控制网形式。无论是何种变形监测工作几乎大都可用导线网作为基础控制网。采用导线控制网的好处是点位分布均匀，重要的变形部位便于加密控制，施测方法简便。一般为了提高观测的精度，应尽量加大视线长度，另外还要注意旁折光的影响，视线离开变形监测体的距离不得小于 0.4m。

2. 视准线法变形观测控制网

视准线法变形观测网一般应用在较规整的建筑场区和直线型短坝的水平位移变形观测中。其优点是：布网工程量和野外观测工作量相对较小，监测控制用的控制基准点，可建立在场区影响范围以外的地方，以期通过较远的照准定向方向来加强对测站及后视点稳定性的监测检验。

3. 交会法或单三角控制

当受地形条件限制而无法布设成视准线控制网时，采用交会法或单三角形式则是一种较为简单且实用的控制选择。工程监测实践中，交会法常常和三角网法或视准线法联合使用。

4. 三角测量控制网

三角测量控制网是进行大面积范围的变形观测的最有效的控制方法之一。三角测量控制网相对于常规的大地测量来说每边的边长较短，因而网的控制范围也就较小，但施测精度要求却较高，所以，在采用此形式来建立平面监测控制网时，应力求网的图形结构简单、合理，便于进行观测，使内外业工作量少、精度高。一般以大地四边形或中点多边形最常用，有时也可采用单三角锁。

5. 综合变形监测控制网

综合变形监测控制网是采用多种控制方法的控制网。

6. 四维变形观测系统

四维形变检测观测系统是利用 GPS 和光电测距仪进行大面积地区变形观测的方法。

2.5.2 建立平面控制网的原则

由于变形观测控制网是范围小、精度要求高的专用控制网，所以在进行设计、布网和观测时应考虑下述原则。

1. 变形观测网应为独立控制网

由于在分级布网与逐级控制中，高级控制点要作为次级控制网的起始数据，则高级网的测量误差即成为次级网的起始数据误差。一般认为起始数据误差相对于本级网的测量误差来说是比较小的，如在工程测量技术规范中规定三、四等三角测量的起始边相对误差与测量相对误差的比率取为

$$p = \frac{m_{始}}{m_{测}}$$

但是对于精度要求较高的变形观测控制网来说，若含有这样大的起数数据误差，即使观测精度再高、采取的平差再严密，也是无法或难以达到预期的精度要求的，所以变形观测网应是独立控制网。

2. 变形观测控制点的埋设

变形观测控制点的埋设，应以工程和地质条件为依据，因地制宜地进行。

控制点的埋设位置最好能选在变形影响范围之外，尤其是基准点一定要这样做。对于变形观测的工作基点，也应设法予以检测，以监视其位置的变动。但在布网时，又要考虑不能将基准点布设于网的边缘，因为从测量的误差传播理论和点位误差椭圆的分析知道，通常是联系越直接、距离越短，则精度越高，误差椭圆越小。

3. 布网图形的选择

由于变形观测所测取的是变形体随时间变化的微小量，因此布网的图形应该与工程建设对象的形状相适应。同时，由于变形观测网的测定精度要求都为毫米级，所以，在设计网型时，要考虑到某些在特定方向上的精度要求应高一些的点，观测时应重点对待。实践证明，对于由等边三角形所组成的三角网形，当边长在 200m 以内时，测角网具有较好的点位精度；对于网的几何形状和边长均不相同的控制网，可采用三边网或边角网形式来设计建网。但为了提高监测精度，在网中可适当加测一些对角线方向，以加大观测密度，这样有利于网精度的改善与提高。在变形观测中，由于控制边的边长相对较短，为了尽可能提高监测控制网的精度，各监测控制点应建造具有强制对中装置的观测墩，用以安置精密经纬仪和高精度全站仪。机械对中装置的形式很多，在选择使用时要考虑对中精度高、安置方便且稳定性能好的装置。

2.5.3　平面控制网的主要技术要求

平面控制网的技术要求可参见表 2-5。

表 2-5　　　　　　　　　　　　　　平面控制网的技术主要要求

等级	相邻基准点的点位中误差/mm	平均边长/m	测角中误差(″)	最弱边相对中误差	作　业　要　求
一等	1.5	<300	±0.7	≤1/250000	宜按一等三角要求观测
		<150	±1.0	≤1/120000	宜按二等三角要求观测
二等	3.0	<300	±1.0	≤1/120000	宜按二等三角要求观测
		<150	±1.8	≤1/70000	宜按三等三角要求观测
三等	6.0	<350	±1.8	≤1/70000	宜按三等三角要求观测
		<200	±2.5	≤1/40000	宜按四等三角要求观测
四等	12.0	<400	±2.5	≤1/40000	宜按四等三角要求观测

2.6　水平位移监测方法

水平位移观测的任务是测定变形体在平面位置上随时间变化的移动量。若要测定某大型变形体的水平位移时，可以根据变形体的形状、大小，布设相应形式的控制网，以进行水平位移观测；如要测定变形体在某一特定方向上的位移量时，可以在垂直于待测定的方向上，建立一条基准线，定期地测量变形体上所设立的观测标志偏离基准线的距离，就可以了解变形体的水平位移情况。

2.6.1 基准线法

对于直线型建（构）筑物的水平位移观测，采用基准线具有速度快、精度高、计算简便等优点。

基准线法测量水平位移的原理是：以通过大型建（构）筑物轴线（例如大坝轴线、桥梁主轴线等）或者平行于建（构）筑物的固定不变的铅直平面为基准面，来建立一条由两基准点（或多点）所构成的基准线（可以是折线），然后根据它来周期性的测定建（构）筑物上的各变形观测点相对该基准线的距离变化。此法一般只用来测量建（构）筑物与基准线相垂直的方向的水平位移。

基准线法的一般有"视准线法"、"引张线法"和"激光准直法"几种方法。

2.6.1.1 视准线法

通常，在仪器水平的情况下，仪器的望远镜扫射所形成的视准面为一铅直面。根据此原理，可用仪器的视准轴来扫射出一铅直面，利用该铅直面在地面的投影来建立一条基准线，此种建立基准线的方法称为视准线法。视准线法按其所使用的仪器和作业方法的不同分为视准线小角法和位移法（即活动觇牌法）两种。

1. 视准线布设的一般要求

在变形观测中，视准线法通常布设成三级点位，即监测基准点、工作基点和变形观测点。

在工作基点和变形观测点位置处应浇筑混凝土结构的观测墩，墩面顶部应埋设强制对中装置。为减弱大气对流的影响，墩面顶部应距离地表 1.2m 以上，各观测墩面应尽可能位于同一高程面，从而可减弱仪器竖轴倾斜带来的误差影响。

由于观测时，监测仪器和观测觇牌均可利用强制对中装置来安置架设，仪器及觇牌的对中误差相对极小，所以视准线法的主要误差来源之一便是照准误差。为了减小此项误差，应设计制作专用的观测觇牌。觇牌设计时应考虑觇牌要有足够的反差（通常用白色作底色，以黑色作图案的觇牌，其反差最大，此种觇牌为最好）；其上的图案应简单且成中心对称；不宜有相位差；标志线的宽度可根据监测要求及观测时的视线长度专门设计。

2. 视准线小角法

视准线小角法是利用精密经纬仪精确地测出基准线方向与置镜点到测站点的视线方向之间所夹的小角，从而计算变形观测点相对于基准线的偏移值。由于这些角度很小，观测时只用旋转水平微动螺旋即可。

如图 2-14 为沿某待监测的基坑周边所建立的视准线小角法监测水平位移的示意图。B、A 为视准线上所布设的工作基点，将精密经纬仪安置于工作基点 A，在后视点 B 和变形监测点 P 上分别安置观测觇牌，用测回法测出 $\angle BAP$。设第一次观测值为 β_1，后一次为 β_2，计算出两次角度的变化量 $\Delta\beta = \beta_2 - \beta_1$，即可计算出 P 点的水平位移量 d_P。其位移方向根据 $\Delta\beta_i$ 的符号确定。其水平位移量为

$$d_P = \Delta\beta / \rho D (\rho = 206265'')$$

式中　　D——A、P 的水平距离；

$\Delta\beta$——两次监测水平角度之差，$\Delta\beta = \beta_2 - \beta_1$。

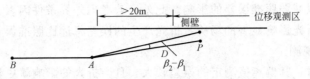

图 2-14　视准线小角法测水平位移

视准线小角法观测前，应按规范对经纬仪进行检验，其中包括光学测微器正确性的检验、光学测微器行差的测定以及调焦透镜移动正确性的检验。

3. 活动觇牌法

用活动觇牌法进行基准线测量，变形观测点的位移值是直接利用安置于观测点上的活动觇牌直接读数来测算的，活动觇牌读数尺的最小分划为 1mm，采用游标可以读取到 0.1mm。

(1) 观测仪器。观测仪器主要是经纬仪和活动觇牌。考虑到经纬仪在活动觇牌观测法中的作用仅是提供一条固定视线，所以也可用专供视准线观测的"视准仪"代替。此种仪器无水平和竖直度盘，结构简单，但望远镜孔径较大（65mm），放大倍率较高（有 55 倍、65 倍等），照准误差约为 0.18″，且附有分划值 10″ 的管水准器，以精准的将仪器旋转轴严格置于铅垂位置，望远镜可在竖直面内仰俯 30°。

利用活动觇牌观测前，必须严格测定它的零位值，即觇牌面板上的照准标志的对称轴与觇牌旋转轴重合时，对应在测微器上的读数。测定方法可按如下进行：在相距 20m 左右的两观测墩上分别安置仪器和固定觇牌，用望远镜瞄准觇牌的中心线。取下固定觇牌，换上活动觇牌，转动活动觇牌的微动螺旋，使觇牌的中心线与望远镜内的竖丝重合，读出测微器上的读数。然后反方向将觇牌的中心线与十字丝的竖丝重合，读出第二个读数。这称为一组读数，检验中，需反复进行若干组。检验结束后，还需再次换入固定觇牌以检查望远镜视线是否发生变动。如果确认视线没有变动，则取多组检验的平均值即得活动觇牌的零位值，并对本次观测所得的位移值进行零位改正。

(2) 施测步骤。利用活动觇牌法进行水平位移观测的步骤如下所述。

1) 将经纬仪（或视准仪）安置于视准线的一个端点上，将固定觇牌安置在另一端点上，用仪器望远镜的竖丝严格对准固定觇牌的中心线并固定仪器。

2) 把活动觇牌安置在变形观测点上，由司镜员指挥变形观测点上的操作员，旋动活动觇牌上的微动螺旋，使觇牌上的中心线与望远镜的竖丝重合，读取活动觇牌上的读数。进一步按原方向旋动活动觇牌一个小位移，然后反方向导入活动觇牌使其与视准线严格重合，读取第二次读数。以上是半个测回的观测步骤，用经纬仪盘左、盘右各进行半测回观测，且盘左、盘右观测时，分别向固定觇牌定向，这样才组成一个测回的观测工作。

3) 第二测回开始时，仪器应重新整平和定向，并按上述步骤进行观测。一般对每个变形观测点需进行往、返测，且各观测 2～6 测回。

(3) 活动觇牌法的误差。采用活动觇牌法进行变形体水平位移监测，其主要误差来源有照准误差、仪器和觇牌的对中误差以及外界条件等因素的共同影响。上述因素中，用强制对中的方法可保证对中误差在 ±0.1mm 左右，可不考虑此项误差的影响；而外界条件的影响，通常很难作定量的分析。

活动觇牌法的误差中，端点的照准误差对结果的影响较大，如果视准线较长，应采用适当方法妥善解决，以减弱照准误差的影响。此外，若考虑外界条件因素，视准线测量的总误差将更大，特别是折光影响显著的场所，折光产生的误差将远比照准误差大。

4. 分段视准线观测

当视准线很长时，其偏离值测定的误差较大，且旁折光的影响就更显著，为了提高观测值的精度，可以把视准线进行分段来观测。即先测定视准线中少数的观测点（分段点）相对于视准线的偏离值，再将这些分段点作为起始点，在各分段中测定其他观测点相对分段视准线的偏离值，最后把所有观测点偏离值归算到两端点的基准线上。

如果分段点测量时多余观测数较多，则可采用间接平差对每个观测值列出改正数误差方程，并根据协因数矩阵，求得各偏离值的平差值及其中误差。

2.6.1.2 引张线法测定水平位移

所谓引张线就是在两工作基点间紧拉一根不锈钢丝而建立的一条基准线，以此基准线对设置在变形体上的变形观测点进行偏离值的观测，从而求得各观测点的水平位移量。

1. 引张线装置

引张线装置由端点、观测点、测线（不锈钢丝）与测线保护管等四部分组成。

（1）端点。端点由墩座、夹线装置、滑轮、重锤连接装置及重锤等部件构成。夹线装置是端点的关键部件，起着固定不锈钢丝位置的作用。为了不损伤钢丝，夹线装置的 V 型槽底及压板底部镶嵌铜质类的软金属。端点处用来拉紧钢丝的重锤，其重量应视允许拉力而定，一般在 10～15kg 之间。

（2）观测点。由浮托装置、标尺、保护箱组成。浮托装置由水箱和浮船组成，浮船置入水箱内，用以支撑钢丝。

浮船的大小（或排水量）可以依据引张线各观测点的间距和钢丝的单位长度重量来计算。一般浮船体积为排水量的 1.2～1.5 倍，而水箱体积为浮船体积的 1.5～2 倍。

标尺是由不锈钢制成，其长度为 15cm 左右，标尺上的最小分划为 1mm。它固定在槽钢面上，槽钢埋入大坝廊道内，并与之牢固结合。引张线各观测点的标尺基本位于同一高度面上，尺面应水平，且尺面垂直于引张线，尺面刻划线平行于引张线。

保护箱用于保护观测点装置，同时也可以防风，以提高观测精度。

（3）测线。测线一般采用直径为 0.6～1.2mm 的不锈钢丝，在两端重锤作用下引张为一直线。

（4）测线保护管。保护管保护测线不受损坏，同时起防风作用。保护管可以用直径大于 10cm 的塑料管，以保证测线在管内有足够的活动空间。

在引张线法中，假定钢丝两端固定不动，则引张线是固定的基准线。由于各观测点上的标尺是与变形坝体固连的，所以对于不同的观测周期，钢丝在标尺上的读数变化值，就是该观测点的水平位移值。引张线法常用在大坝变形观测中，引张线安置在坝体廊道内，不受旁折光和外界影响，所以观测精度较高，根据生产单位的统计，三测回观测平均值的中误差可达 0.03mm。

2. 引张线的观测

以引张线法测定水平位移时，是把整条引张线作为固定基准线。为了测定各观测点的位移值，可在不同时间测出钢丝在各测点标尺上对应的读数，读数的变化值就是测点的位移值。

引张线观测的作业步骤为：首先检查引张线各处有无障碍，设备是否完好；然后在两端点处同时悬挂重锤，紧拉钢丝，利用夹线装置将钢丝夹紧，使引张线在端点处固定；然后对每个水箱加水，使浮体把测线抬高，高出不锈钢标尺面 0.3～0.5mm；同时检查各观测箱，不使水箱边缘和读数尺与钢丝接触，且使浮船应处于自由浮动状态。

采用读数显微镜观测时，先用目视法读取标尺毫米以上读数，然后用显微镜读取毫米以下的小数。由于钢丝有一定宽度，不能直接读出钢丝中心线对应的数值，所以必须读取钢丝左、右两边对应于不锈钢尺上的数值，然后取平均求得钢丝中心的读数。

从引张线的一端观测到另一端为一测回。每次观测应进行 3 测回，3 测回的互差应小于 0.2mm。测回间应轻微拨动中部测点处的浮船，并待其静止后再观测下一测回。观测工作全部结束后，先松开夹线装置再卸下重锤。

3. 观测点偏移值的计算

设引张线第 i 个测点的首次观测读数为 L_0，本次观测读数为 L，若不考虑端点的位移，则观测点 i 的位移值为

$$\delta_i = L - L_0$$

当引张线的端点发生变位时，则端点位移对测点 i 的影响为

$$\Delta_i = \Delta B + D_i(\Delta A - \Delta B)/L$$

式中　ΔA，ΔB——端点位移；

$\qquad D_i$——i 点到 B 点距离。

若令 $D_i/L = K_i$，$\Delta' = \Delta A - \Delta B$，则上式为

$$\Delta_i = \Delta B + K_i \Delta'$$

所以考虑端点位移对观测值的影响，则观测点 i 的位移值为

$$\delta_i = L - L_0 + \Delta_i$$

2.6.1.3　激光准直测量

激光准直测量方法可分为两类：第一类是激光经纬仪准直法，它是通过望远镜发射激光束，在需要准直的观测点上用光电探测器接收，常用于施工机械导向的自动化和变形观测中；第二类是波带板激光准直法，波带板是一种特殊设计的屏，它能把一束单色相干光会聚成一格亮点。第二类方法的准直精度要高于第一类。

1. 激光经纬仪准直

采用激光经纬仪准直时，活动觇牌法的觇牌则由中心装有两个半圆的硅光电池组成的光电探测器替代，两个硅光电池各接在检流表上，若激光束通过觇牌中心时，硅光电池左右两个半圆上接收相同的激光能量，检流表指针在零位。反之，检流表指针就偏离零位。此时，移动光电探测器使检流表指针指零，即可在读数尺上读取读数。为了提高读数精度，通常利用游标尺可读到 0.1mm；当采用测微器时，可直接读到 0.01mm。

激光经纬仪准直的操作要点如下：

(1) 将激光经纬仪安置在端点 A 上，右边一端点 B 上安置光电探测器，将光电探测器的读数安置到零上，旋动经纬仪水平度盘微动螺旋，移动激光束的方向，使 B 点的光电探测器的检流表指针指零。此时基准面即已确定，经纬仪水平度盘固定就不能再动。

(2) 依次将望远镜的激光束投射到安置于每个观测点处的光电探测器上，移动光电探测器，使检流表指针指零，就可读取每个观测点相对于基准面的偏离值。

上述确定基准面的操作，在具体操作时，也可用激光经纬仪望远镜直接瞄准 B 点，然

后利用光电探测器测定激光束对基准面的偏离值，即可按相似三角形原理对各观测点进行改正。为了提高观测精度，在每一观测点上，探测器的探测需进行多次。

2. 波带板激光准直

波带板激光准直系统主要由三部分组成，即激光光源、波带板装置和接收器。激光光源由激光管、激光电源和一定焦距的光学透镜组成。激光管和光学透镜固定在同一壳体内，壳体采用强制对中装置而架设在基点上。波带板是预先固定在专门的框架内并经过检校，使它与框架中心同心，框架还设有强制对中插杆，以便精确安置于测点上。接收器由硅光电池、放大器、比例电桥及硅光电池位移量的测微器等部分组成，以便精确地探测激光光斑的中心，并测出光斑中心与基点中心的偏移量。

用波带板激光准直系统进行准直测量如图 2-15 所示。

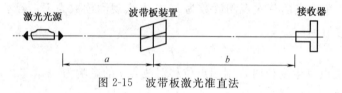

图 2-15　波带板激光准直法

2.6.2　前方交会法测定水平位移

利用经纬仪和测距仪等测量仪器进行前方交会，能迅速获得大量观测点的坐标及位移值。由于在不少的变形观测中，观测条件很差，观测点分布在难以达到的地方，如陡峭的滑坡、悬岩、大坝的下游坝面、桥梁、烟囱和电视塔等，此时采用其他方法不易实施变形观测作业，则可利用前方交会方法进行变形监测工作，并且往往能很容易解决问题。因此，采用前方交会法测定变形点的水平位移是一种广泛使用的方法。

前方交会观测时应尽可能选择较远的稳固的目标作为定向点，测站点与定向点之间的距离一般要求不小于交会边的长度。观测点应埋设适用于不同方向照准的观测标志。对于高层建筑物的观测，为保持建筑物的美观，可在其施工时预埋照准设备，监测作业时将标心安上，作业完成后可取下。观测点标志图案可采用同心圆式样。

前方交会通常采用 J1 型经纬仪，用全圆方向法进行观测。观测点位移值的计算通常不采取先计算各观测点的坐标，然后计算出不同观测周期的坐标差，最终计算水平位移值的办法，而是采用根据各变形观测点的观测值的变化直接计算出其水平位移值的计算方法。

当欲求第 k 次观测相对于第一次的位移值时，可以把第一次观测的坐标看成第 k 次坐标的近似值，由两周期方向观测的差数直接通过平差求得其坐标变化量，即得观测点的位移值。

由于变形观测中要求测定的是观测点的位移值，因而对测站点之间的距离测定要求并不高（但测站点必须是稳定不动的）。另外由于变形观测中可采用一系列对观测有利的措施，如对仪器和目标进行强制对中以消除对中和目标安置的偏心误差；采用有利于照准的专用觇牌；以及观测时采用同一观测员、同一仪器并按统一观测方案进行观测等。因而前方交会时，方向中误差可以达到的精度将高于一般工程和国家控制测量中所达到的方向观测精度。一般来说，当交会边长在 100m 左右时，用 J1 型经纬仪观测六个测回，则位移值测定中误差将不超过±1mm。前方交会可以用作拱坝、曲线桥和高层建筑物等的水平位移观测。

前方交会法进行水平位移测量时应该注意：

（1）各期变形观测应采用相同的测量方法，固定测量仪器，固定测量人员；

（2）应对目标觇牌图案进行精心设计；

（3）采用角度前方交会法时，应注意交会角要大于30°，且要小于150°；

（4）仪器视线应离开建筑物一定距离（防止由于热辐射而引起旁折光的影响）；

（5）为提高测量精度，有条件时最好采用边角交会。

2.6.3　导线测量法测定水平位移

视准线法对直线型建（构）筑物的变形测量具有速度快、精度高的特点，但对曲线建（构）筑物，例如重力大坝、曲线桥梁以及一些工程建筑物的位移观测就不如导线法、前方交会法以及地面摄影等方法有利。这些方法可以同时测定建筑物上某观测点在两个方向上的位移（即在水平面内的位移）。

与一般测量工作相比，由于变形观测是通过周期性的重复观测，从不同周期观测成果的比较中确定观测点的位移，因此这种监测网导线在布设、观测以及计算方面都具有自身的特点。对变形监测的导线测量方法而言，一般具有工作测点数量大、点位密度大，边长较短，变形测量是周期性的观测的特点，最终应通过对不同周期观测成果的对比，来确定各变形测点的水平位移。

1. 导线的布设与观测

用于变形观测中的精密导线，通常均采用特制的铟瓦线尺量距，所以各导线点间均布设成一尺段长的等距形式，各导线点就是变形观测点。此外，导线布设时必须考虑与基准点或工作基点的联系方式。一种是导线两端 A、B 点不通视，因此在端点不测连接角；另一种是在端点处可以照准其他已知方向，即可观测连接角。前者称为坐标联测导线，后者为方位角联测导线。

在变形观测中，第一种导线的端点尽可能利用倒锤进行检核；第二种导线的方位角联测中，应注意使所测的其他已知点处于变形影响范围以外的稳定区。

导线点上的装置，在保证建筑物位移观测精度的情况下，应稳妥可靠。导线点装置由槽钢支架、特制滑轮拉力架、底盘、重锤和微型觇标及测线装置（为引张线的铟瓦丝，两端点均有刻划，供读数用。若用来固定铟瓦丝的装置越牢靠，则其读数越方便且读数精度越稳定）等组成。

2. 导线的平差计算

导线的平差计算，在"测量学基础"和"测量平差"中已有详细介绍，但对于没有测连接角的第一种导线，其情况比较特殊，有兴趣的读者可参看有关参考书，根据无定向导线平差计算出各导线点的坐标作为基准值。以后各期观测边长及转折角，同样可以求得各点的坐标，各点的坐标变化值即为该点的位移值。值得注意的是，端点同其他导线点一样也是不稳定的，每期观测均要测定端点的坐标变化值，端点的变化对各导线点的坐标值均有影响，其具体计算方法这里不再详述。

2.7　倾斜监测方法

测定建（构）筑物倾斜的方法有两类：一类是直接测定建（构）筑物的倾斜，另一类是通过测量建（构）筑物的基础的相对沉陷的方法来确定建（构）筑物的倾斜。

2.7.1　直接测定建（构）筑物倾斜

直接测定建（构）筑物倾斜的方法中最简单的是悬吊垂球的方法，根据其偏差值可直接确定建（构）筑物的倾斜，但是由于有时在建（构）筑物上面无法固定悬挂垂球的钢丝，因此对于高层建筑、水塔、烟囱等建（构）筑物，通常采用经纬仪投影或测量水平角的方法来测定它们的倾斜。

2.7.1.1　一般建（构）筑物的倾斜观测

进行倾斜观测之前，首先应在待监测建（构）筑物的两个相互垂直的墙面上各设置上、下两个观测标志，两点应在同一竖直面内。如图 2-16 所示，在距离建筑物高度 1.5 倍之外的地方（以减少仪器竖轴不垂直所造成的误差影响）确定一固定测站，在建筑物顶部确定一点 M，称为上观测点，在测站上对中、整平安置经纬仪，通过盘左、盘右分中投点法定出 M 点在建（构）筑物室内地坪高度处（±0.000）的投测点 N，称为下观测点。

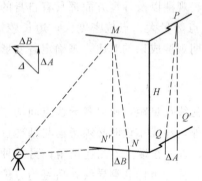

图 2-16　建（构）筑物倾斜观测

用同样的方法在同一观测时间段内，在与原观测方向垂直的另一方向上，定出另一固定测站，同法确定该墙面的上观测点 P 和下观测点 Q。间隔一段时间后（即一个观测周期），分别在两固定测站上，安置经纬仪，照准各面的上部观测点，投测出 M、P 点的下测点 N' 和 Q'，若点 N' 与 N、点 Q' 与 Q 不重合，则说明该建筑物已发生了倾斜。N' 与 N、Q' 与 Q 之间的水平距离即为该建筑物两面的倾斜值，用钢尺量出 $N'N$ 和 $Q'Q$ 的水平距离分别为 $b = \Delta B$，$a = \Delta A$，根据图 2-16 中矢量图，计算出建筑物的总倾斜量 Δ 为

$$c = \Delta = \sqrt{a^2 + b^2}$$

若建筑物的高度为 H，则建筑物的总倾斜度为

$$\alpha = \frac{c}{H}$$

2.7.1.2　塔式构筑物的倾斜观测

对水塔、电视塔等塔式高耸构筑物的倾斜观测，是在相互垂直的两个方向上测定其顶部中心对底部中心的偏心距，该偏心距即为构筑物的倾斜值。图 2-17 为一烟囱倾斜观测的示意图。

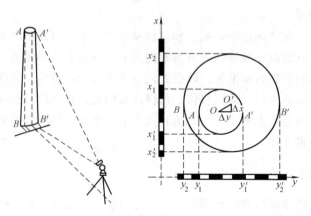

图 2-17　塔式构筑物的倾斜观测

在靠近烟囱底部所选定的方向横放一根标尺，并在标尺的中垂线方向上，且距离烟囱的距离大于烟囱的高度的地方，安置经纬仪进行对中、整平，用望远镜分别照准烟囱顶部边缘

两点 A、A'，锁住水平制动，松开竖直制动，将它们分别投测到标尺上，得读数分别为 y_1 和 y'_1；用同样方法，照准其底部边缘两点 B、B'，并投测到标尺上，得读数分别为 y_2 和 y'_2。则烟囱顶部中心 O 对底部中心 O' 在 y 方向上的偏心距 δ_y 为 $\delta_y = (y_1 + y'_1)/2 - (y_2 + y'_2)/2$；同法，再将经纬仪与标尺安置于烟囱的另一垂直方向上，测得烟囱顶部和底部边缘在标尺上投点的读数分别为 x_1 和 x'_1 及 x_2 和 x'_2。则在 x 方向上的偏心距 $\delta_x = (x_1 + x'_1)/2 - (x_2 + x'_2)/2$。烟囱顶部中心 O 对底部中心 O' 的总偏心距 $\delta = \sqrt{\delta_x^2 + \delta_y^2}$；烟囱的倾斜度为 $\alpha = \delta/H$（H 为烟囱的高度）。

也可用激光铅直仪来测定高大建筑物顶部相对于底部的偏移值，除以建筑物的高度得到建筑物的倾斜值。

2.7.2 测量建筑物基础的相对沉陷来确定建筑物倾斜的方法

当利用建筑物基础相对沉陷量来确定建筑物倾斜时，倾斜观测点与沉陷观测点的位置，一般要配合起来进行布置。目前我国测定基础倾斜常用水准测量、液体静力水准测量以及使用气泡式倾斜仪。

1. 水准仪倾斜观测

水准测量方法的原理是用水准仪测出两个观测点之间的相对沉陷，由相对沉陷与两点间距离之比，可换算成倾斜角。

建（构）筑物的倾斜观测可采用精密水准仪进行监测，其原理是通过测量建（构）筑物基础的沉降量来确定建（构）筑物的倾斜度，是一种间接测量建（构）筑物倾斜的方法。

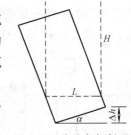

如图 2-18 所示，定期测出基础两端点的沉降量，并计算出沉降量的差 Δh，再根据两点间的距离 L，即可计算出建筑物基础的倾斜度 α：$\alpha = \Delta h/L$。若知道建筑物的高度 H，同时可计算出建筑物顶部的倾斜位移值 Δ：$\Delta = \alpha H = (\Delta h/L)H$。

对于混凝土坝，采用精密水准仪按二等水准测量进行施测，这样求得的倾斜角的精度可达 $1'' \sim 2''$。

图 2-18 水准仪倾斜观测

2. 液体静力水准仪倾斜观测

用液体静力水准测量方法测定倾斜的实质是利用液体静力水准仪测定出两点的高差，然后计算高差与两点间距离之比，即为监测变形体的倾斜度。

要测定建（构）筑物倾斜度的变化，可进行周期性的观测。这种仪器不受距离限制，并且距离愈长，测定倾斜度的精度愈高。

3. 倾斜仪

常用倾斜仪有水准管式倾斜、气泡式倾斜仪、电子倾斜仪等。一般具有连续读数、自动记录和数字传输等特点，并且观测精度较高，因而广泛应用在倾斜观测中。将倾斜仪安置在需要观测的位置上以后，转动读数盘，使测微杆向上（或向下）移动，直至水准气泡居中为止，此时在读数盘上读数，即可得出该处的倾斜度。

2.8 建筑物裂缝和挠度监测

2.8.1 裂缝观测

当建（构）筑物的基础挠度过大时，建（构）筑物就会因剪切破坏而产生裂缝。建

（构）筑物出现裂缝时，除了要增加沉降观测的次数外，还应立即进行裂缝观测，以掌握裂缝发展趋势。同时，要根据沉降观测、倾斜观测和裂缝观测的数据资料，研究和查明变形的特性及原因，用以判定该建（构）筑物是否安全。

建（构）筑物多次发生裂缝时，应首先对建（构）筑物裂缝进行编号；然后分别测定各裂缝的位置、走向、长度、宽度等，并标志出这些裂缝是否已形成贯穿缝；当为混凝土建筑物时，应测定混凝土温度、湿度、水温；对于水坝还应测定上有水位等观测项目；对于梁柱式建筑物还要检查荷载情况等。

在裂缝发生和发展期，应每天观测一次；当发展缓慢后，可适当减少观测。对于水坝这类建筑物，当出现最高、最低气温、水位变化大的季节和洪水期，洪峰最容易发生变化，应增加观测次数。

裂缝处应用油漆画出标志，或在混凝土表面绘制方格坐标网，进行测量。对重要的裂缝，应在适当的距离和高度处设立固定观测站进行地面摄影测量。

根据裂缝分布情况，在裂缝观测时，应在有代表性的裂缝两侧各设置一个固定的观测标志，然后定期量取两标志的间距，即可得出裂缝变化的尺寸（长度、宽度和深度）。如图 2-19 所示，埋设的观测标志是用直径为 20mm，长约 80mm 的金属棒，埋入混凝土内 60mm，外露部分为标志点，其上各有一个保护盖。两标志点的距离不得少于 150mm，用游标卡尺定期测量两个标志点之间距离变化值，其精度可达 0.1mm，以此来掌握裂缝的发展情况。

墙面上的裂缝，可采取在裂缝两端设置石膏薄片，使其与裂缝两侧固联牢靠，当裂缝裂开或加大时石膏片亦裂开，监测时可测定其裂口的大小和变化。还可以采用两铁片，平行固定在裂缝两侧，使一片搭在另一片上，保持密贴。其密贴部分涂红色油漆，露出部分涂白色油漆，如图 2-20 所示。这样即可定期测定两铁片错开的距离，以监视裂缝的变化。

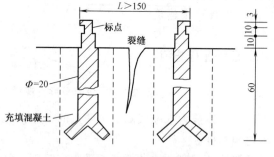

图 2-19　埋设标志测裂缝

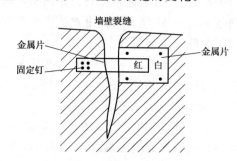

图 2-20　设置两金属片测裂缝

对于比较整齐的裂缝（如伸缩缝），则可用千分尺直接量取裂缝的变化。

混凝土建筑物或重要建筑物的裂缝观测成果一般包括下列资料：

（1）裂缝分布图。将裂缝画在混凝土建筑物的结构图上，并注明编号。

（2）裂缝平面形状分布图。对于重要和典型的裂缝，可绘制出大比例尺平面图或剖面图，在图上注明观测成果，并将有代表性的几次观测成果绘制在一张图上，以便于分析比较。

（3）裂缝的发展过程图。对于混凝土建筑物伸缩缝的观测，可在伸缩缝两侧埋设标点，用裂缝法观测，也可用专门的电阻式测量伸缩缝的变化。

混凝土建筑物伸缩缝观测成果包括以下资料：

（1）缝宽与混凝土温度变化曲线；

（2）缝宽与气温变化曲线。

2.8.2　挠度观测

在建筑物的垂直面内，各不同高程点相对于底点的水平移动为挠度。对于高层建筑物，由于它们相当高，故在很小的面积上集中了较大的荷载，从而导致建筑物基础不均匀下沉，促使建筑物倾斜，局部构件产生歪曲，以致出现裂缝。建筑物的倾斜与竖直方向弯曲便会导致建筑物的挠曲。对于高大的塔式建筑物来说，在温度和风力作用下，其挠曲会来回摆动，因而需要对建筑物进行动态的摆动观测。

另外，建筑物的挠度可由在不同高度处测得的倾斜量换算求得，还可采用电子测斜仪、竖向激光准直仪等测定。大坝的挠度观测通常采用正垂线法。在进行大坝挠度观测时，首先在坝体竖井中，从坝顶附近挂下一根铅垂线直通坝底。并在铅锤方向不同高度处设置测点，用坐标仪测出各点与铅垂线之间的相对位移值，这种方法称为正垂线法。

正垂线法的主要设备包括：悬线装置、固定与活动夹线装置、观测墩、垂线、重锤、油箱等。

（1）固定夹线器。它是悬挂铅垂线的支点，该点在使用期间保持不变；若万一垂线意外受损而折断，支点应能保证所换垂线位置不变；当采用较重重锤时，须在固定夹线器的上方一米处设悬线装置。固定夹线器必须安装在坝顶附近人能到达的位置，以便能调节垂线长度或更换垂线。

（2）活动夹线装置。它是采用多点夹线法的支点。其构造应考虑不使垂线有突折变化，以免折伤垂线，同时还需考虑到在每次观测时都不改变原点位置。

（3）垂线。是一种高强度且不生锈的钢丝，垂线的粗细由本身的强度和所挂重锤的质量决定，一般为直径 1~2.5mm。

（4）重锤。重锤是使垂线保持铅垂状态的重物，可用金属或混凝土制成砝码的形式。若所用垂线的直径为 1mm 时，其所挂的重锤重量为 20kg；直径为 2.5mm 时，锤重为 150~200kg。重锤上设有止动叶片，在进行挠度观测时以加速垂线的静止。

（5）油箱。油箱的作用是不使重锤旋转或摆动。为的是加大浸泡在油里的重锤的阻力，增加重锤的稳定性。

对于平置的构件，至少在两端及中间设置三个沉降点进行沉降监测。如果测得在某时间段内三个点的沉降量分别为 h_a，h_b，h_c，则该构件的挠度值为

$$\tau=\frac{1}{2}(h_a+h_c-2h_b)\times\frac{1}{S_{ac}}$$

式中　h_a、h_c——构件两端点的沉降量；

　　　h_b——构件中间点的沉降量；

　　　S_{ac}——两端点间的平距。

对于直立的构件，至少要设置上、中、下三个位移监测点进行位移监测，利用三点的位移量求出挠度大小。在这种情况下，我们把在建筑物垂直面内各不同高程点相对于底点的水平位移称为挠度。

如图 2-21 为一直立构件，其采用正垂线法进行挠度观测的方法

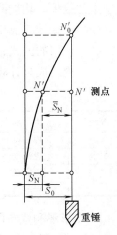

图 2-21　直立构件挠度监测

为：从建筑物顶部悬挂一根铅垂线，直通至底部，在铅垂线的不同高程上设置测点，借助坐标仪表量测出各点与铅垂线最低点之间的相对位移。任意点 N 的挠度 S_N 按下式计算：

$$S_N = S_0 - \overline{S}_N$$

式中　S_0——铅垂线最低点与顶点之间的相对位移；

　　　S_N——任一测点 N 与顶点之间的相对位移。

2.9　变形监测资料的处理方法介绍

2.9.1　变形监测资料整理与分析的意义与内容

变形监测是工程实体运营管理的耳目，是地震地表变形区安全生产、生活的卫士。因此，不仅需要拿出正确无误的观测资料，而且还需要作出确切的变形分析判断；把在各种外界条件和自身因素作用下产生的变形值、变化规律、变化过程和变化速率正确地表达出来。每一变形工程和重要建（构）筑物在进行变形观测之前必须建档，对建筑物的地基、施工时的薄弱地段、地质构造情况、结构设计中的薄弱应有详细记载。对整个观测系统的合理性以及所能达到的最终精度情况，都应作出具体的说明，提供具体而又可靠的数据资料。

1. 观测资料整理工作的具体内容

（1）检查野外观测记录。每次观测后应及时进行检查。记录数字应无不合理的涂改、无遗漏或错误，观测结果符合规范的精度要求。如果发现粗差或不合理要求时，应立即提出部分重测或全部重测。

（2）计算有关的各种观测结果。计算工作首先是数据处理（或平差计算），最终是要得到点位的高程、坐标、长度变化值。

（3）将各种变形值按时间顺序逐点地填写在数据表里。

（4）绘制各种变形过程曲线以及建筑物变形分布图。

在以上的具体内容中，资料的检核是比较重要的步骤，在变形监测完成后应该检核各项原始记录，检查各次变形观测值的计算是否错误。检核内容具体包括：

（1）原始观测记录应填写齐全，字迹清楚，不得涂改、擦改和转抄；凡划改的数字和超限划去的成果，均应改注明原因，并注明重测结果所在页数。

（2）平差计算成果、图表及各种检验、分析资料，应该完整、清晰、无误。

（3）使用的图式、符号应统一规格、描绘工整，逐级清楚。

（4）观测成果计算和分析中的数字取位要求见表2-6。

表 2-6　　　　　　　　　　观测成果计算和分析中的数字取位要求

等级	类别	角度	边长	坐标	高程	沉降量	位移值
一级	控制点	0.01	0.1	0.1	0.01	0.01	0.1
二级	观测点	0.01	0.1	0.1	0.01	0.01	0.1
三级	控制点	0.1	0.1	0.1	0.1	0.1	0.1
	观测点	0.1	0.1	0.1	0.1	0.1	0.1

2. 变形观测资料的分析工作内容

（1）定性及成因分析。即对地壳形变敏感点和建筑物结构与作用在它上面的荷载加以分析，确定出变形产生的原因和规律性。

（2）统计分析及定量分析。根据定性分析结果，对所测数据进行统计分析，从中找出变形规律，导出变形值与有关影响因素的函数关系。

（3）变形预报和安全判断。在定性定量分析的基础，根据所确定的变形值与有关影响因素之间的函数关系，预测未来的变形值范围，并根据标准判定建筑物安全性。

2.9.2　变形监测成果的整理

整编工作的主要内容是将变形观测绘制成各种便于分析的图表。现将目前常用的图表介绍如下。

1. 观测点变形过程线

观测点的变形过程线是以时间为横坐标，以累计变形值（位移、沉陷、倾斜、挠度等）为纵坐标绘制成的曲线。观测点变形观测过程线可明显地反映出变形的趋势、规律和幅度，对于初步判断建筑物的工作情况是否正常是非常有用的。

观测点变形过程的绘制有以下步骤：

（1）根据观测记录填写变形数值表；

（2）绘制观测点实测变形过程线；

（3）实测变形过程线的修匀。

由于观测是定期进行的，故所得成果在变形过程线上仅是几个孤立点。直接连接这些点得到的是折线形式，加上观测中存在误差，就使实测变形过程线常呈明显跳动的折线形式。为了更确切地反映建筑物变形的规律，需将折线修匀成圆滑的曲线。

在实际工作中，为了便于分析，常在各种变形过程线上画出与变形有关因素的过程线，例如水库水位过程线、气温过程线、沉降—时间过程线等。

2. 变形分布图

变形分布图要求能够全面地反映变形状况，下面是几种常用的变形分布图。

（1）变形值剖面分布图。这种图是根据某一剖面上各观测点的变形值绘制而成的；

（2）建筑物（或基础）沉陷等值线。为了了解建筑物或基础沉陷情况，常绘制沉陷等值线图。

对观测点的变形分析，应符合下列规定：

（1）相邻两观测周期，相同观测点有无显著变化；

（2）应结合荷载、气象和地质条件等外界相关因素综合考虑，进行几何和物理分析。

3. 变形值的统计规律及其成因分析

根据实测变形值整编的表格和图形，显示了变形的趋势、规律和幅度。在整编的变形数值表上可以看出各种变形的年变化幅度。在经过长期的观测，初步掌握了变形规律后，可以绘制观测点的变形范围图。绘制时，可先绘制观测点变形过程曲线，然后用 2 倍的变形值的中误差绘制变形值的变化范围。变形范围图可以用来初步检查观测是否有粗差，同时也可初步判断建筑物是否有异常变形。

利用长期观测掌握的建筑物变形范围的数据资料来判断建筑物运营是否正常，这在一般情况下是可行的。但对异常情况，例如大坝遇到特大洪水，变形值超过变化范围时的观测资料用来判断坝体是否正常就缺乏必要的理论依据。此外，这种方法也无法对变形的原因作出解释。因此，为了搞清变形的真正规律，还必须对引起变形的相关原因等因素进行分析。

4. 监测资料的成果提交

在水平位移观测结束后，应根据工程需要，提交下列有关资料：

(1) 水平位移量成果表；

(2) 观测点平面位置图；

(3) 水平位移量曲线图；

(4) 荷载、时间、位移量曲线图；

(5) 水平位移和垂直位移综合曲线图；

(6) 变形分析报告等。

在垂直位移观测结束后，也应该根据工程的需要，提交下列资料：

(1) 垂直位移量成果表；

(2) 观测点位置图；

(3) 位移、速率、时间、位移量曲线图；

(4) 荷载、时间、位移量曲线图；

(5) 等位移量曲线图；

(6) 相邻影响曲线图；

(7) 变形分析报告等。

小　　结

(1) 变形监测方案设计是变形监测的一项重要的工作，具体内容包括：测量方法的选择、监测网布设、测量精度和观测周期的确定等。

(2) 变形监测的内容应视变形观测系统的类型和性质以及设站观测的目的不同而异。要求有明确的针对性，做全面的考虑，以便能正确地反映出变形信息的变化状况，达到安全监测的目的。

(3) 变形监测的精度要求取决于该工程建筑物预计的允许变形值的大小和进行观测的目的。如果变形观测是为了确保建筑物的安全，则测量精度应达到允许变形值的 1/10～1/20 精度水平；如果是为了研究变形的过程，则观测精度还应更高。

(4) 变形监测的观测周期，应根据变形体的特性、变形速率和变形观测的精度要求来定。某些与外界比较密切的观测项目，还必须结合外界自然条件的变化，如工程地质条件等因素综合考虑。当有多种原因使某一变形体产生变形时，我们在分别以各种因素考虑观测周期后，以其最短的周期作为最后的观测周期。

(5) 变形监测高程控制网应布设成结点水准网、闭合环或附合水准路线。扩展网应布设成闭合或附合水准路线。

(6) 介绍沉降观测中最常用的是几何水准测量方法和液体静力水准测量的方法。

(7) 测定建筑物倾斜的方法：一类是直接测定建筑物的倾斜；另一类是通过测量建筑物基础的相对沉陷的方法来确定建筑物的倾斜。

(8) 建立基准线的方法有"视准线法"、"引张线法"和"激光准直法"。

(9) 变形测量所布设的导线测量的特点是：工作测点数量大、点位密度大，边长较短，变形测量是周期性的观测，通过不同周期观测成果的对比确定测点位移。

（10）测定建筑物倾斜的方法：一类是直接测定建筑物的倾斜；另一类是通过测量建筑物基础相对沉陷的方法来确定建筑物的倾斜。

习　　题

1. 变形监测方案设计包括哪些内容？变形监测精度确定的一般原则是什么？

2. 何谓目标点？何谓参考点？目标点和参考点的布设原则是什么？

3. 简述工作基点位移对变形值的影响。

4. 什么叫观测周期？如何确定观测周期？观测周期次数的确定取决于哪些因素？一周期内观测时间的确定应注意些什么？

5. 高程控制网的建立应遵循哪些原则？沉降观测有哪些具体的工作内容？

6. 进行沉降观测时，为什么要保持仪器、观测人员和观测线路不变？如何根据观测成果判断建筑物沉降已趋于稳定？

7. 建筑物沉降异常的表现形式有哪几种？一般应如何处理？

8. 水平监测控制网有哪些形式？水平位移监测方法有哪些？各适合什么条件下观测？

9. 倾斜观测方法哪些？试述建筑物的倾斜观测方法。

10. 烟囱经检测其顶部中心在两个互相垂直方向上各偏离底部中心 48mm 和 65mm，烟囱的高度为 80m，试求烟囱的总倾斜度及其倾斜方向的倾角。

11. 现测得某建筑物前后基础的不均匀沉降量为 0.021m，已知该建筑物的高度为 21.200m，宽为 7.500m，求建筑物的倾斜位移量。

12. 裂缝观测有哪些内容和特点？试举例说明。

13. 何谓挠度和挠度曲线？测量挠度是如何进行的？

14. A、B 为基础轴线上的两个沉降观测点，距离 25.000m，C 为 A、B 之间的另一个沉降观测点，距离 A 点 12.000m，现测得 A、B、C 三点的沉降量分别为 16.7mm、14.1mm、20.8mm，试计算其挠度。

15. 何谓变形观测资料整理？变形监测的资料整理包括哪些具体内容，最后应提交什么资料？

16. 观测资料分析包括哪些内容？采用哪些方法？

17. 变形监测成果的表达要注意哪些方面？变形监测工作最终应提交哪些成果资料？

第3章 基坑工程变形监测

通过本章的学习，要求学生对建筑基坑工程及其特点有一定的了解，熟悉常用的建筑基坑工程监测技术，了解基坑工程监测对基坑工程作用及其意义，会编制基坑工程监测方案，并通过监测案例的学习，掌握基坑变形监测的各基本监测内容及其具体的实施过程，并能够编写合格的监测报告。

3.1 建筑基坑工程及基坑工程监测技术

3.1.1 建筑基坑工程概述

改革开放带来了我国城市建设的高峰，伴随着经济建设的发展、社会的进步，各大城市的高层建筑、地下建筑，还有隧道等工程均如雨后春笋般纷纷的大幅度兴建。但由于城市建设用地价格日趋昂贵，为了节省土地，提高土地的空间利用率，以充分利用地下空间，向空中求发展、向地下深层要土地便成了建筑商追求经济效益的常用手段。高层建筑的建造、大型市政设施的施工及大量地下空间的开发，必然会有大量的基坑工程产生，且基坑工程也逐步不断加深，地下室由一层发展到多层，相应的基坑开挖深度也从地表以下 5～6m 增大到 12～13m，甚至 20m 以上。同时，为了满足高层建筑抗震和抗风等结构要求，也必须要求进行深基坑开挖。

建筑基坑工程是一个古老而具有划时代特点的综合性的岩土工程课题，因为它既涉及到土力学典型强度问题和变形问题，又涉及到土体与支护结构的相互作用问题。按照国家标准《建筑基坑工程监测技术规范》（编号为 GB 50497—2009）的定义，所谓建筑基坑（building excavation）是指为进行建（构）筑物基础、地下建（构）筑物施工所开挖形成的地面以下空间。

我国于 20 世纪 80 年代初才开始出现大量的建（构）基坑工程。80 年代前，国内为数不多的高层建筑的地下室多为一层，基坑深不过 4～5m，仅采用放坡开挖就可以解决问题。到 80 年代，随着高层建筑的大量兴建，开始出现两层地下室，随之而来的基坑施工的开挖深度也从最初的 5～7m 发展到 8～10m。地铁的开挖深度更是超过了 15m。进入 90 年代，我国的高层建筑迅猛发展，同时各地还兴建了许多大型地下市政设施、地下商场、地铁车站等，导致多层地下室逐渐增多，基坑开挖深度超过 15m 的比比皆是。

在 20 世纪 80 年代，我国从深圳的第一座建筑深基坑设计施工至今，已积累了丰富的理论和实践经验。而在我国东部沿海发达地区，其建筑物地下室的基坑开挖深度已超过 22m。此外，在城市地铁、河流污水处理系统、过江隧道等市政工程中的基坑也占相当的比例。某些地铁车站基坑施工已采用地下连续墙加几道钢支撑的维护体系，基坑深度通常在十几米至二十米左右。另外，某大型污水处理设施的污水外排顶管工程的工作井设计为一圆形维护结构，直径 32m，开挖深度 27m。位于上海市中心的人民广场 220kV 地下变电站，开挖深度 23.8m，维护结构内径 58m。从这些实例中可以看出，深基坑工程在总体数量、开挖深度、平面尺寸以及使用领域等方面都得到高速的发展。

深基坑施工，必须要有一定的支护结构用以挡土、挡水。而且支护设施必须安全有效。以前浅基坑的支护结构常用的是钢板桩或混凝土板桩进行基坑围护；而现今的建筑基坑则大多采用现场浇灌的地下连续墙结构或排桩式灌注桩结构，并配以混凝土搅拌桩或树根桩止水；开挖时，坑内必须抽去地下水，特别是 7～15m 深的建筑基坑，必须配 2～3 道水平支撑，水平支撑采用钢管式结构或钢筋混凝土结构。总之，支护结构必须安全可靠，并须确保施工环境稳定。从经济角度来讲，好的支护结构设计应把安全指标取在监测报警值附近，再靠基坑工程现场监测提供的动态信息反馈来调整施工方案。

典型的基坑工程可看作是由地面向下开挖的一个地下空间。基坑四周一般为垂直的挡土结构，挡土结构一般是在开挖面基底下有一定插入深度的板墙结构，其结构形式可以是钢板桩，钢筋混凝土板桩、柱列式灌注桩、水泥土搅拌桩、地下连续墙等。根据基坑深度的不同，板墙可以是悬臂的，但更多的是单撑和多撑式的（单锚式或多锚式）结构，支撑的类型可以是基坑内部受压体系或基坑外部受拉体系。当基坑较深且有施工空间时，悬臂式挡墙可做成厚度较大的实体式或格构式重力型挡土墙。

建筑基坑工程具有以下特点：

（1）建筑趋向高层化，基坑向大深度方向发展；

（2）基坑开挖面积大，长度与宽度有的达数百米，给支撑系统带来较大的难度；

（3）在软弱的土层中，基坑开挖会产生较大的位移和沉降，对周围建筑物、市政设施和地下管线造成影响；

（4）深基坑施工工期长、场地狭窄，降雨、重物堆放等对基坑稳定性不利；

（5）在相邻场地的施工中，打桩、降水、挖土及基础浇注混凝土等工序会相互制约与影响，增加协调工作的难度。

对于基坑工程，由于地下土体性质、荷载条件、施工环境的复杂性，单单根据施工场地的地质勘察资料和室内土工试验参数来确定支护结构的设计和施工方案，往往含有许多不确定因素，尤其是对于复杂的大中型工程或环境要求严格的工程项目，对在施工过程中引发的土体性状、环境、邻近建筑物、地下设施变化的监测已成了工程建设必不可少的重要环节。当前，基坑监测与工程的设计、施工同被列为深基坑工程质量保证的三大基本要素。

3.1.2　建筑基坑工程监测

建筑基坑施工中的变形监测工作是指导施工、避免事故发生的必要措施，也是进行信息化施工的手段。监测也是检验设计理论的正确性和发展设计理论的重要依据。近年来，有的基坑工程为了节约而不安排监测，或减少监测费用；有的工程对测试数据不认真分析，或者分析水平不高。因而造成各种大大小小的事故和不应有的损失。具体规定参见《建筑基坑工程监测技术规范》（GB 50497—2009）。

建筑基坑的理论研究和工程实践告诉我们，理论、经验和监测相结合是指导建筑基坑工程的设计和施工的正确途径。对于复杂的大中型工程或环境要求严格的项目，往往难从以往的经验中得到借鉴，也难以从理论上找到定量分析、预测的方法，这就必定要依赖于施工过程中的现场监测。首先，依靠现场监测提供动态信息反馈来指导施工全过程，且可通过监测数据来了解基坑的设计强度，为今后降低工程成本指标提供设计依据。第二，可及时了解施工环境——地下土层、地下管线、地下设施、地面建筑在施工过程中所受的影响及影响程度。第三，可及时发现和预报险情的发生及险情的发展程度，为及时采取安全补救措施充当耳目。

运用常规地面测量手段搞工程实体的变形监测，在我国已有悠久的历史，并在建筑物的沉降、位移监测、道路与管线施工监测方面也积累了丰富的经验。但在工程建设高速发展的今天，非表面的沉降、位移监测已发展成为深基坑监测的主要内容。

所谓建筑基坑工程变形监测，是指根据建筑基坑工程及设计者提出的监测要求，预先制定出详细的基坑监测方案，并在建筑基坑施工过程中，对基坑支护结构、基坑周围的土体和相邻的构筑物进行全面、系统的一系列监测活动，以期对基坑工程的安全和对周围环境的影响程度作全面的分析，最终确保工程的顺利进行，在出现异常情况时及时反馈，为设计人员制定必要的工程应急措施、调整施工工艺或修改设计参数提供依据。

建筑基坑监测是基坑工程施工中的眼睛，只有作好监测工作，才能看清施工方向。监测的重点是周围环境的变化和基坑支护结构本身的变形动态。按施工进度跟踪进行监测，并及时向施工队伍提供动态数据以控制施工进度。当出现监测报警值时，要加密监测频率，以调整施工流程节拍，最终保证工程建设的顺利实施。

3.2 建筑基坑工程现场监测的重要性和目的

3.2.1 建筑基坑工程现场监测的意义

在深基坑开挖施工过程中，基坑内外的土体将由原来的静止土压力状态逐步向被动和主动土压力状态转变，而应力状态的改变随之会引起围护结构承受荷载，并导致围护结构和土体的变形，如围护结构的内力（围护桩和墙的内力、支撑轴力或土锚拉力等）和变形（深基坑内土体的隆起、基坑支护结构及其周围土体的沉降和侧向位移等）中的任一量值超过允许的限值（即监测警报值），将造成基坑的失稳破坏或对周围环境产生不利影响。在现今的工程建设中，需进行深基坑开挖的工程项目大都兴建在建筑密集的城市中心城区，因而施工场地周边均存在大量的建筑物和地下管线，基坑开挖所引起的土体变形将在一定程度上改变这些建筑物和地下管线的正常状态，当土体变形过大时，即会造成邻近结构和设施的失效和破坏。反过来，基坑相邻的建筑物对基坑来说又相当于较重的几种荷载，基坑周围的管线常引起地表水的渗漏，这些因素又是导致土体变形加剧的原因。基坑工程施工于力学性质相当复杂的地层中，在基坑围护结构设计和变形值预估时，一方面，基坑围护体系所承受的土压力等荷载存在着较大的不确定性；另一方面，对地层和维护结构一般都作了较多的简化和假定，与工程实际或多或少有一定的差异；加之，基坑的开挖与围护结构的施工，两者间存在着时间和空间上的延迟过程，以及降雨、地面堆载物和挖机撞击等诸多偶然因素的作用，使得现阶段在基坑工程设计时，对结构内力计算以及结构和土体变形的预估与工程实际情况有较大的差异，并在相当程度上仍依靠经验。因此，在深基坑施工过程中，只有对基坑支护结构、基坑周围的土体和相邻的构筑物进行全面、系统的监测，才能对基坑工程的安全和对周围环境的影响程度有全面的了解，以确保工程的顺利进行，并能在出现异常情况时及时反馈，由设计者采取必要的工程应急措施，甚至调整施工工艺或修改设计参数。

由于深基坑工程所处施工场地的地质条件复杂多变，再加上各工程特殊的受力特点，使其在工程设计阶段的预估值与其在施工过程中的实际值存在一定的差异，因此，深基坑工程的安全不仅取决于合理的设计、施工，而且取决于贯穿在工程设计、施工全过程的变形监测。基坑监测是深基坑工程安全的重要保证条件之一。一般基坑工程在发生事故前或多或少都有预兆，因为基坑工程支护结构的破坏要经历一个由量变到质变的过程。通过对其进行监测来收集支护结构的变化信息，并对信息数据进行分析比较，看其变化是否超出允许限值，以此来监控其安全状态。所以，基坑监测是确保基坑开挖安全可靠且又经济合理的重要手段。

3.2.2　建筑基坑工程现场监测的目的

（1）检验设计所采取的各种假设和参数的正确性，指导基坑开挖和支护结构的施工。就我国工程建设实际情况来看，基坑工程的基坑支护结构设计尚处于半理论半经验的状态。土压力计算大多采用经典的侧向土压力公式，与现场实测值相比较有一定的差异；目前尚没有十分成熟的方法来计算基坑周围土体的变形。因此，为了保证工程实施的安全，在施工过程中需要知道现场实际的受力和变形情况。基坑施工总是从点到面，从上到下分工况局部实施。通过变形监测来获取变形数据信息，便可以根据对局部和前一工况的开挖施工的应力和变形实测值与设计预估值的分析，验证原设计和施工方案正确性，同时可对基坑开挖到下一个施工工况时的受力和变形的数值和趋势进行预测，并根据受力和变形实测和预测结果与设计时采用的经验值进行比较，必要时对设计方案和施工工艺进行修正，最终用以指导基坑开挖和支护结构的安全施工。

（2）确保基坑支护结构和相邻建筑物的安全。在深基坑开挖和支护结构的施筑过程中，必须保证支护结构及被支护土体的稳定性，避免被破坏，且使其变形在极限状态以内，同时，还应保证不产生由于支护结构及被支护土体的过大变形而引起邻近建筑物的倾斜或开裂，邻近管线的渗漏等。从理论上说，如果基坑围护工程的设计是合理可靠的，那么表征土体和支护系统力学形态的一切物理量都将随时间变化而渐趋稳定；反之，通过监测，如果发现测得的表征土体和支护系统力学形态特点的某几种或某一种物理量，其变化随时间改变不是渐趋稳定，则可以断言土体和支护系统不稳定，此时，即可修改设计参数或对支护进行加强，以确保基坑支护结构和相邻建筑物的安全。在实际工程中，基坑在破坏前，往往会在基坑侧向的不同部位上出现较大的变形，或变形速率明显增大。在 20 世纪 90 年代初期，基坑失稳引起的工程事故比较常见，随着工程经验的积累，这种事故越来越少。但由于支护结构及被支护土体的过大变形而引起邻近建筑和管线破坏却仍然时有发生，而事实上基坑围护的目的之一就是保护邻近建筑物和地下管线的安全。因此，基坑开挖过程中进行周密的监测，在建筑物和管线的变形正常的范围内时可保证基坑的顺利施工，在建筑物和管线的变形接近警戒值时，有利于采取对建筑物和管线本体进行保护的应急技术措施，在很大程度上可避免或减轻破坏后果的发生。

（3）累积工程经验，为提高基坑工程上的设计和施工的整体水平提供可借鉴依据。支护结构上所承受的土压力及其分布，受地质条件、支护方式、支护结构刚度、基坑平面几何形状、开挖深度、施工工艺等的影响，并直接与侧向位移有关，而基坑的侧向位移又与挖土的空间顺序、施工进度等时间和空间因素等有复杂的关系，现行设计分析理论尚未完全成熟。因而，基坑围护的设计和施工，应该在充分借鉴现有成功经验和吸取失败教训的基础上，根据待建工程自身的特点，力求在技术方案中有所创新、更趋完善。对于某一基坑工程，在方案设计阶段需要参考同类工程的图纸和监测成果，在竣工完成后则为以后的基坑工程设计增添了一个工程实例。现场监测不仅确保了本基坑工程的安全，在某种意义上也是一次实体试验，所取得的监测数据是结构和土层在工程施工过程中的真实反应，是各种复杂因素影响和作用下基坑系统的综合体现，因而也为该领域的科学和技术发展积累了第一手资料。

3.3 建筑基坑监测方案制订和监测基本要求

3.3.1 建筑基坑监测方案制订

建筑基坑监测方案制订必须建立在对工程场地地质条件、基坑围护设计和施工方案、以及基坑工程相邻环境详尽的调查基础之上，同时还需与工程建设单位、施工单位、监理单位、设计单位，以及管线主管单位和道路监察部门充分的协商。监测方案的制订一般需经过以下几个主要步骤：

（1）收集并识读工程地质勘察报告、支护结构和建筑工程主体结构的设计图纸（±0.000 以下部分）及其施工组织设计、较详细的综合平面位置图、综合管线图等，以掌握工程场地的工程地质条件、支护和主体结构、周围环境的有关材料。

（2）进行现场踏勘，重点掌握地下管线走向、相邻构筑物状况，以及它们与围护结构的相互关系。

（3）拟定监测方案初稿，并提交委托单位（或工程监理单位）审阅，同意后由建设单位主持召开有市政道路监察部门、邻近建筑物业主、以及有关地下管线（煤气、电力、电讯、上水、下水等）单位参加的协调会议，对监测方案初稿进行讨论，并形成会议纪要。

（4）根据会议纪要精神，对监测方案初稿进行修改，形成正式监测方案。

监测方案需送达有关各方认定，认定后正式监测方案在实施过程中大的原则一般不能更改，特别是埋设元件的种类和数量、测试频率和报表数量等应严格按认定的方案实施。但有些测点的具体位置、埋设方法等细节问题，则可以根据实际施工情况作适当调整。

基坑工程施工监测方案设计的主要内容包括：

（1）监测内容的确定；

（2）监测方法和仪器的确定，监测元件量程、监测精度的确定；

（3）施测部位和测点布置的确定；

（4）监测周期、预警值等实施计划的制定。

监测方案除包括上述内容外，还需将工程场地地质条件、基坑围护设计和施工方案、以及基坑工程相邻环境等的调查作明确的叙述。

基坑工程监测方案的制订应充分满足如下要求：确保基坑工程的安全和质量，对基坑周围的环境进行有效的保护，检验设计所采取的各种假设和参数的正确性，并为改进设计、提高工程整体水平提供依据。

一份高质量的监测方案是取得项目成功的一半，这不仅提高了项目的竞争力，更重要的是拟定了周密详尽的计划，保证了后续工作有条不紊地顺利开展。

3.3.2 建筑基坑监测的基本要求

通常结合具体的基坑工程，对基坑监测工作提出了如下基本要求。

（1）监测工作必须是有计划的，应根据设计提出的监测要求和业主下达的监测任务书预先制订详细的基坑监测方案。计划性文件中应作出监测数据完整性的保证，但计划性也必须与灵活性相结合，因为基坑工程在按计划实施的过程中会发生突发事件，此时就应根据变化了的情况来修正原先的监测方案，但基本原则却是不能改变的。

（2）监测数据必须是真实可靠的，数据的可靠性由测试元件安装或埋设的可靠性、监测仪器的精度和可靠性、监测人员的素质来保证。监测数据真实性要求所有数据必须以原始记录为依据，原始记录任何人不得更改、删除。

（3）监测数据必须是及时的，监测数据需在现场及时计算处理，计算有问题可及时复测，尽量做到当天报表当天出。因为基坑开挖是一个动态的施工过程，只有保证及时监测，才能有利于及时发现隐患，及时采取措施。

（4）埋设于结构中的监测元件应尽量减少对结构的正常受力的影响，埋设水土压力监测元件、测斜管和分层沉降管时的回填土应注意与岩土介质的匹配。

（5）采纳多种方法、实行多项内容的监测方案。基坑工程在开挖和支撑施工过程中的力学效应是从各个侧面同时展现出来的，与诸如围护结构变形和内力、地层移动和地表沉降等物理量之间存在着内在的紧密联系，通过对多方面的连续监测资料进行综合分析之后，各项监测内容的结果可以互相印证、互相检验，从而对监测结果有全面正确地把握。

（6）对重要的监测项目，应按照工程具体情况预先设定预警值和报警制度，预警值应包括变形或内力量值及其变化速率。

（7）基坑监测应整理完整的监测记录表、数据报表、形象的图表和曲线，监测结束后整理出监测报告。

（8）监测单位应及时处理、分析监测数据，并将监测结果和评价及时向建设方及相关单位做信息反馈，当监测数据达到监测报警值时必须立即通报建设方及相关单位。

（9）基坑工程监测期间建设方及施工方应协助监测单位保护监测设施。

（10）监测结束阶段，监测单位应向建设方提供以下资料，并按档案管理规定，组卷归档。

1）基坑工程监测方案。

2）测点布设、验收记录。

3）阶段性监测报告。

4）监测总结报告。

3.4　基坑工程现场监测的内容和方法

在进行现场监测之前，应依据基坑工程变形监测方案设计的内容，按以下几点来确定具体工程项目的监测内容和相应的监测实施方法。

3.4.1　基坑现场监测的内容

基坑工程施工现场监测的内容分为三大部分，即围护结构和支撑体系、周围地层和相邻环境。围护结构主要是围护桩墙和圈梁（压顶）。支撑体系包括支撑或土层锚杆、围檩和立柱等部分。相邻环境中包括相邻土层、地下管线、相邻房屋等三部分。具体监测内容如下：

（1）地下管线、地下设施、地面道路和建筑物的沉降、位移；

（2）围护桩地下桩体的侧向位移（桩体测斜）、围护桩墙顶的沉降和水平位移；

（3）围护桩、水平支撑的应力变化；

（4）基坑外侧的土体侧向位移（土体测斜）；

（5）坑外地下土层的分层沉降；

（6）基坑内、外的地下水位监测；

（7）地下土体中的土压力和孔隙水压力；

（8）基坑内坑底回弹监测。

对于一个具体工程，其监测内容的确定应根据工程项目的具体特点来定，一般来说，主要取决于工程的规模、重要程度、工程施工场地的地质条件及业主的财力。确定监测内容的原则是监测方法简单易行、结果可靠、成本低，便于施工实施，监测点及所需布设的元件要能尽量靠近工作面安设。此外，所选择的被监测物理量要概念明确，量值显著，数据易于分析，易于实现反馈。其中位移监测是最直接易行的，因而位移监测应作为基坑监测的重要项目。同时支撑结构的内力和锚杆的拉力也是施工监测的重要项目。另外监测项目选择时还应考虑到支护结构的型式和周围环境。

对于一个具体基坑工程，可以根据地质条件、建筑结构类型、周围环境，以及允许的工程造价经费等有目的、有侧重地选择其中的一部分，也可以全部进行。这些监测内容是参照当前工程界通常做法进行归纳总结划分出的，对工程应用具有一定的指导意义。其中，某些监测项目如（1）、（2）、（3）、（4）、（8）等几项是每个基坑工程的基本监测项目，而其他几项则可视工程的重要性程度和施工难度考虑采用。近些年来，编制颁布的基坑工程设计施工规程一般都按破坏后果和工程复杂程度将工程区分为若干等级，因此可以由工程所属的等级来要求和选择相应的监测内容。

3.4.2 监测方法和仪表的确定

监测方法和监测仪表的确定主要取决于施工场地工程地质条件和土体的力学性质，以及测量工作实施时的环境条件。通常，在软弱地层中的基坑工程，对于地层变形和结构内力，由于量值较大，可以采用精度稍低的仪器和装置；对于地层压力和结构变形，若量值较小，应采用精度稍高的仪器。而在较硬土层的基坑工程中，则与此相反，对于地层变形和结构内力，量值较小，应采用精度稍高的仪器；对于地层压力，若量值较大，可采用精度稍低的仪器和装置。当基坑干燥无水时，电测仪表往往能工作得很好；在地下水发育的地层中用电阻式电测仪表就较为困难，常采用钢弦频率式传感器。

仪器选择前需首先估算各物理量的变化范围，并根据测试重要性程度确定测试仪器的精度和分辨率，并事先确定好各项监测的预警值。各项监测项目的监测仪器和方法的选择详见本书第 3.5 节。

3.4.3 施测位置与测点布置原则

测点布置涉及各监测内容中元件或探头的埋设位置和数量，应根据基坑工程的受力特点及由基坑开挖引起的基坑结构及其周围环境的变形规律来布设。

1. 桩墙顶水平位移和沉降

桩墙顶水平位移和垂直沉降是基坑工程中最直接、最重要的监测内容。其测点一般布置在将围护桩墙连接起来的混凝土圈梁上，以及水泥搅拌桩、土钉墙、放坡开挖时的上部压顶上。布设时，可采用铆钉枪打入铝钉，或钻孔埋设膨胀螺栓，也有涂红漆等作为标记的。测点的间距一般取为 8～15m，可以等距离布设，亦可根据现场通视条件、地面堆载状态等具体情况随机布置。测点间距的确定主要考虑能够据此描绘出基坑围护结构的变形曲线。对于水平位移变化剧烈的区域，测点可以适当加密。有水平支撑时，测点应布置在两根支撑的中间部位。

立柱沉降测点应直接布置在立柱桩上方的支撑面上，对多根支撑交汇受力复杂处的立柱应作重点监测，用作施工栈桥处的立柱也应重点监测。

2. 围护桩地下桩墙体深层侧向位移

桩墙深层侧向位移监测，亦称桩墙体测斜。通常在基坑每边上布设 1 个测点，一般应布设在围护结构每边的跨中位置。对于较短的边线也可以不布设，而对于较大的边线可增至 2～3 个。原则上，在长边上应每隔 30～40m 布设 1 个测斜孔。监测深度一般取与围护桩墙深度一致，并延伸至地表，在深度方向的测点间距为 0.5～1.0m。

3. 结构内力

对于设置内支撑的基坑工程，一般可选择部分典型支撑进行轴力变化监测，以掌握支撑系统的受力状况，这对于有预加轴力的钢支撑来说，显得尤其重要。支撑轴力的测点布置主要由平面、立面和断面三方面因素所决定的。

平面指设置于同一标高，即同一道支撑内其量测杆件的选择，原则上应参照基坑围护设计方案中各道支撑内力计算结果，选择轴力最大的杆件进行监测。在缺乏计算资料的情况下，通常可选择平面净跨较大的支撑杆件布设测点。

立面指基坑竖直方向不同标高处设置各道支撑的监测选择，由于基坑开挖、支撑设置和拆除是一个动态发展过程，各道支撑的轴力存在着量的差异，在各施工阶段都起着不同的作用，因此需对各道支撑都应监测，并且各道支撑的测点应设置在同一平面位置，这样，从轴力—时间曲线上就可很清晰地观察到各道支撑设置—受力—拆除过程中的内在相互关系，对切实掌握水平支撑受力规律很有指导意义。

轴力监测断面应布设在支撑的跨中部位，对监测轴力的重要支撑，宜同时监测其两端和中部的沉降和位移。采用钢筋应力传感器量测支撑轴力，需要确定量测断面内测试元件的布设数量和位置。实际量测结果表明，由于支撑杆件的自重，以及各种施工荷载的作用，水平支撑的受力相当复杂，除轴向压力外，尚存在垂直方向和水平方向作用的荷载，就其受力形态而言应为双向受压弯扭构件。为了能真实反映出支撑杆件的受力状况，测试断面内一般配置四个钢筋计。

围护桩墙的内力监测应设置在围护结构体系中受力有代表性的位置的钢筋混凝土支护桩或地下连续墙的主受力钢筋上。在监测点的竖向位置的布置方面考虑如下因素：计算的最大弯矩所在的位置和反弯点位置、各土层的分界面、结构变截面或配筋率改变的截面位置、结构内支撑及拉锚所在位置。

采用土层锚杆的围护体系，每道土层锚杆中都必须选择两根以上的锚杆进行监测，选择在围护结构体系中受力有代表性的典型锚杆进行监测。在每道土层锚杆中，若锚杆长度不同、锚杆形式不同、锚杆穿越的土层不同，则通常要在每种不同的情况下布设两个以上的土层锚杆监测点。

4. 土体分层沉降和水土压力测点布设

土体分层沉降和水土压力监测应设置在围护结构体系中受力有代表性的位置。土体分层沉降和孔隙水压力计测孔应紧邻围护桩墙埋设，土压力盒应尽量在施工围护桩墙时埋设在土体与围护桩墙的接触面上。在监测点的竖向位置上主要布置在计算的最大弯矩所在位置和反弯点位置、计算水土压力最大的位置、结构变截面或配筋率变化的截面位置、结构内支撑及拉锚所在位置。这与围护桩墙内力测点布设的位置基本相同。土体分层沉降还应在各土层的分界面布设测点，当土层厚度较大时，在土层中部增加测点。孔隙水压力计一般布设在土层中部。

5. 土体回弹

回弹测点宜按下列要求在有代表性的位置和方向线上布设：

（1）在基坑中央和距坑底边缘 1/4 坑底宽度处及特征变形点必须设置，方形、圆形基坑可按单向对称布点，矩形基坑可按纵向布点，复合矩形基坑可多向布点，地质情况复杂时应适当增加点数；

（2）基坑外的观测点，应在所选坑内方向线上的一定距离（基坑深度的 1.5～2.0 倍）布设；

（3）当所选点遇到地下管线或其他建筑物时，可将观测点移到与之对应方向线的空位上；

（4）在基坑外相对稳定或不受施工影响的地点，选设工作水准点，以及为寻找标志用的定位点。

6. 坑外地下水位

在高地下水位的基坑工程施工，围护结构止水能力的优劣对于相邻地层和房屋的沉降控制至关重要。开展基坑降水期间坑外地下水位的下降监测，其目的就在于检验基坑止水帷幕的实际效果，必要时适当采取灌水补给措施，以避免基坑施工对相邻环境的不利影响。坑外地下水位一般通过监测井监测，井内设置带孔塑料管，并用砂石充填管壁外侧。监测井布设位置较为随意，只要设置在止水帷幕以外即可。如能参照搅拌桩施工塔接、相邻房屋与地下管线相对密集位置布设则更能满足环境保护的要求。监测井不必埋设很深，管底标高一般在常年水位以下 4～5m 即可。

7. 相邻环境监测

环境监测应包括基坑开挖 3 倍深度以内的范围。建筑物以沉降监测为主，测点应布设在墙角、柱身（特别是能够反映独立基础及条形基础差异沉降的柱身）、门边等外形凸出部位，除了在靠近基坑一侧要布设测点外，在另外几侧也应布设测点，以作比较，测点间距应能充分反映建筑物各部分的不均匀沉降为宜。地下管线上测点布设的数量和间距应听取管线主管部门的意见，并考虑管线的重要性及对变形的敏感性，如上水管承接式接头一般应按 2～3 个节度设置 1 个监测点，管线越长，在相同位移下产生的变形和附加弯矩就越小，因而测点间距可以大些，在有弯头和丁字形接头处，对变形比较敏感，测点间距就要小些。

在测点布设时应尽量将桩墙深层侧向位移、支撑轴力和围护结构内力、土体分层沉降和水土压力等测点布置在相近的范围内，形成若干系统监测断面，以使监测结果互相对照，相互检验。

3.4.4 监测周期的确定

基坑工程监测的宗旨是确保工程快速安全顺利完工。为了完成这一任务，施工监测工作基本上伴随基坑开挖和地下结构施工的全过程，即从基坑开挖第一批土直至地下结构施工到 ±0.000 标高。现场施工监测工作一般需连续开展 6～8 个月，基坑越大，监测期限则越长。

在基坑开挖前可以埋设的各监测项目的测设元件，必须在基坑开挖前埋设并读取初读数。此初读数是各测点的基础数据，是后期各次观测数据比较的基础，需复校无误后才能确定，通常是在连续三次测量无明显差异时，取其中一次的测量值作为初始读数，否则应继续测读。总之，各测点的初读数务必准确可靠，否则会影响以后的监测数据处理与分析工作。埋设在土层中的元件如土压力盒、孔隙水压力计、测斜管和分层沉降环等最好在基坑开挖一周前埋设，以使被扰动的土有一定的间歇时间，从而使初读数有足够的稳定过程。混凝土支撑内的钢筋计、钢支撑轴力计、土层锚杆的轴力计及锚杆应力计等需随施工进度而埋设的元件，在埋设后读取初读数。

围护墙顶水平位移和沉降、围护墙深层侧向位移监测贯穿基坑开挖到主体结构施工到 ±0.000 标高的全过程，监测频率为：

（1）从基坑开始开挖到浇筑完主体结构底板，每天监测 1 次；

（2）浇筑完主体结构底板到主体结构施工到 ±0.000 标高，每周监测 2～3 次；

（3）各道支撑拆除后的 3 天至一周，每天监测 1 次。

内支撑轴力和锚杆拉力的监测期限从支撑和锚杆施工到全部支撑拆除实现换撑，每天监测 1 次。

土体分层沉降、深层沉降表测回弹、水土压力、围护墙体内力监测一般也贯穿基坑开挖到主体结构作到 ±0.000 标高的全过程，监测频率按以下进行：

（1）基坑每开挖其深度的 1/5～1/4，或在每道内支撑（或锚杆）施工间隔的时间内测读 2～3 次，必要时可加密到每周监测 1～2 次；

（2）基坑开挖的设计深度到浇筑完主体结构底板，每周监测 3～4 次；

（3）浇筑完主体结构底板到全部支撑拆除实现换撑，每周监测 1 次。

地下水位监测的期限是整个降水期间，或从基坑开挖到浇筑完成主体结构底板，每天监测 1 次。当围护结构有渗水、漏水现象时，要加强监测。

当基坑周围有道路、地下管线和建筑物较近需要监测时，从围护桩墙施工到主体结构做到 ±0.000 标高这段期限都需进行监测，周围环境的沉降和水平位移需每天监测 1 次，建筑物倾斜和裂缝的监测频率为每周监测 1～2 次。如为了保护周围环境而埋设孔隙水压力计、土体深层沉降和侧向位移等监测项目，在围护桩墙施工时的监测频率为每天 1 次，基坑开挖时的监测频率与围护桩墙内力监测频率一致。

现场施工监测的频率因随监测项目的性质、施工速度和基坑状况而变化。实施过程中尚需根据基坑开挖和围护施工情况、所测物理量的变化速度等作适当调整。当监测的物理量的绝对值或增加速率明显增大时，应加密观测次数，反之，可适当减少观测次数。当有事故征兆时应连续监测。

测读的数据必须在现场整理，对监测数据有疑虑时可及时复测，当数据接近或达到报警值时应尽快通知有关单位，以便施工单位尽快采取应急措施。监测日报表最好当天提交，最迟不能超过次日上午，以便施工单位尽快此安排和调整生产进度。监测数据是十分准确的，如不能及时提供信息反馈去指导施工就失去了基坑监控的意义。

3.4.5 监测项目的预警值

基坑工程施工监测的预警值就是设定一个定量化指标系统，在其容许的范围之内认为工程是安全的，并对周围环境不产生有害影响，否则认为工程是非稳定或危险的，并将对周围环境产生有害影响。建立合理的基坑工程监测的预警值是一项十分复杂的研究课题，工程的重要性越高，其预警值的建立越困难。预警值的确定应根据下列原则：

（1）满足现行的相关规范、规程的要求，大多是位移或变形控制值；

（2）对于围护结构和支撑内力、锚杆拉力等，不超过设计计算预估值；

（3）根据各保护对象的主管部门提出的要求来确定；

（4）在满足监测和环境安全的前提下，综合考虑工程质量、施工进度、技术措施和经济等因素。

确定预警值时还要综合考虑基坑的规模、工程地质和水文地质条件、周围环境的重要性程度以及基坑的施工方案等因素。确定预警值主要参照现行的相关规范和规程的规定值、经验类比值以及设计预估值这三个方面的数据。随着基坑工程经验的积累和增多，各地区的工程管理部门陆续以地区规范、规程等形式对基坑工程预警值作了规定，其中大多是最大允许位移或变形值。确定变形控制标准时，应考虑变形的时空效应，并控制监测值的变化速率，一级工程宜控制在2mm/d之内。当变化速率突然增加或连续保持高速率时，应及时分析原因，以采取相应对策。

相邻房屋的安全与正常商业普遍准则应参照国家或地区的房屋监测标准确定。地下管线的允许沉降和水平位移量值由管线主管单位根据管线的性质和使用情况确定。

基坑和周围环境的位移和变化值是为了基坑安全和对周围环境不产生有害影响需要在设计和监测时严格控制的，而围护结构和支撑的内力、锚杆拉力等，则是在满足以上基坑和周围环境的位移和变形控制值的前提下由设计计算得到的，因此，围护结构和支撑内力、锚杆拉力等应以设计预估值为确定预警值的依据，一般将预警值确定为设计允许最大值的80％。

经验类比值是根据大量工程实际经验积累而确定的预警值，如下一些经验预警值可以作为参考：

（1）煤气管道的沉降和水平位移均不得超过10mm，每天发展不得超过2mm；

（2）自来水管道沉降和水平位移均不得超过30mm，每天发展不得超过5mm；

（3）基坑内降水或基坑开挖引起的基坑外水位下降不得超过1000mm，每天发展不得超过500mm；

（4）基坑开挖中引起的立柱桩隆起或沉降不得超过10mm，每天发展不得超过2mm。

位移—时间曲线也是判断基坑工程稳定性的重要依据，施工监测得到的位移—时间曲线可能呈现出三种形态。对于基坑工程施工中测得的位移—时间曲线，如果始终保持变形加速度小于0，则该工程是稳定的；如果位移曲线随即出现变形加速度等于0的情况，亦即变形速度不再继续下降，则说明工程进入"定常蠕变"状态，须发出警告，并采取措施及时补强围护和支撑系统；一旦位移出现变形加速度大于0的情况，则表示已进入危险状态，须立即停工，进行加固。此外对于围护墙侧向位移曲线和弯矩曲线上发生明显转折点或突变点，也应引起足够的重视。

在施工险情预报中，应同时考虑各项监测内容的量值和变化速度，及其相应的实际变化曲线，结合观察到结构、地层和周围环境状况等综合因素作出预报。从理论上说，设计合理的、可靠的基坑工程，在每一工况的挖土结束后，应该是一切表征基坑工程结构、地层和周围环境力学形态的物流量随时间变化而渐趋稳定；反之，如果测得表征基坑工程结构、地层和周围环境力学形态特点的某一种或某几种物理量随时间变化不是渐趋稳定，则可以断言该工程不稳定，必须修改设计参数、调整施工工艺。

3.5 基坑工程监测的实施方法及仪器仪表

3.5.1 围护墙顶水平位移和沉降监测

围护墙顶沉降监测方法主要采用精密水准测量，在一个测区内，应设3个以上基准点，基准点要设置在距基坑开挖深度5倍距离以外的稳定地方。

在基坑水平位移监测中，在有条件的场地，用轴线法也即视准线比较简便。采用视准线法测量时，需沿欲测量的基坑边线设置一条视准线（图 3-1），在该线的两端设置工作基点 A、B。在基线上沿基坑边线按照需要设置若干测点，基坑有支撑时，测点宜设置在两根支撑的跨中。也可用小角度法用经纬仪测出各测点的侧向水平位移。各测点最好设置在基坑圈梁、压顶等易固定的地方，这样设置方便，不易损坏，而且可以真实反映基坑侧向变形。测量基点 A、B 需设置在基坑外一定距离的稳定地段，对于有支撑的地下连续墙或大孔径灌注桩这类围护结构，基坑角点的水平位移通常较小，这时可将基坑角点设为临时基点 C、D，在每个工况内可以用临时基点监测，变换工况时用基点 A、B 测量临时基点 C、D 的侧向水平位移，再用此结果对各测点的侧向水平位移值作校正。

图 3-1　视准线法测围护墙顶侧向水平位移

由于深基坑工程场地一般比较小，施工障碍物多，而且基坑边线也并非都是直线，因此，视准线的建立比较困难，在这种情况下可用前方交会法。前方交会法是在距基坑一定距离的稳定地段设置一条交会基线，或者设两个或多个工作基点，以此为基准，用交会法测出各测点的位移量。

围护墙顶的沉降和水平位移监测的具体方法参见本书第 2 章。

3.5.2　深层水平位移测量

3.5.2.1　测量原理

深层水平位移就是测量围护桩墙和土体在不同深度上的点的水平位移，通常采用测斜仪测量，将围护桩墙在不同深度上的点的水平位移按一定比例绘制出水平位移随深度变化的曲线，称为围护桩墙深层挠曲线。测斜仪由测斜管、测斜探头、数字式测读仪三部分组成。测斜管在基坑开挖前埋设于围护桩墙和土体内，测斜管内有四条十字型对称分布的凹型导槽，作为测斜仪滑轮上下滑行轨道，测量时，使测斜探头的导向滚轮卡在测斜管内壁的导槽中，沿槽滚动将测斜探头放入测斜管，并由引出的导线将测斜管的倾斜角或其正弦值显示在测读仪上。

测斜仪的原理是通过摆锤受重力作用来测量测斜探头轴线和铅垂线之间倾角 θ，进而计算垂直位置各点的水平位移的。如图 3-2 为测斜仪量测的原理图，当土体产生位移时，埋入土体中的测斜管随土体同步位移，测斜管的位移量即为土体的位移量。放入测斜管内的活动探头测出的量是各个不同测段上测斜管的倾角 θ，而该分段两端点（探头下滑动轮作用点与上滑动轮作用点）的水平偏差可由测得的倾角 θ 用下式表示：

$$\delta_i = L_i \sin\theta_i \tag{3-1}$$

式中　δ_i——第 i 量测段的水平偏差值，单位为 mm；

　　　L_i——第 i 量测段的长度，通常取为 0.5m、1.0m 等整数，单位为 mm；

　　　θ_i——第 i 量测段的倾角值，单位为（°）。

当测斜管埋设得足够深时，管底可以认为是位移不动点，从管底上数第 n 量测段处测斜

管的水平偏差总量为

$$\delta = \sum_{i=1}^{n} \Delta \delta_i = \sum_{i=1}^{n} L \sin \Delta \theta_i \qquad (3-2)$$

显然，管口的水平偏差值 δ_0 就是各量测段水平偏差的总和。

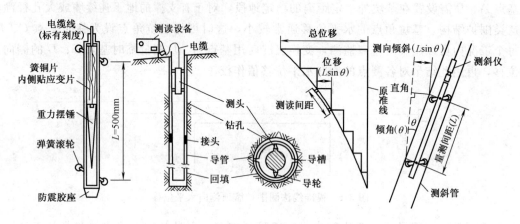

图 3-2　测斜仪量测的原理图

若测斜管两端都有水平位移，就需要实测管口的水平偏差值 δ_0，并从管口下数第 n 量测段处的水平偏差值 δ_n，即

$$\delta_n = \delta_0 + \sum_{i=1}^{n} L \sin \theta_i \qquad (3-3)$$

务必注意：只有当埋设好的测斜管的轴线是铅垂线时，其水平偏差值才是对应的水平位移值。但若将测斜管的轴线埋设成铅垂线是几乎不可能的，则测斜管埋设好后，终有一定的倾斜或挠曲，因此，各量测段的水平位移 Δ 应该是各次测得的水平偏差与测斜管的初始水平偏差之差，即

$$\Delta_n = \delta_n - \delta_{0n} = \Delta_0 + \sum_{i=1}^{n} L(\sin \theta_i - \sin \theta_{0i}) \qquad (3-4)$$

式中　δ_{0n}——从管口下数第 n 量测段处的水平偏差初始值；

　　　θ_{0i}——从管口下数第 n 量测段处的倾角初始值；

　　　Δ_0——实测的管口水平位移，当从管口起算时，管口没有水平偏差初始值。

测斜管可以用于测单向位移，也可以测双向位移，测双向位移时，由两个方向的测量值求出其矢量和，得位移的最大值和方向。

实际测量时，将测斜仪探头沿管内导槽插入测斜管内，缓慢下滑，按取定的间距 L 逐段测定各量测段处的测斜管与铅直线的倾角 θ，就能得到整个桩墙轴线的水平挠曲或土体不同深度的水平位移。

3.5.2.2　测斜仪

测斜仪按探头的传感元件不同，可分为滑动电阻式、电阻片式、钢弦式和伺服加速度式四种，如图 3-3 所示。

滑动电阻式探头以悬吊摆为传感元件，在摆的活动端装一个电刷，在探头壳体上装电位计，当摆相对壳体倾斜时，电刷在电位计表面滑动，由电位计将摆相对壳体的倾摆角位移变

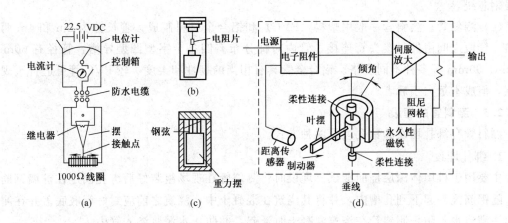

图 3-3　测斜仪工作原理图

（a）滑动电阻式；（b）电阻片式；（c）钢弦式；（d）伺服加速度式

成电信号输出，用电桥测定电阻比的变化，根据标定结果就可进行倾斜测量。该探头的优点是坚固可靠，缺点是测量精度不高。

电阻片式探头是用弹性好的青铜弹簧片下挂摆锤，弹簧片两侧各贴两片电阻应变片，构成差动可变阻式传感器。弹簧片可设计成等应变梁，使之在弹性极限内探头的倾角与电阻应变读数呈线性关系。

钢弦式是通过在四个方向上十字型布置的四个钢弦式应变计测定重力摆运动的弹性变形，进而求得探头的倾角。可同时进行两个水平方向的测斜。

伺服加速度计式测斜探头是根据检测质量块因输入加速度而产生惯性力，并与地磁感应系统产生的反力相平衡，感应线圈的电流与此反力成正比，根据电压大小可测定倾角。该类测斜探头灵敏度和精度较高。

活动式测斜仪主要由四部分组成：装有重力式测斜传感元件的探头、测读仪、电缆和测斜管。具体见图 3-4。

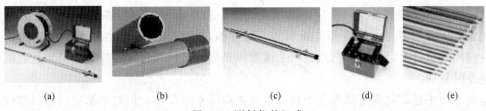

图 3-4　测斜仪的组成

（a）测斜仪；（b）测斜管；（c）探头；（d）测读仪；（e）电缆

（1）测斜仪探头。它是倾角传感元件，其外观为细长金属鱼雷状探头，上、下近两端配有两对轮子，上端有与测读仪连接的绝缘电缆。

（2）测读仪。测读仪是测斜仪探头的二次仪表，是与测斜仪探头配套使用的。

（3）电缆。电缆的作用有四个：①向探头供给电源；②向测读仪传递量测信息；③作为量测探头所在的量测点距孔口的深度尺；④提升和下放探头的绳索。电缆需要很高的防水性能，因为作为深度尺，在提升和下放过程中不能有较大的伸缩，为此，电缆芯线中设有一根加强钢芯线。

（4）测斜管。测斜管一般用塑料（PVC）和铝合金材料制成，管长分为 2m 和 4m 两种规格，管段之间由外包接头管连接，管内对称分布有四条十字型凹型导槽，管径有 60mm、70mm、90mm 等多种不同规格。铝合金管具有相当的韧性和柔度，较 PVC 管更适合于现场监测，但成本远大于后者。

3.5.2.3 测斜管的埋设

测斜管有绑扎埋设和钻孔埋设两种方式。

1. 绑扎埋设

主要用于桩墙体深层挠曲测试，埋设时将测斜管在现场组装好后绑扎固定在桩墙钢筋笼上，随钢筋笼一起下到孔槽内，并将其浇筑在混凝土中，浇筑之前应封好管底底盖并在测斜管内注满清水，防止测斜管在浇筑混凝土时浮起，并防止水泥浆渗入管内。

2. 钻孔埋设

首先在土层中预钻孔，孔径略大于所选用测斜管的外径，然后将测斜管封好底盖逐节组装并逐节放入钻孔内，同时在测斜管内注满清水，直至放到预定的标高位置。随后在测斜管与钻孔之间空隙内回填细砂或水泥和粘土拌合的材料来固定测斜管，其配合比取决于土层的物理力学性质。

埋设过程中应注意，避免测斜管的纵向旋转，在管节连接时必须将上、下管节的滑槽严格对准，以免导槽不畅通。埋设就位时必须注意测斜管的一对凹槽与预测量的位移方向一致（通常为与基坑边缘相垂直的方向）。测斜管固定完毕或混凝土浇筑完毕后，用清水将测斜管内冲洗干净。由于测斜仪的探头是贵重仪器，在未确认导槽畅通可用时，先用探头模型放入测斜管内，沿导槽上下滑行一遍，待检查导槽是正常可用时，方可用实际探头进行测试。埋设好测斜管后，需测量测斜管导槽的方位、管口坐标及高程。同时要及时做好保护工作，例如对测斜管外局部设置金属套管保护；测斜管管口处砌筑窨井，并加盖等。

3.5.2.4 测量

将测斜仪的测头插入测斜管，使滚轮卡在导槽上，缓慢下至孔底，测量工作从孔底开始，自下而上沿导槽全长每隔一定距离测读一次，每次测量时，应将测头稳定在某一位置上。测量完毕后，将测头旋转 180°插入另一对导槽，按以上方法重复测量。两次测量的各测点应在同一位置上，此时各测点的两个读数应是数值接近、符号相反。如果测量数据有疑问，应及时复测。

基坑工程中通常只需监测垂直于基坑边线方向的水平位移。但对于基坑阳角的部位，就有必要测量两个方向的深层水平位移，此时，可用同样的方法测另一对导槽的水平位移。有些测读仪可以同时测出两个相互垂直方向的深层水平位移。深层水平位移的初始值应是基坑开挖之前连续 3 次测量无明显差异读数的平均值，或取开挖前最后一次的测量值作为初始值。测斜管孔口需布设地表水平位移测点，以便必要时根据孔口水平位移量对深层水平位移量进行校正。

3.5.3 土体分层沉降监测

土体分层沉降是指距离地面不同深度处土层内的点的沉降或隆起，通常用磁性分层沉降仪量测。

3.5.3.1　测量原理与仪器

磁性分层沉降仪由对磁性材料敏感的探头、埋设于土层中的分层沉降管和钢环、带刻度标尺的导线以及电感探测装置组成，如图 3-5 所示。分层沉降管用波纹状柔性塑料管制成，管外每隔一定距离安放一个钢环，地层沉降时带动钢环同步下沉。当探头从钻孔中缓慢下放遇到预埋在钻孔中的钢环时，电感探测装置上的蜂鸣器就发出叫声，这时根据测量导线上标尺在孔口的刻度，以及孔口的标高，就可计算出钢环所在位置的标高，测量精度可达 1mm。在基坑开挖前预埋分层沉降管和钢环，并测读计算各钢环的起始标高，每次监测后，即可计算出其在基坑施工开挖过程中测得的标高的差值，即为各土层在施工过程中的沉降或隆起。

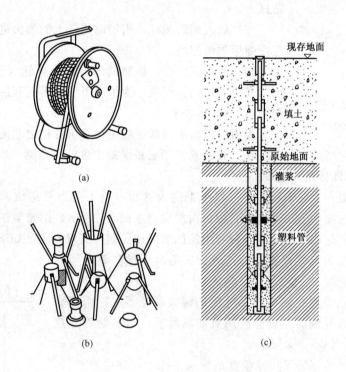

图 3-5　磁性分层沉降仪工作原理图

（a）磁性沉降仪；（b）磁性沉降标；（c）沉降标安装示意图

3.5.3.2　分层沉降管和钢环的埋设

用钻机在预定位置钻孔，取出的土分层分别堆放，要求钻到孔底的标高略低于欲测量土层的标高。提起套管 300～400mm，然后将引导管放入，引导管可逐节连接直至略深于预定的最底部的监测点的深度位置，然后，在引导管与孔壁间用膨胀粘土球填充并捣实到最低的沉降环位置，再用一只铅质开口送筒来装上沉降环，套在引导管上，沿引导管送至预埋位置，再用 $\phi50$mm 的硬质塑料管把沉降环推出并压入土中，弹开沉降钢环卡子，使沉降环的弹性卡子牢固地嵌入土中，提起套管至待埋沉降环以上 300～400mm，待钻孔内回填该层土做成土球至要埋的一个沉降环标高处，再用如上步骤推入上一标高的沉降环，直至埋完全部沉降环。固定孔口，做好孔口的保护装置，并测量孔口标高和各磁性沉降钢环的初始标高。

3.5.4　基坑回弹监测

基坑回弹是基坑开挖对坑底的土层的卸荷过程引起基坑底面及坑外一定范围内的土体的

回弹变形或隆起。基坑又深又大时，回弹量对基坑本身和邻近建筑物都有较大影响，因此需作基坑回弹监测。基坑回弹监测可采用回弹监测标和深层沉降标两种，当深层沉降环埋设于基坑开挖面以下时所监测到的土层隆起也就是土层回弹量。

3.5.4.1 回弹标及其埋设

回弹监测标如图 3-6 所示，其埋设方法如下：

（1）钻孔至基坑设计标高以下 200mm，将回弹标旋入钻杆下端，顺着钻孔徐徐放至孔底，并压入孔底土中 400～500mm，即将回弹标尾部压入土中。旋开钻杆，使回弹标脱离钻杆，提起钻杆。

（2）放入辅助测杆，用辅助测杆上的测头进行水准测量，确定回弹标顶面标高。

（3）监测完毕后，将辅助测杆、保护管（套管）提出地面，用砂或素土将钻孔回填，为了便于开挖后找到回弹标，可先用白灰回填 500mm 左右。

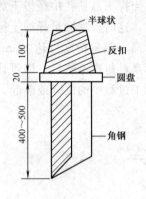

图 3-6　回弹监测标

（单位：mm）

用回填标监测回弹一般应在基坑开挖之前测读出初读数，在基坑开挖到设计标高后再测读一次，在浇筑基础底板混凝土之前再监测一次。

3.5.4.2 深层沉降标及其埋设

深层沉降标由一个三卡锚头、一根 1/4″ 的内管和一根 1″ 的外管组成，内管和外管都是钢管。内管连接在锚头上，可在外管中自由滑动，如图 3-7 所示。用光学仪器测量内管顶部的标高，标高的变化就相当于锚头位置土层的沉降或隆起。其埋设方法如下所述：

（1）用钻机在预定位置钻孔，孔底标高略高于预测量土层的标高约一个锚头长度。

（2）将 1/4″ 钢管旋在锚头顶部外侧的螺纹联结器上，用管钳旋紧。将锚头顶部外侧的左旋螺纹用黄油润滑后，与 1″ 钢管底部的左旋螺纹相联，但不必太紧。

（3）将装配好的深层沉降标慢慢地放入钻孔内，并逐步加长，直到放入孔底。用外管将锚头压入预测土层的指定标高位置。

（4）在孔口临时固定外管，将内管压下约 150mm，此时锚头上的三个卡子会向外弹，卡在土层里。卡子一旦弹开就不会再缩回。

（5）顺时针旋转外管，使外管与锚头分离。上提外管，使外管底部与锚头之间的距离稍大于预估的土层隆起量。

（6）固定外管，将外管与钻孔之间的空隙填实，做好测点的保护装置。

孔口一般以高出地面 200～1000mm 为宜，当地表下降及孔口回弹使孔口高出地表大多时，应将其往下截。

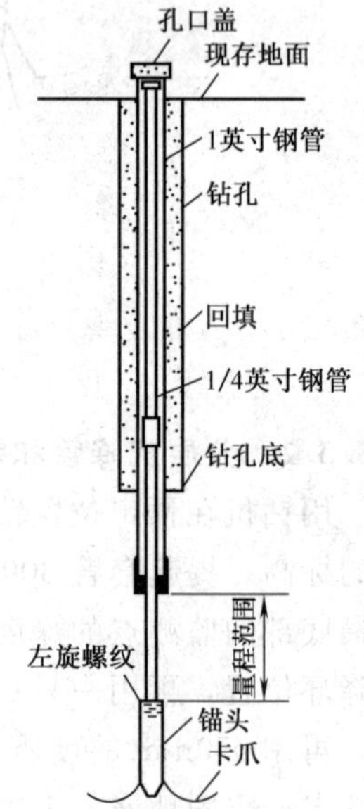

回弹监测点应根据基坑形状及工程地质条件布设，布点的原则是以最少的测点测出所需的各纵横断面的回弹量，具体布设要求按国家行业标准《建筑变形测量规程》（JGJ/T8—1997）规定执行。

图 3-7　深层沉降标

3.5.5　地下水位监测

地下水位监测可采用钢尺或钢尺水位计，钢尺水位计的工作原理是在已埋设好的水管中放入水位计测头，当测头接触到水位时，即启动讯响器，此时，读取测量钢尺与管顶的距离，根据管顶高程即可计算地下水位的高程。对于地下水位比较高的水位观测井，也可用干的钢尺直接插入水位观测井，记录湿迹与管顶的距离，根据管顶高程即可计算地下水位的高程，钢尺长度需大于地下水位与孔口的距离。

地下水位观测井的埋设方法：用钻机钻孔到要求的深度后，在孔内埋入滤水塑料套管，管径约 90mm，套管与孔壁间用干净的细砂填实，然后用清水冲洗孔底，以防泥浆堵塞测孔，保证水路畅通，测管高出地面约 200mm，上面加盖，不让雨水进入，并做好观测井的保护装置。

3.5.6　相邻环境观测

基坑开挖必定会引起邻近基坑的周边土体的变形，过量的变形将影响邻近建筑物和市政管线等设施等的正常使用，甚至导致破坏，因此必须在基坑施工期间对它们的变形进行监测。其目的是根据监测数据及时调整开挖速度和支护措施，以保护邻近建筑物和管线不因过量变形而影响它们的正常使用功能和破坏；对邻近建筑物和管线的实际变形采集实测数据，并对邻近建筑物的安全作出评价，使基坑开挖顺利进行。相邻环境监测的范围宜从基坑边线起到开挖深度约 2.0～3.0 倍的距离，监测周期应从基坑开挖开始，至地下室施工结束为止。

3.5.6.1　邻近建筑物变形监测

建筑物的变形监测可以分为沉降监测、倾斜监测、水平位移监测和裂缝监测等部分内容，具体监测方法参见本书第 2 章和第 4 章相关内容。监测前必须收集掌握以下资料：

(1) 建筑物结构和基础设计图纸，建筑物平面布置及其与基坑围护工程的相对位置；

(2) 工程地质勘察资料，地基处理资料；

(3) 基坑工程围护方案、施工组织设计等。

邻近建筑物变形监测点布设的位置和数量应根据基坑开挖有可能影响到的范围和程度，同时考虑建筑物本身的结构特点和重要性来确定。与建筑物的永久沉降观测相比，基坑引起相邻房屋沉降的现场监测测点的数量较多，检测频度高（通常每天 1 次），监测总周期较短（一般为数月），相对而言，监测精度要求比永久观测略低，但需根据相邻建筑物的种类和用途区别对待。

沉降监测的基准点必须设置在基坑开挖影响范围之外（至少大于 5 倍基坑开挖深度），同时也需考虑到重复观测时有便利的通视条件，以避免出现转站引点而导致的额外误差。

在基坑工程施工前，必须对邻近建筑物的现状进行详细调查，其调查内容包括：建筑物的原有沉降观测资料；开挖前基准点和各监测点的高程数据资料；建筑物裂缝的宽度、长度和走向等裂缝情况，做好素描和拍照等记录工作。将调查结果整理成正式文件，请业主及施工、建设、监理、监测等有关各方签字或盖章认定，作为以后发生纠纷时仲裁的依据。

3.5.6.2　相邻地下管线监测

1. 相邻地下管线监测的内容

城市地区地下管线网是城市生活的命脉，其安全与人民生活和城市经济建设紧密相连。城市市政管理部门和煤气、输变电、自来水和电讯等与管线有关的公司都对各类地下管线的允许变形量制定了十分严格的规定，基坑开挖施工时必须将地下管线的变形量控制在允许限值内。

相邻地下管线的监测内容包括垂直沉降和水平位移两部分，其测点布置和监测频率应在对管线状况进行充分调查后的基础上予以确定，并与有关管线单位协调经认可后方可实施。调查内容包括：

(1) 各管线的埋置深度、管线走向、管线及其接头的型式、管线与基坑的相对位置等。可根据城市测绘部门提供的综合管线图，并结合现场踏勘确定。

(2) 各管线的基础型式、地基处理情况、管线所处场地的工程地质情况。

(3) 管线所在道路的地面人流与交通状况，以便制定适合的测点埋设和监测方案。

地下管线可分为刚性管线和柔性管线两类。煤气管、上水管及预制钢筋混凝土电缆管等通常采用刚性接头。刚性管道在土体移动不大时可正常使用，土体移动幅度超过一定限度时则将发生断裂破坏。采用承插式接头或橡胶垫板加螺栓连接接头的管道，受力后接头可产生近于自由转动的角度，常可视为柔性管道，如常见的下水道等。接头转动的角度 α 及管节中的弯曲应力小于允许值时，管道可正常使用，否则也将产生断裂或泄漏，影响使用。地下管线位于基坑工程施工影响范围以内时，一般在施工前需在调查的基础上，根据基坑工程的设计和施工方案，再运用有关公式对地下管线可能产生的最大沉降量作出预估，并根据计算结果判断是否需要对地下管线采取主动的保护措施，并提出经济合理和安全可靠的管线保护方法。地下管线验算一般应由相关的工程设计人员进行，在此不予介绍。

2. 相邻地下管线监测方法

对地下管线进行监测是对其进行间接保护，在监测中主要采用间接测点和直接测点两种方式。

间接测点又称监护测点，常设在管线的窨井盖上，或管线轴线相对应的地表，将钢筋直接打入地下，深度与管底一致，以其作为观测标志。由于测点与管线之间存在着介质，与管线本身的变形之间有一定的差异，在人员与交通密集不宜开挖的地方，或设防标准较低的场合可以采用。

直接测点是通过埋设一些装置直接测读管线的沉降，常用埋设方案有抱箍式和套筒式两种。

(1) 抱箍式。抱箍式的布设形式如图 3-8 所示，由扁铁做成稍大于管线直径的圆环，将测杆与管线连接成为整体，测杆伸至地面，地面处布置相应窨井，保证道路、交通和人员的正常通行。抱箍式测点具有监测精度高的特点，能测得管线的沉降和隆起，但埋设时必须凿开路面，并开挖至管线的地底面，这对城市主干道是很难办到的。对于次干道和十分重要的地下管线，如高压煤气管道，按此方案设置测点并予以严格监测，是必要和可行的。

(2) 套筒式。基坑开挖对相邻管线的影响主要表现在沉降方面，根据这一特点采用一硬塑料管或金属管打设或埋设于所测管线顶面和地表之间，量测时将测杆放入埋管，再将标尺搁置在测杆顶端。只要测杆放置的位置固定不变，测试结果就能够反映出管线的沉降变化。套筒式埋设方案如图 3-9 所示。其最大特点是简单易行，特别是对于埋深较浅的管线，通过地面打设金属管至管线顶部，再清除整理，可避免道路开挖，其缺点是监测精度较低。

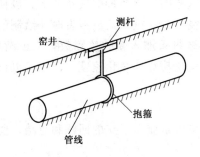

图 3-8 抱箍式埋设方案

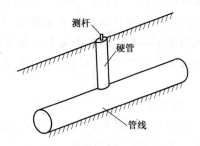

图 3-9 套筒式埋设方案

3.5.7 其他项目监测

对于其他监测项目如土压力与孔隙水压力监测、支挡结构内力监测、土层锚杆试验和监测等，在进行此种监测时，可用一些专用的应力计、应变计、土压力盒等传感器来采集变形信息，但这已不是传统测量人员所能独立完成并予以分析的，往往需要其他学科的工程技术人员配合进行，并结合其他学科的知识来分析处理，因此，对其监测方法及内容在此不作赘述。

3.6 基坑工程监测报表和监测报告

3.6.1 监测报表

在基坑监测前要设计好各种记录表格和报表。记录表格和报表应分不同的监测项目，根据监测点的数量、分布来合理地设计。记录表格的设计应以记录和数据处理能够方便进行为基本原则，并应留有一定的空间，一般对监测中观测到和出现的异常情况作及时的记录。监测报表通常有监测资料的当日报表、周报表、阶段报表，其中当日报表最为重要，通常作为施工工艺调整及安排的依据。周报表通常作为参加工程例会的书面文件，对一周的监测成果作简要的汇总，阶段报表作为某个基坑施工阶段监测数据的小结。

监测资料的日报表应及时提交给工程建设、监理、施工、设计、管线与道路监察等有关单位，并另备一份且应经工程建设或现场监理工程师签字后返回存档，作为报表签收及监测工程量结算的依据。报表中应尽可能配备形象化的图形或曲线，如测点位置图或桩墙体深层水平位移曲线等，使工程施工管理人员能够一目了然。报表中呈现的必须是原始数据，不得随意修改、删除，对有疑问或由人为和偶然因素引起的异常点应该在备注中加以说明。

3.6.2 监测曲线

在监测过程中除了要及时制作出各种类型的报表、绘制测点布置位置的平面和剖面图外，还要及时整理各监测项目的汇总表并绘制以下一些曲线和图形：

（1）各监测项目时程曲线；

（2）各监测项目的速率时程曲线；

（3）各监测项目在各个不同工况和特殊日期变化发展的形象图（如围护墙顶、建筑物和管线的水平位移和沉降用平面图，深层侧向位移、深层沉降、围护墙内力、不同深度的孔隙水压力和土压力可用剖面图）。

在绘制各监测项目时程曲线、速率时程曲线以及在各种不同工况和特殊日期变化发展的形象图时，应将工况点、特殊日期以及引起显著变化的原因标在各种曲线及图上，以便较直观地看到各监测项目物理量变化的原因。上述这些曲线不是在撰写监测报告时才绘制的，而是应该用 Excel 等软件或在监测办公室的墙上用坐标纸每天加入新的监测数据，逐渐延伸，并将预警值也画在图上，这样每天都可以看到数据的变化趋势和变化速度，以及接近预警值的程度。

3.6.3　监测报告

在监测工程结束时应提交完整的监测报告，监测报告是监测工作的回顾和总结，监测报告主要包括如下几部分内容：

（1）工程概况；

（2）监测项目和各测点的平面和立面布置图；

（3）所采用的仪器设备和监测方法；

（4）监测数据处理方法、监测结果汇总表和有关汇总及分析曲线；

（5）对监测结果的评价。

前三部分的格式和内容与监测方案基本相似，可以以监测方案为基础，按监测工作实施的具体情况，如实地叙述监测项目、测点布置、测点埋设、监测频率、监测周期等方面的情况，并应着重论述与监测方案相比，在监测项目、测点布置的位置和数量上的变化及变化的原因等，并且应附上监测工作实施的测点位置平面布置图和必要的监测项目（如土压力盒、孔隙水压力计、深层沉降和侧向位移、支撑轴力等）剖面图。

第四部分是监测报告的核心，该部分应在整理各监测项目的汇总表、各监测项目时程曲线、各监测项目的速率时程曲线；各监测项目在各种不同工况和特殊日期变化发展的形象图的基础上，对基坑及周围环境各监测项目的全过程变化规律和变化趋势进行分析，提出各关键构件或位置的变形或内力的最大值，与原设计预估值和监测预警值进行比较，并简要阐述其产生的原因。在论述时应结合监测日记记录的施工进度、挖土部位、出土量多少、施工工况，天气和降雨等具体情况对数据进行分析。

第五部分是监测工作的总结与结论，通过对基坑围护结构受力和变形以及对相邻环境的影响程度等的分析，最终对基坑设计的安全性、合理性和经济性进行总体评价，总结设计施工中的经验教训，尤其要总结出根据监测结果通过及时的信息反馈后，所产生的对施工工艺和施工方案的调整和改进所起的作用等内容。

任何一个监测项目都经过从方案拟定、实施到完成后对数据进行分析整理这一过程，在此监测的整个流程中，除积累大量第一手的实测资料外，总能总结出相当的经验和一些有规律性的东西，这不仅对提高监测工作本身的技术水平有很大的促进，还对丰富和提高基坑工程的设计和施工技术水平也是很大的促进。监测报告的撰写是一项认真而细致的工作。报告撰写者需要对整个监测过程中的重要环节、事件乃至各个细节都比较了解，这样才能够真正地理解和准确地解释所有报表中的数据和信息，并归纳总结出相应的规律和特点。因此报告撰写最好由亲自参与每天的监测和数据整理工作的人员并结合每天的监测日记写出初稿，再由既有监测工作和基坑设计实际经验，又有较好的岩土力学和地下结构理论功底的专家进行分析、总结和提高，这样的监测总结报告才具有监测成果的价值，对今后类似工程才有较好的借鉴作用，而且对该领域的科学和技术的发展有较大的推动作用。

对于兼作地下结构外墙的围护结构，有关墙体变位、圈梁内力、围护渗漏等方面的实测结果都将作为构筑物永久性资料归档保存，以便日后查阅。在这种情况下，基坑监测报告的重要性将提高到更高一个层次。

3.7 基坑工程监测实例

以下以某商务大厦的基坑监测工程为例具体介绍基坑变形监测的实施方法。

3.7.1 工程概况

某商务大厦工程项目位于我国东部沿海地区某特大城市的市区中环线内侧，其西侧为真北路，南侧为怒江北路，东侧为丹巴路，且北侧与某家具装饰城和上钞苑为邻，周边环境极其复杂。该项目主楼为四幢 20～24 层高层建筑物，其余为裙房 7 层，整个建筑群地下设二层地下室。其基坑工程的围护结构采用钻孔灌注桩，桩深大约 18.5m 左右，桩径有 $\phi850mm$、$\phi900mm$、$\phi950mm$ 三种，其支护体系为 2 道支撑，第一道支撑为钢筋混凝土支撑，第二道为钢管斜抛撑。

所设计的基坑呈不规则四边形状结构，横向最大跨距为 250m，竖向最大跨距为 180m，开挖面积约 46000m²。基坑开挖深度平均约为 10m，某些局部地区挖深为 13m 左右。在桩基施工及基坑开挖过程中，由于地质条件、荷载条件、材料性质、施工条件和外界其他因素的复杂影响，会对周边的道路、管线及建筑物产生一定的消极影响，因此必须对周边的道路、管线及建（构）筑物进行观测，及时发现隐患，并根据监测成果相应地及时调整施工速率，确保道路、管线的安全运转和周边构筑物的正常使用。同时，为了确保基坑施工的安全，必须对基坑围护结构及各支撑、基坑止水帷幕等进行监测。

3.7.2 监测内容与方法

3.7.2.1 监测内容及监测历程

根据基坑设计方案和有关规范，本基坑工程的监测内容主要有：

（1）周边地下管线垂直与水平位移监测；

（2）周边建（构）筑物垂直位移监测；

（3）围护桩墙体深部水平位移监测；

（4）围护桩墙体顶面垂直与水平位移监测；

（5）立柱垂直位移监测；

（6）坑外地下水位监测；

（7）支撑轴力监测。

本监测工作从开始到结束，历时 18 个月，整个监测历程分为四个阶段。

第一阶段工况包括桩基及基坑围护体施工、基坑降水、第一道围檩及支撑施工。该阶段主要针对地下管线、建筑物等周边环境进行监测，以及桩基等围护结构的监测，同时埋设各类监测元件。

第二阶段为土方开挖工程的主要施工阶段，基坑自工程建设场区西北角开始第二层土方开挖，历时 2 个月，完成第二层土方开挖施工，开挖深度约 6m，随后进行第三层土方开挖；第三层土方开挖深度约 10m，且在基坑四周留置宽 25～30m 土方并放坡，用于平衡土压力差，四个月后，基坑中心部分挖至基底设计标高。该阶段是整个监测工作的全面开始阶段。

第三阶段主要工况包括四周土方开挖、第二道支撑施工及底板施工；基坑中心土方开挖完毕后开始施工基础底板，底板采用分块浇筑，中心部分底板浇筑后在四周留置土方中开槽架设第二道支撑，随后完成剩余土方开挖及底板施工，历时三个月，最后一块底板浇筑完成。

在第二、三阶段，伴随着基坑土方开挖、底板浇筑，各监测项目全面开展，为重点监测阶段。

第四阶段为第一道支撑拆除及地下结构施工阶段，底板浇筑完成后随即进行地下结构施工。其中，共分 6 次对第一道支撑进行爆破拆除。

3.7.2.2 监测方法

1. 周边地下管线变形监测

为了确保在基坑开挖和地下室施工过程中各周边地下管线的安全，必须对地下管线进行监测，了解其变形情况。经实地踏勘，并通过召开管线协调会征求了有关专家及管线单位意见，地下管线监测点布设如下：上水管测点 30 个，编号 S1～S30；煤气管测点 28 个，编号为 M1～M28；军用电缆测点 10 个，编号 D1～D10。管线监测点数量共计 68 个。

布点时，尽量利用了检修井和管线阀门设置测点，其余变形观测点布设采取打入道钉等间接观测点方式。

所有管线测点均进行垂直位移监测，怒江北路及丹巴路管线测点同时进行水平位移监测。

测点布置见图 3-10 周边管线及建筑物监测点平面布置图。垂直位移监测采用精密水准观测方法，水平位移采用视准线法用精密经纬仪观测。观测时，按规范要求和工地周边状况设置好基准点和水平位移测站。

2. 周边建（构）筑物垂直位移监测

在基坑北侧和南侧的建筑物上布设沉降测点 53 个，编号为 F1～F53，以观测施工对其的影响。测点尽量利用了建筑物上原有沉降观测点。

测点布置见图 3-10 周边管线及建筑物监测点平面布置图，用精密水准仪进行各次监测。

3. 围护结构侧向变形监测

基坑的降水和土体开挖，将导致坑内外水土压力的差异，坑外土体由原来的静止土压力状态转变为主动土压力状态，由此产生的综合压力全部施加在围护结构上，从而必将导致墙体产生位移，如果变形过大就会影响外围设施（地下管线、已有建筑物等）的稳定。监测围护结构侧向变形能够了解坑外深层土体侧向位移对围护结构的影响及围护的自身性能，用以判定围护体系和周边环境的稳定性。

在围护结构灌注桩内布置侧向位移观测孔 15 个，编号为 P01～P15。但在第二道支撑施工及四周留置土方开挖时，基坑四周挡土墙变形较大，南侧部分挡土墙甚至坍塌，导致部分测斜孔被严重毁坏，无法进行数据采集工作，到监测结束时仅有 P03、P04、P05、P09、P10 能正常使用。

测点布置见插页基坑围护体系测点平面布置图。

4. 基坑压顶梁变形监测

通过设置围护体墙顶监测点，可掌握围护体顶面的位移情况和不同部位的位移差异，综合判定围护体系的稳定性。

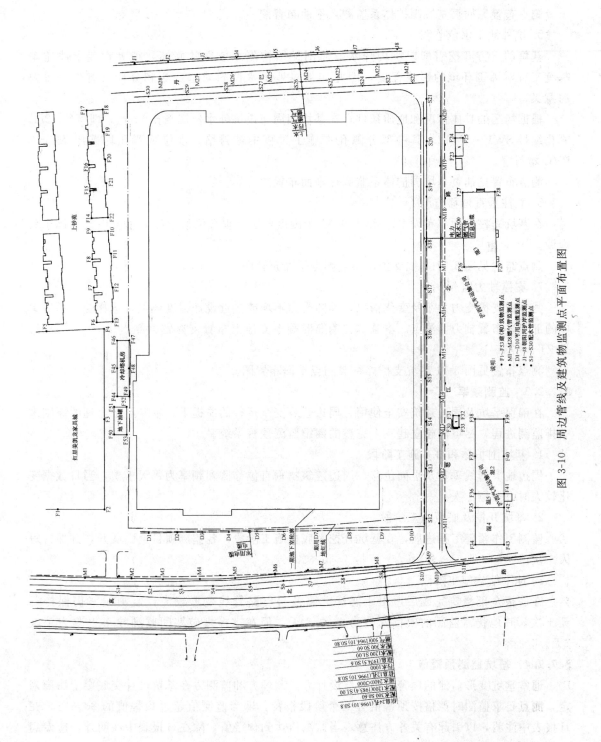

图 3-10　周边管线及建筑物监测点平面布置图

测点布设采用沿围护墙顶纵向轴线布点方式，布点间距约 15～20m，测点数 61 个，编号为 A1～A61，每点均测定其沉降和平面位移，点位用金属标志头埋设于压顶梁内。

测点布置见插页基坑围护体系监测点平面布置图。

5. 坑外地下水位监测

基坑的土方开挖需配以坑内降水，而围护结构隔水效果的好坏，很大程度上决定着基坑工程对周围环境的影响程度，因此加强对地下水位的动态观测和分析具有十分重要的意义。

根据场区的具体情况和地质条件，在基坑四周布设坑外水位观测孔 12 孔，埋深约 12m，测孔编号 SW1～SW12，其中部分测孔在施工过程中被封堵。水位观测孔均采用 ϕ53mm PVC 塑料管。

测点布置见插页基坑围护体系监测点平面布置图。

6. 立柱垂直位移监测

在基坑立柱的顶部布设 L1～L31 共 31 个测点，进行垂直位移监测，点位用金属标志头埋设。

测点布置见图 3-11 基坑支护体系监测点平面布置图。

7. 支撑轴力监测

为掌握支撑受力大小及变化情况，预防受力不均或接近设计强度极限，选择受力相对集中的部位，布置轴力监测点。本基坑在钢筋混凝土支撑上布置支撑轴力测点 15 个，测点编号 Z1-1～Z15-1。

测点布置见图 3-11 基坑支护体系监测点平面布置图。

3.7.2.3 监测频率

在确保基坑及周边建筑安全使用、周边管线安全运行的前提下，本着经济合理的原则来安排监测进程，尽可能建立起一个完整的四维监测预警系统。

1. 基坑围护体和桩基施工阶段

周边地下管线垂直及平面位移、周边建筑物垂直位移监测频率为每天 1 次，当日数据变化较大时，加测 1 次。

2. 基坑开挖及底板施工阶段

监测工作紧随工程进展，在基坑开挖及底板施工阶段，各监测项目全面展开，并保持每天 1 次。

3. 地下结构施工阶段

在底板全部浇筑完成后，由于怒江北路及丹巴路管线变形较大，监测频率仍保持每天 1 次，其他仍需监测的项目调整为 1 次/3 天，但在支撑爆破期间监测频率更改为 1 次/天。

3.7.2.4 基坑监测预警值

通常基坑变形监测的预警值由基坑设计方、监理方和监测方在基坑设计交底会上协商来定，而且要求监测时严格按预警值分两个阶段报警，即当监测值超过预警值的 80％时，在日报表中注明，以引起有关各方注意。当监测值达到预警值，除在日报表中注明外，应专门出文通知有关各方。

本监测工作的各监测项目的预警值按当地的有关规定并结合具体的地质条件确定。

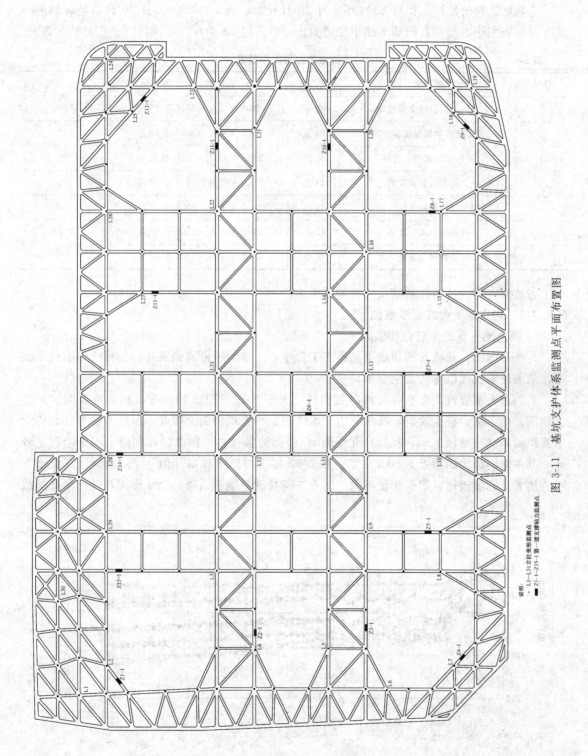

说明：
- L1~L31 立柱变形监测点
- Z1-1~Z15-1 第一道支撑轴力监测点

图 3-11　基坑支护体系监测点平面布置图

3.7.3　监测结果分析

本基坑工程的监测工作自 2005 年 6 月 29 日开始，到 2006 年 12 月 30 日，基坑的第一道支撑爆破完毕，监测数据基本趋于稳定为止，总历时 18 个月。完成监测工作量见表 3-1。

表 3-1　　　　　　　　　　　　　　基坑施工监测工作量表

序号	监 测 项 目	测点数	监 测 时 间	测试次数
1	周边地下管线变形监测	68 点	2005 年 6 月～2006 年 12 月	574
2	周边建筑物垂直位移监测	53 点	2005 年 6 月～2006 年 12 月	532
3	基坑压顶梁变形监测	61 点	2005 年 12 月～2006 年 11 月	223
4	立柱垂直位移监测	31 点	2006 年 1 月～2006 年 11 月	221
5	围护结构侧向变形监测	15 孔	2006 年 2 月～2006 年 12 月	156
6	坑外地下水位监测	12 孔	2006 年 1 月～2006 年 10 月	271
7	支撑轴力监测	15 点	2006 年 3 月～2006 年 12 月	246

各监测内容的具体监测结果分析如下所述。

3.7.3.1　周边地下管线变形监测

1. 周边地下管线垂直位移监测

在桩基施工、基坑开挖和地下室施工工程中，土体的平衡遭到破坏，使得土体隆起或沉降，从而使基坑周边管线发生变形。

从周边上水管监测点垂直位移时程曲线（见图 3-12～图 3-14）看，在桩基及围护体施工期间，由于桩体挤土效应，基坑周边上水管测点均表现为向上隆起。基坑南侧怒江北路上水管距离基坑边缘仅 10m，且怒江北路侧 B# 楼沉桩量较多，因此怒江北路上水管隆起量较大，其中隆起最大的测点为 S15 测点，在 2005 年 11 月 17 日累计值达 75.0mm。真北路上水管离施工区域较远，数据变化不大。随着桩基及围护施工结束，上水管测点隆起量开始减

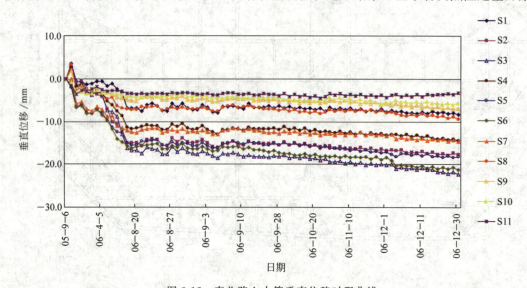

图 3-12　真北路上水管垂直位移时程曲线

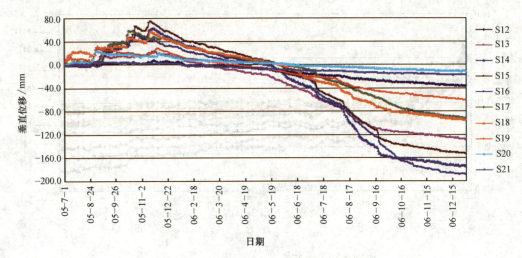

图 3-13　怒江北路上水管垂直位移时程曲线

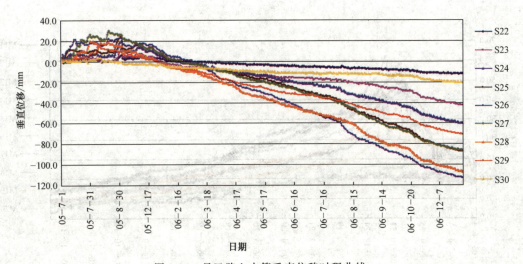

图 3-14　丹巴路上水管垂直位移时程曲线

小，在基坑开挖后，由于土层向基坑方向位移，上水管表现为逐渐下降的趋势，直到地下结构施工后期方趋于平缓。在监测结束时，变化最大的 S16 点达 -188.6mm。

图 3-15～图 3-17 为煤气管垂直时程曲线，其变化趋势与上水管变化极为类似，在桩基和围护体施工期间均表现为向上隆起，随后便逐渐下降，由于真北路煤气管与上水管相距较近，两者测点的数据变化也比较接近，而怒江北路及丹巴路煤气管离基坑距离均远于上水管，因此上水管变化明显大于煤气管，监测结束时变化最大的煤气管变化量为 -25.3mm。

真北路侧的军用电缆在监测结束时变形最大的为 -15.8mm，发生在 D5 处。

2. 周边地下管线水平位移监测

考虑怒江北路及丹巴路上水管离基坑较近，对这两条上水管测点（S12～S21 及 S22～S30）同时进行水平位移监测。

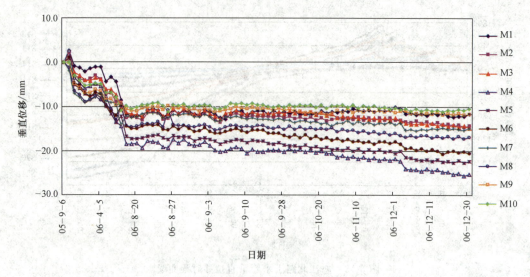

图 3-15　真北路煤气管道垂直位移时程曲线

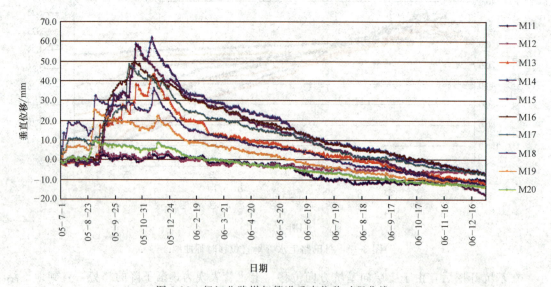

图 3-16　怒江北路煤气管道垂直位移时程曲线

　　将各测点在压桩施工结束（2005 年 10 月 20 日）、基坑中心开挖至设计标高（2006 年 7 月 12 日）、底板浇筑完毕（2006 年 10 月 30 日）、监测结束（2006 年 12 月 30 日）时各节点时间的水平位移情况汇总于表 3-2。

　　从表 3-2 可以看出，在桩基施工阶段，由于桩体的挤土效应，各测点背向基坑位移，土体开挖后，随着坑外土体向基坑内移动，各测点也开始向基坑内位移，至监测完成时，位于基坑南侧的 S15 点变化最大，变化量达 96mm，马路上裂缝极为明显。

3.7.3.2　周边建筑物垂直位移监测

　　在桩基和围护施工期间，由于挤土效应，且基坑北侧建筑物相距较近，冷却塔房、地下油罐及美凯龙商场表现为不同程度的上抬。基坑开挖后，离基坑边缘仅 3m 的冷却塔迅速下

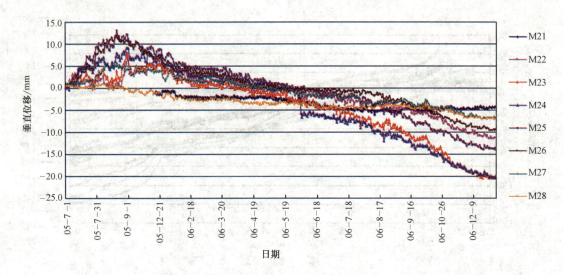

图 3-17 丹巴路煤气管道垂直位移时程曲线

表 3-2   周边管线水平位移监测结果汇总表

节点时间	怒江北路上水管水平位移/mm									
	S12	S13	S14	S15	S16	S17	S18	S19	S20	S21
2005-10-20	−1	−5	−18	−22	−18	−20	−16	−7	−6	−1
2006-7-12	8	21	25	36	24	29	24	24	15	5
2006-10-30	39	58	80	83	67	58	53	45	22	8
2006-12-30	43	60	83	96	73	67	66	58	25	10

节点时间	丹巴路上水管水平位移/mm								
	S22	S23	S24	S25	S26	S27	S28	S29	S30
2005-10-20	0	−3	−6	−7	−7	−9	−6	−5	0
2006-7-12	4	11	9	11	17	13	18	10	2
2006-10-30	7	18	16	19	29	27	29	16	2
2006-12-30	8	22	22	26	37	35	35	21	4

注：水平位移为正表示测点向基坑内位移；水平位移为负表示测点背向基坑位移。

降，至监测结束时 F46 点变化达 −118.7mm。在监测结束时基坑未回填，其变化仍呈下降趋势（见图 3-18）。美凯龙商城 F3、F4 测点在土方开挖后就出现明显的下降，F3 测点在监测结束时沉降量为 −78.4mm。

图 3-19 为基坑北侧上钞苑 15 幢、16 幢建筑物沉降变化曲线。由于距离基坑较远，在监测期间上钞苑建筑物未超过 10mm。

基坑东侧、南侧马路对面的朝阳河护岸及沪西汽车运输公司的建筑物，最终变化也没有超过 −3mm。

3.7.3.3 基坑压顶梁变形监测

根据压顶梁沉降变化曲线（图 3-20～图 3-23）可见，压顶梁测点均表现为下降，仅位于北侧阳角处的 A9 测点出现上抬，且基坑各边中心部分测点下降量明显大于两端。压顶梁

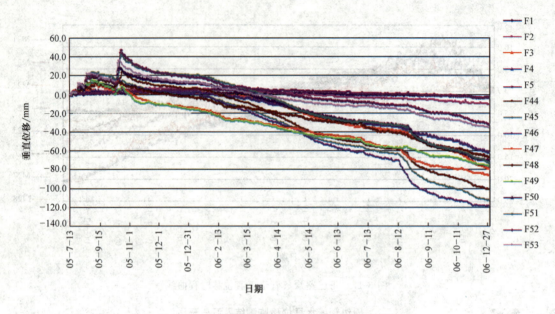

图 3-18　美凯龙商城及冷却塔垂直位移时程曲线

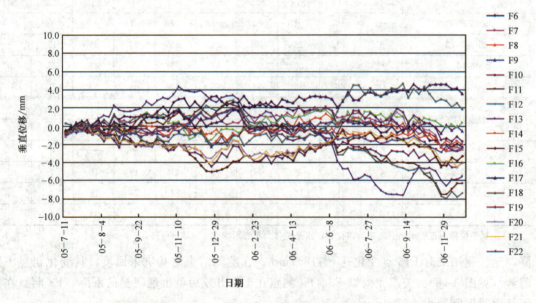

图 3-19　上纱苑建筑物垂直位移时程曲线

从基坑开挖始就表现出下降，2006 年 7 月 11 日基坑北侧开始清理四周留置的土方，压顶梁北侧测点便开始加速下降，紧随施工进展，其他测点也逐渐开始加速下降，直到底板浇筑完毕下降趋势才趋于收敛。其中位于出土道路下的测点下降量也明显较大。变化最大的测点下降量达 −137.7mm，出现在位于基坑南侧的 A41 测点处。

　　压顶梁的水平位移从基坑开挖后就表现为向基坑内位移，在监测工程中变化最大处的位移量为向基坑内位移 11mm，出现在 A43、A56 测点。

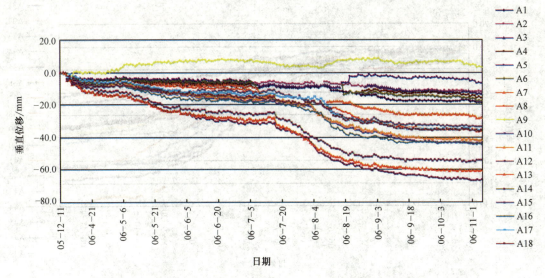

图 3-20 压顶梁（北侧）垂直位移时程曲线

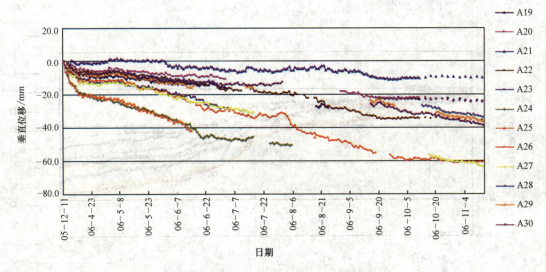

图 3-21 压顶梁（东侧）垂直位移时程曲线

3.7.3.4 立柱垂直位移监测

将立柱代表性测点沉降变化曲线整理成图 3-24。

从图 3-22 可知：立柱的沉降、隆起紧随基坑施工工况不同而变化。第二层土方开挖，立柱向上隆起；第三层开挖后，立柱仍向上隆起，且隆起量更大，底板垫层施工后开始趋于平缓，至底板浇筑完成，数据才最终趋于稳定。可见坑内土体卸载回弹对立柱沉降变化有很好的相关性。

3.7.3.5 围护结构侧向变形监测

在第二道支撑施工及四周留置土方开挖时，基坑四周挡土墙变形较大，南侧部分挡土墙甚至坍塌，导致部分测斜孔被严重毁坏，无法进行数据采集工作，到监测结束时仅有 P03、

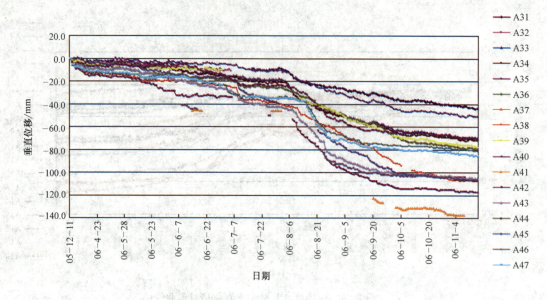

图 3-22 压顶梁（南侧）垂直位移时程曲线

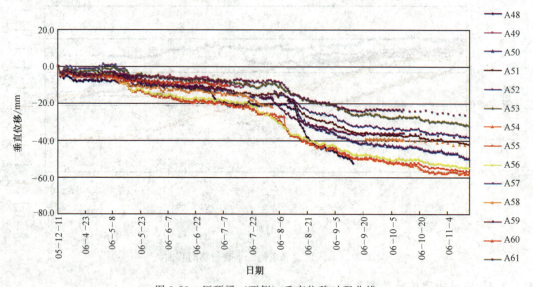

图 3-23 压顶梁（西侧）垂直位移时程曲线

P04、P05、P09、P10 能正常使用，将其在第二层土方开挖基本结束时、开挖至设计标高时、底板浇筑后、监测结束时的数据汇总成图 3-25～图 3-30。

从图 3-25～图 3-30 可以看出：

（1）围护墙底部均向基坑内移动，由于 P10 孔附近有电梯井深坑，且第二道钢抛撑架设不及时，导致 P10 孔底部最终变形达 117.2mm。

（2）P03、P04、P05、P09 孔最大位移深度在 10～12m 之间，即均在坑底附近位置变形最大，与实际开挖深度较吻合。

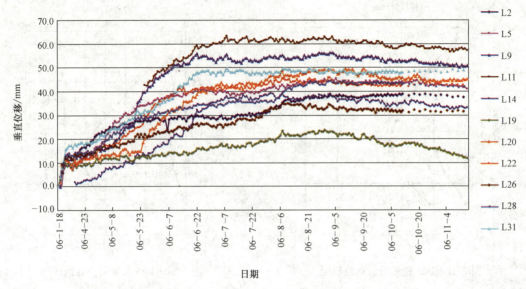

图 3-24　立柱监测点垂直位移时程曲线

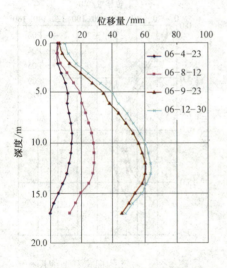

图 3-25　P03 孔侧向位移曲线图

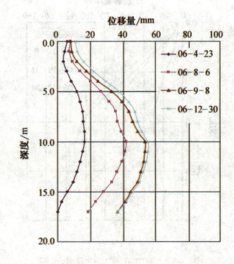

图 3-26　P04 孔侧向位移曲线图

（3）各孔变化最大的时期主要集中在第二层土方开挖结束到挖至设计标高期间，其中 P03 孔挖至设计标高到浇筑底板时间较长，导致其最大变化发生在挖至设计标高至浇筑底板期间。

（4）基坑南侧 B# 楼电梯井深坑较多，且支撑架设不及时，最终南侧测孔变形量大于北侧测孔。

（5）各监测孔在开挖完成后至底板浇筑前位移仍有一定的发展，底板浇筑好后位移才基本稳定。

从数据分析可知，合理、快速的开挖可以减少围护墙的变形，支撑的及时架设对控制围护墙的变形至关重要，而及时的浇筑混凝土垫层、底板是控制变形的有效手段。

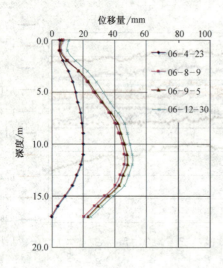

图 3-27 P05 孔侧向位移曲线图

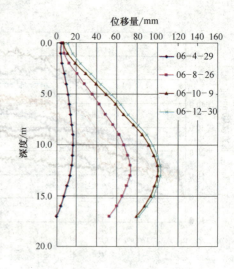

图 3-28 P09 孔侧向位移曲线图

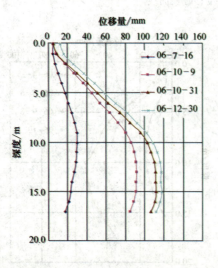

图 3-29 P10 孔侧向位移曲线图

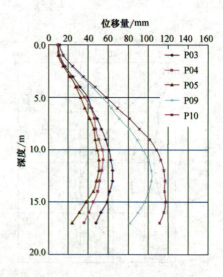

图 3-30 各孔侧向位移曲线图

3.7.3.6 坑外地下水位监测

坑外地下水位变化曲线如图 3-31 所示。监测孔 SW2、SW4、SW6 位于基坑阳角处，均发现附近有漏水现象，SW2 孔尤为明显，当施工单位对漏水部位进行封堵后，水位随后出现回升，但第三层土方开挖后，SW2 孔又出现大幅下降，在 2006 年 8 月 26 日 SW2 孔水位变化量甚至达 −3.57m，由于水土流失，致使基坑北侧冷却塔房与美凯龙家具商场之间地坪出现较大裂缝。SW6 孔在开挖至设计标高后发现渗水，施工单位及时堵漏后水位开始逐步回升，监测结束时其变化量为 −0.38m。其他各孔水位变化量在 −0.42m～+0.35m 之间波动，在底板浇筑完成后各孔水位变化已基本稳定。

总的来看，各孔水位变化主要与天气是否降雨相关，在周长约 900m 长的止水帷幕中，仅基坑北侧阳角处出现渗漏，反映出止水帷幕的防水性能总体良好。

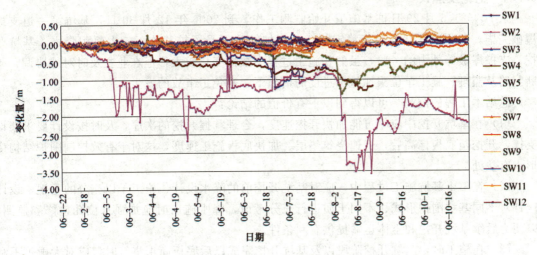

图 3-31　基坑外水位变化曲线图

3.7.3.7　支撑轴力监测

基坑开挖后，坑外主动土压力通过围护体系作用于支撑上，支撑由此产生压力。第一道混凝土支撑轴力变化情况如图 3-32 所示。

从图中可以看出，随着土体的开挖，支撑轴力逐渐变大，在第二道斜抛撑架设后，第一道支撑轴力略有所减小，随着四周留置土体的开挖，轴力重新出现了小幅上升的过程，直到底板浇筑后方趋于稳定。在支撑爆破拆除期间，由于受力体系平衡遭到破坏，部分轴力明显下降，Z13-1 测点所在支撑梁爆破后处于悬臂状态，因此 Z13-1 出现拉力。

通过监测数据可知，在基坑开挖、底板施工和地下结构施工过程中，第一道支撑轴力承受了较大的荷载，从而保持了整个基坑体系的稳定。

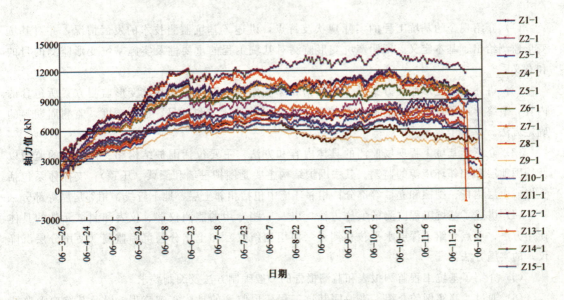

图 3-32　第一道支撑轴力变化曲线图

3.7.4 结论及建议

从 2005 年 6 月 29 日桩基施工开始监测工作，到 2006 年 12 月 30 日，基坑第一道支撑爆破完毕，监测数据基本趋于稳定为止，围护结构经受了桩基施工、大面积降水、基坑开挖、支撑爆破等外力的考验，虽然在施工过程中数据变化较大，但在业主及时对外协调，果断封路及监理、施工单位狠抓施工进度的措施下，避免了事故的发生。

总结本工程的监测，可以得到以下有价值的结论：

（1）在基坑开挖中应尽可能加快开挖速度，合理掌握开挖的次序，及时按设计要求架设支撑，开挖至底板标高后，迅速浇筑垫层、加快底板施工速度，这对于有效控制围护结构变形大有益处。

（2）在整个基坑施工过程中，应对基坑开挖前的降水设计、施工予以充分的重视，设计应针对不同基坑围护形式、不同土质进行充分考虑，降水施工时应加强水位孔检修和监测，以便为后续基坑开挖和土体运输提供有利条件。

（3）在施工时，基坑开挖阶段以及基坑开挖完成以后底板尚未浇筑时，应对大雨等不利天气有充分考虑。因为此时围护体正处于最不利的受力状态，一旦发生涌砂等不利因素，将会对围护体的安全运行产生极大影响。

（4）施工及监理单位应加强与围护设计单位沟通，按照围护设计要求进行施工，以确保万无一失。

（5）基坑施工过程中，加强和完善了对围护结构的变形观测，以及对周边的水体、建筑物和管线的监测，及时反馈信息，指导施工，确保了工程项目的基础施工工作安全地完成。因此，施工监测是保障工程施工安全，减少经济损失，同时验证围护设计准确性不可缺少的强有力手段。

小　　结

（1）介绍现今的基坑工程的实际现状及特点，讲述了基坑监测技术的发展情况，并对基坑变形监测给出了基本定义。阐明基坑变形监测对基坑工程的重要性及实施基坑变形监测的目的和意义。

（2）讲述基坑变形监测方案设计的依据和编制原则，以及通常基坑变形监测方案所包含的内容，最终给出了基坑变形监测方案编制步骤，以及具体监测项目、监测精度、监测周期等的确定方法。

（3）介绍了基坑工程现场监测的具体内容和方法。主要包括围护结构和支撑体系的监测以及周围地层和相邻环境等的监测。其中围护结构主要是围护桩墙和圈梁（压顶）；支撑体系包括支撑或土层锚杆、围檩和立柱等部分；相邻环境中包括相邻土层、地下管线、相邻房屋等部分。

（4）讲述了基坑工程监测的实施方法，以及一些专用的监测仪器、仪表和测试元件的具体使用方法，重点介绍了深层水平位移测量（使用测斜仪）和土体分层沉降监测（使用分层沉降仪）的实施方法。

（5）介绍了基坑工程监测报表和监测报告的一般编制方法及编制要求。

（6）通过监测实例的介绍，来说明基坑工程变形监测的具体实施流程，以及基坑变形监测的分析方法和监测报告的基本格式。

习　题

1. 何为基坑工程？我国现今的基坑工程有何特点？何为基坑工程施工变形监测？简述我国现今基坑工程施工监测的特点。

2. 简述基坑工程现场监测的意义和目的。

3. 如何编制基坑工程变形监测方案？其主要内容包括哪些？基坑监测有何基本要求？

4. 如何根据基坑监测对象，确定其变形监测的精度和监测的频率？

5. 简述深基坑变形监测的实施包括哪些内容？各有何特点？如何进行基坑的土体分层沉降监测？

6. 为什么要进行深基坑周边管线及建筑物的变形监测？其监测的主要内容分别有哪些？

7. 如何进行基坑深层土体的水平位移监测？

8. 结合基坑工程施工监测实例，简述如何进行基坑监测分析，如何编制基坑工程监测报表和监测报告？

第4章 建筑物变形监测

本章主要介绍了建筑物变形监测的具体监测内容及监测方法，概述了进行建筑物变形监测的目的和意义。重点讲述了建筑物变形监测中常用的沉降监测、倾斜监测、位移监测的实施步骤及相关监测要求，监测资料成果的整理及监测报告的撰写。并结合某中心三幢楼房沉降监测实例来说明建筑物变形监测的具体实施过程。

4.1 建筑物变形监测的目的和意义

城市的各类建（构）筑物，特别是大量兴建的高层建（构）筑物，在施工和使用期间，由于受建筑的工程地质条件、地基处理方法、建（构）筑物上部结构的荷载等多种因素的影响，将会引起基础及其四周的地层产生一定程度上的变形，这种变形在一定的允许限值内，应认为是正常现象；但如果超过了规定的允许限度，就会影响建筑物的正常使用，使建筑物发生不均匀沉降而导致倾斜，或造成建筑物开裂，严重时会危及建筑物的安全甚至造成建（构）筑物的垮塌等严重安全事故，给人民生命和国家财产造成不可挽回的损失。因此，在工程建筑物的设计、施工和运营期间，必须对其进行变形监测。

在对建（构）筑物实施变形监测工作时，为了能有针对性的进行变形监测，除了要了解监测对象的具体的工程特点及相关的工程场地的地质构造等方面之外，还必须分析了解特定工程潜在的变形内容及其变形产生的原因，以便能针对不同的工程，在监测前制定出合理、有效的变形监测方案，所以了解各种变形产生的原因对变形监测工作是非常重要的。一般说来，建筑物变形主要是由两方面的原因引起的，一是自然条件及其变化，即建筑物地基的工程地质、水文地质、土层的物理性质、大气温度等，这一切均会伴随着建筑物的施工和营运随时间的推进而变化。如：基础的地质条件不同，有的稳定，有的不稳定，就会引起建筑物的沉降，甚至非均匀沉陷，使建筑物发生倾斜；建在土基上的建筑物，由于土基的塑性变形而引起沉陷；由于温度与地下水的季节性和周期性的变化，而引起建筑物的规律性变形等。另一种是建筑物自身的原因，即建筑物本身的荷重、建筑物的结构、型式及外加的动载荷的作用。此外，由于建筑勘查设计、施工以及运营管理工作做得不合理，也会引起建（构）筑物产生某些额外的形变。

事实上，这些变形的原因是相互关联的。随着工程建筑物的营造，改变了施工场区及周边地面土层原有的状态，并对建筑物的地基施加了一定的外力，这样就必然会引起地基及周边地层发生变形。反过来对于建筑物本身及其基础，由于地基的形变及其外加荷载对建筑结构内部应力的作用而产生变形。

建（构）筑物的变形按其类型来区分，可以分为静态变形和动态变形。静态变形通常是指变形监测的结果只表示在某一期间内的变形值，其变形量只是时间的函数；动态变形是指在外力影响下的变形，它是以外力为函数来表示的动态系统对于时间的变化，其监测结果表现为建筑物在某个时刻的瞬时变形。

　　建（构）筑物变形监测不仅可以对建（构）筑物的安全运营起到良好的诊断作用，而且还能在宏观上不时地向项目管理决策者提供准确的信息。通过对建筑物及周边环境实施变形监测，便可得到各监测项目相对应的变形监测数据，因而可分析和监视建筑物及周边环境的变形情况，才能对建筑物的安全性及其对周围环境的影响程度有全面的了解，以确保工程的顺利施工，当发现有异常变形时，可以及时分析原因，采取有效措施，以保证工程质量和安全生产，同时也为以后进行类似建筑物的结构和基础进行合理设计而积累资料。

　　变形监测的意义就在于，通过变形监测和分析了解建筑物的变化情况和工作状态，掌握变形的一般规律，在发现不正常现象时，适时增加监测频率，及时分析原因和采取措施，防止事故发生，达到被监测建筑物正常施工及安全运行的目的。建筑工程的变形监测，是对地质勘察所提供资料的准确程度、建筑物基础的处理质量以及建筑物主体是否倾斜的准确反映，它能及时发现存在的质量隐患，即使在建筑物已经发生变形的情况下也能对下一步制定加固处理方案提供重要的参考资料数据。

4.2　建筑物变形监测内容、方法及要求

4.2.1　建筑物变形监测方案与监测内容

　　1. 建筑物变形监测方案

　　建筑物变形监测的任务是根据监测对象的特点，依据设计者及业主对变形监测工作的具体要求，制定出合理有效的变形监测方案，并按照方案周期性地对各个监测项目的变形监测点进行重复观测，以求得其在两个观测周期间的变化量，最终对监测数据进行处理与分析，揭示出变形体的变形规律，以作出变形监测的结论，对建筑工程的施工和营运作出安全预报。

　　对工程建设来说，为了有针对性的进行建筑物变形监测工作，以便为工程项目的设计、施工和安全营运提供第一手的基础数据资料，务必制定出合理有效的工程变形监测方案。

　　通常在建筑物的设计阶段，在调查建筑物地基负载性能、研究自然因素对建筑物变形影响的同时，就应着手拟订建筑物变形监测方案，并将其作为建筑物的一项设计内容，以便在施工时，就可将变形监测标志和监测元件埋置在设计位置上。

　　制定建筑物的变形监测方案是变形监测中非常重要的一项工作，方案制定的好与不好，合理与否，将影响到变形监测工作实施时的监测成本以及各项监测成果的精度和可靠性，所以，应当在充分掌握建筑物设计的各项基础资料及项目的工程特点、设计者及业主的具体监测要求的基础上，认真、仔细的进行监测方案设计。变形监测方案的内容一般包括相关建筑工程资料的收集、建筑物变形监测系统与各项监测项目的测量方法的制定和选择、变形监测网布设、测量精度和观测周期的确定等。

　　建筑物变形监测方案的设计与编制，通常可按如下步骤进行：

　　（1）接受委托、明确建筑物变形监测对象和监测目的；

　　（2）收集编制监测方案所需的基础资料；

　　（3）对建筑工程的施工现场进行踏勘，以了解周围环境；

　　（4）编制建筑物变形监测方案初稿，并提交委托单位审阅；

　　（5）会同有关部门商定各类变形监测项目警戒值，并对监测方案初稿进行商讨，以形成修改文件；

（6）根据修改文件来完善监测方案，并形成正式的建筑物变形监测方案。

2. 建筑物变形监测的内容

建筑物变形监测方案制定好后，即可着手依据监测方案来确定具体的实施性监测内容，写出相应的监测项目清单。建筑物的变形监测内容，应根据建筑物的性质、地基的情况、设计者以及业主的特定要求来确定。确定时要有明确的针对性，既要有重点，又要作全面考虑，以便能正确反映出建筑物的变形规律，达到监视建筑物的安全施工、安全运营、了解其变形规律的目的。

建筑物变形监测分为内部监测和外部监测两方面。内部监测的内容有建筑物的内部应力、温度变化的监测，动力特性及其变形速率的测定等。一般来说，内部监测是测量工作者不能独立完成的，需在相关工程技术人员的配合下才能进行。外部变形监测的内容主要有沉降监测、水平位移监测、倾斜监测、裂缝监测和挠度监测等。外部监测主要由测量工作者来独立完成。

建筑物变形监测的内容根据建筑物的要求而不同，一般按设计要求及设计规范、施工规范来确定。对于一般的工业与民用建筑物，其监测内容分为基础监测和建筑主体监测两部分。对于基础来说，主要监测内容是均匀沉陷与非均匀沉陷，从而计算绝对沉陷值、平均沉陷值、相对倾斜、平均沉陷速率等；对于建筑物主体本身来说，主要是监测建筑物沉降、倾斜与裂缝等，通过测定建筑物顶部相对于底部或各层间上层相对于下层的水平位移与高差，分别计算整体或分层的倾斜度、倾斜方向及倾斜速度，以及主体上的裂缝情况。对于高大的塔式建筑物和高层建筑，还应进行动态变形监测。

特殊情况下，为了更全面地了解影响工程建筑物变形的原因及其规律，还应在某些特种建筑工程的勘测阶段就进行地表土层的形变观测，以研究土层的稳定性。对高层建筑监测来说，一般可制作如下监测项目清单（见表4-1）：

表 4-1　　　　　　　　　　　　　　高层建筑监测项目清单

监测项目		监测内容
沉降监测	施工对邻近建（构）筑物影响的监测	打桩和采用井点降低地下水位等，均会使邻近建（构）筑物产生非均匀的沉降、裂缝和位移等变形。为此，应在打桩、井点降水影响范围以外设基准点，对距基坑一定范围的建（构）筑物上设置沉降监测点，进行沉降监测，并针对其变形情况，采取安全防护措施
	施工塔吊基座的沉降监测	高层建筑施工使用的塔吊，吨位和臂长均较大。随着施工的进展，塔基可能会因塔基下沉、倾斜而发生事故。因此，要根据情况及时对塔基四角进行沉降监测，检查塔基下沉和倾斜状况，以确保塔吊运转安全
	地基回弹监测	一般基坑越深，挖土后基坑底面的原土向上回弹的越多，建筑物施工后其下沉也越大。为了测定地基的回弹值，基坑开挖前，在拟建高层建筑的纵、横主轴线上，用钻机打直径100mm的钻孔至基础底面以下300～500mm处，在钻孔套管内埋设特制的测量标志，测定其标高。当套管提出后，测量标志即留在原处。待基坑挖至底面时测出其标高然后在浇筑混凝土基础前再测一次标高，从而得到各点的地基回弹值。地基回弹值是研究地基土体结构和高层建筑物地基下沉的重要资料
	地基分层和邻近地面的沉降监测	这项监测是了解地基下不同深度、不同土层受力的变形情况与受压层的深度，以及了解建筑物沉降对邻近地面由近及远的不同影响。这项观测的目的和方法基本与地基回弹监测相同
	建筑物自身的沉降监测	这是高层建筑沉降监测的主要内容。当浇筑基础垫层时，应在垫层上指定的位置埋设好临时监测点。一般每施工一层观测一次，直至竣工。工程竣工后的第一年内要测四次，第二年测二次，第三年后每年一次，直至下沉稳定为止。一般砂土地基测二年，粘性土地基测五年，软土地基测十年

监测项目		监 测 内 容
位移监测	护坡桩的位移监测	无论是钢板护坡桩还是混凝土护坡桩,在基坑开挖后,由于受侧压力的影响,桩身均会向基坑方向产生位移。为监测其位移情况,一般要在护坡桩基坑一侧500mm左右设置平行控制线,用经纬仪视准线法,定期进行观测,以确保护坡桩的安全
	日照对高层建筑物上部位移变形的观测	这项监测对施工中如何正确控制高层建筑物的竖向偏差具有重要作用。监测随建筑物施工高度的增加,一般每30m左右实测一次。实测时应选在日照有明显变化的晴天天气进行,从清晨起每一小时观测一次,至次日清晨,以测得其位移变化数值与方向,并记录向阳面与背阳面的温度。竖向位置以使用天顶法为宜
	建筑物本身的位移监测	由于地质或其他原因,当建筑物在平面位置上发生位移时,应根据位移的可能情况,在其纵向和横向上分别设置监测点和控制线,用经纬仪视准线或小角度法进行监测
倾斜监测	建筑物竖向倾斜监测	一般要在进行倾斜监测的建筑物上设置上、下二点或上、中、下多点监测标志,各标志应在同一竖直面内。用经纬仪正倒镜法,由上而下投影各监测点的位置,然后根据高差计算倾斜量。或以某一固定方向为后视,用测回法观测各点的水平角及高差,再进行倾斜量的计算
	建筑物不均匀下沉对竖向倾斜影响的监测	这是高层建筑中最常见的倾斜变形监测,利用沉降监测的数据和监测点的间距,即可计算由于不均匀下沉对倾斜的影响

4.2.2　建筑物变形监测方法

工程建筑物变形监测的方法选定,要根据建筑物的工程性质、结构特点、使用情况、监测精度要求、周围环境以及设计者和业主对变形监测工作的具体要求来定。通常可采用常规精密大地测量方法进行,主要包括垂直位移监测方法和水平位移监测方法。

一般说来,垂直位移监测多采用精密水准测量、液体静力水准测量等方法;水平位移监测,情况则比较复杂。对于直线型的建(构)筑物,采用基准线法监测。对于曲线型的建筑物,采用导线测量方法监测,也可用前方交会的方法。而建筑结构的挠度监测采用通过不锈钢丝悬挂重锤的正垂线法监测。这些监测方法都是一些常规的地面测量方法。

常规地面测量方法主要是用常规测量仪器(经纬仪、全站仪、水准仪)测量角度、边长和高程的变化来测定变形。它们是目前测量的主要手段,能够提供整体变形状态,适用于不同的精度要求、不同形式的变形和不同的外界条件。下面介绍几种常见的建筑物变形监测方法。

4.2.2.1　建筑物沉降监测方法

建筑物沉降监测是用水准测量的方法,周期性地监测建筑物上的沉降监测点和水准基点之间的高差变化值。沉降监测的具体实施步骤有水准基点的布设、沉降监测点布设、沉降监测频率的确定、沉降监测精度的确定和沉降监测数据的采集等。

1. 水准基点的布设

水准基点是固定不动且作为沉降监测高程基准点的水准点。它是监测建筑物地基及建筑物主体变形的基准,一般设置三个(或三个以上)水准点构成一组,同时在每组水准点的中心位置设置固定测站,经常测定各水准点间的高差,用以判断水准基点的高程有无变动。通常水准基点应埋设在建筑物变形影响范围之外的地方。水准基点在布设时必须考虑下列因素:

(1)根据监测精度的要求,应布置成网形最合理、测站数最少的监测环路。如图 4-1 所

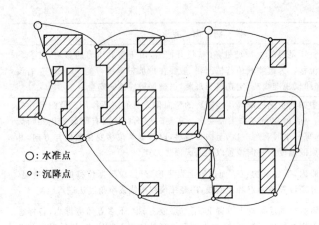

○：水准点
●：沉降点

图 4-1 水准网的布设

示为某建筑场区布设的水准基点及水准监测网。

（2）在整个水准网里，应有四个埋设深度足够的水准基点作为高程起算点，其余的可埋设一般地下水准点或墙上水准点。施测时可选择一些稳定性较好的沉降点，作为水准线路基点与水准网统一监测和平差。因为施测时不可能将所有的沉降点均纳入水准线路内，大部分沉降点只能采用安置一次仪器直接测定，因为转站会影响成果精度，所以选择一些沉降点作为水准点极为重要。

（3）水准基点应根据建筑场区的现场情况，设置在较明显且通视良好保证安全的地方，并且要求相互间便于进行联测。

（4）水准基点应布设在拟监测的建筑物之间，距离一般为 20m 到 40m 左右，一般工业与民用建筑物应不小于 15m，较大型并略有震动的工业建筑物应不小于 25m，高层建筑物应不小于 30m。总之，应埋设在建筑物变形影响范围之外，不受施工影响的地方。

（5）监测单独建筑物时，至少布设三个水准基点，对建筑面积大于 5000m² 或高层建筑，则应适当增加水准基点的个数。

（6）一般水准点应埋设在冻土线以下 0.5m 处，设在墙上的水准点应埋在永久性建筑物上，且离地面高度约为 0.5m。

（7）水准基点的标志构造，必须根据埋设地区的地质条件、气候情况及工程的重要程度进行设计。对于一般建筑物及深基坑沉降监测，可参照水准测量规范中二、三等水准的规定进行标志设计与埋设；对于高精度的变形监测，需设计和选择专门的水准基点标志。水准基点的埋设标志参见本书第 2 章示意图。

2. 沉降监测点布设

沉降监测点的布置位置和数量的多少，应以能准确地反映出变形体的沉降情况并结合建筑物场地的地质情况、基坑周边的环境及建筑物的结构特点等情况而定，点位宜选在如下部位：

（1）沉降监测点应布置在建筑物基础和本身沉降变化较显著的地方，并要考虑到在施工期间和竣工后，能顺利进行监测的地方。

（2）在建筑物四周角点、中点及内部承重墙（柱）上均需埋设监测点，并应沿房屋周长每间隔 10～12m 设置一个监测点，工业厂房的每根柱子均应埋设监测点。

（3）由于相邻建筑及深基坑与周边环境之间相互影响的关系，在高层和低层建筑物、新老建筑物连接处，以及在相接处的两边都应布设监测点。

（4）在人工加固地基与天然地基交接和基础砌筑深度相差悬殊处，以及在相接处的两边都应布设监测点。

（5）当基础形式不同时，需在结构变化位置埋设监测点。当地基土质不均匀，可压缩性土层的厚度变化不一或有暗浜等情况时需适当埋设监测点。

（6）在震动中心基础上也要布设监测点，在烟囱、水塔等刚性整体基础上，应不少于三个监测点。

（7）当宽度大于 15m 的建筑物在设置内墙体的监测标志时，应设在承重墙上，并且要尽可能布置在建筑物的纵横轴线上，监测标志上方应有一定的空间，以保证测尺直立。

（8）重型设备基础四周及邻近堆置重物之处，即在大面积荷重的地方，也应布设监测点。

某些沉降监测点的埋设形式如图 4-2 和图 4-3 所示，其他埋设标志可参见本书第 2 章。

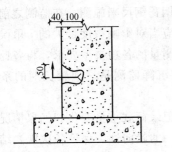

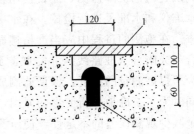

图 4-2　钢筋混凝土柱上的监测点（单位：mm）　　图 4-3　基础上的监测点（单位：mm）

在浇筑建筑物基础时，应根据沉降监测点的相应位置，埋设临时的基础监测点。若基础本身荷载很大，可能在基础施工时就产生一定的沉降，便应埋设临时的垫层监测点，或基础杯口上的临时监测点，待永久监测点埋设完毕后，立即将高程引测到永久监测点上。在监测期间如发现监测点被损毁，应立即补埋。

3. 沉降监测频率的确定

沉降监测的监测频率应根据建（构）筑物的特征、变形速率、观测精度和工程地质条件等因素综合考虑，并根据沉降量的变化情况适当调整。高层建筑在基础施工阶段变形监测应在较大荷重增加前后进行监测。施工期间，高层建筑每增加 1～2 层应监测 1 次。同时，对建筑结构突然发生严重裂逢或大量沉降等特殊情况，应增加监测次数。建筑物使用阶段第一年监测 3～4 次，第二年监测 2～3 次，第三年后每年 1 次。当建筑物沉降速度达到 0.01～0.04mm/d 即视为稳定。同时要根据工程具体情况调节监测频率，如地面荷重突然增加、长时间连续降雨等一些对高层建筑有重大影响的情况。也可以根据监测时得出的变形速度确定下一步的监测频率。具体参见本书第 2 章相关内容。

4. 沉降监测精度的确定

沉降监测的精度的确定，取决于建筑物允许变形值的大小和监测的目的。由于建筑物的种类很多，工程的复杂程度不同，监测的周期不一样，所以对沉降监测的精度要求定出统一的规格是十分困难的。根据从国内外的资料分析和实践经验，按照我国《建筑变形测量规程》（TGJ/T 8—1997）的要求，对建筑物沉降监测的精度要求应控制在建筑物允许变形值的 1/10～1/20 之间。

一般说来，应根据建筑物的特性和建设单位、设计单位的要求选择沉降监测精度的等级。在没有特殊要求的情况下，一般性的高层建（构）筑物施工过程中，应采用二等水准测量的监测方法进行观测，以满足沉降监测工作的精度要求。其相应的各项监测指标要求如下：

（1）往返较差、附合或闭合线路的闭合差：$f_h \leqslant 0.30\sqrt{n}$ mm（其中 n 表示测站数）；

（2）前、后视距：每站的后视距离、前视距离均小于等于 30m；

（3）前、后视距差：每站的后视距离与前视距离之差小于等于 1.0m；

（4）前、后视距累积差：各站后视距离与前视距离之差的累计值小于等于 3.0m；

（5）沉降监测点相对于后视点的高差容许差小于等于 0.5mm；

（6）水准仪的精度不低于 N2 级别。

各种具体的建筑物的沉降监测精度要求参见表 2-1。

5. 沉降监测数据的采集

高层建筑的沉降监测，通常使用精密水准仪配合铟瓦钢尺来施测，在监测之前应当对使用的水准仪和水准尺进行检校。在水准仪的检校中，应当对影响精度最大的 i 角误差进行重点检查。在施测的过程中应当严格遵循国家二等水准测量的各项技术要求，将各监测点布设成闭合环或附合水准路线，并需联测到水准基点上。沉降监测是一项较长期的系统监测工作，为了提高测量的精度，保证监测成果的正确性。

同时为了正确地分析变形的原因，监测时还应当记录荷载重量变化和气象情况。这样可以尽量减少观测误差的不定性，使所测的结果具有统一的趋向性，保证各次观测结果与首次观测的结果具有可比性，使所观测的沉降量更真实。

对高层建筑的沉降数据的采集，其实施步骤一般如下所述。

根据编制的垂直位移监测方案及确定好的观测周期进行施测。首次观测必须在变形监测点趋于稳定后及时进行。一般高层建筑物有一层或数层地下结构层，首次观测应从基础开始，在基础的纵、横轴线上（即基础底板边）按设计好的位置埋设沉降监测点（临时的），等临时监测点稳固好，进行首次观测。

首次观测的沉降监测点高程值是以后各次观测用以比较的基础，其精度要求非常高，施测时一般用 N2 或 N3 级精密水准仪或国产 S1 型以上仪器，并且要求每个监测点的首次高程应在同期观测两次后确定。

结构每升高一层，临时监测点应移上一层并进行观测，直到建筑物±0.000 处，再按规定埋设永久监测点（永久观测点应设在±0.000 之上 500mm 处）并进行观测；以后每增加一层就复测一次，直至竣工。以此采集各期完整的沉降外业监测数据。

6. 沉降观测成果整理

沉降观测成果应根据观测时间与每次观测后各点的下沉情况绘制每一点的时间与沉降量的关系曲线，计算出每一点各阶段的下沉量、下沉速度与总下沉量作为评定各点垂直运动情况的依据，并根据各点垂直运动的结果综合评定整个建筑物的下沉情况，判定其稳定性。具体的建筑物沉降监测的成果整理及变形分析，可参见本书第 2 章相关内容。

4.2.2.2 建筑物倾斜监测方法

建筑物因地基基础不均匀下沉或其他原因，往往会产生倾斜。为了解建筑物的倾斜对其稳定性的影响，应进行建筑物的倾斜监测，以便及时采取措施。测定建筑物倾斜有直接法和通过测量建筑物基础相对沉陷来确定等方法。

（1）直接法测定建筑物的倾斜。本方法中最简单的是悬吊垂球的方法，它是根据所测得的偏差值来直接确定建筑物的倾斜度；而对于高层建筑、水塔、烟囱等建筑物，通常采用经纬仪投影、测水平角的方法或用激光铅直仪的方法来测定它们的倾斜。

（2）通过测量建筑物基础相对沉陷来确定建筑物的倾斜。该类方法一般常用水准测量的方法、液体静力水准仪测量方法以及使用气泡式倾斜仪来测定建筑物基础的沉陷值，进而计算建筑物的倾斜。

这两类监测方法的具体工作情况参见本书第 2 章相关内容介绍，在此不予重复。

4.2.2.3　建筑物水平位移监测方法

测定建筑物的位置在平面上随时间而移动的大小及方向的工作叫水平位移监测。水平位移监测首先要在与建筑物位移方向的垂直方向上建立一条基准线，并埋设测量控制点，而后在待监测的建筑物上埋设水平位移变形监测点，要求监测点位于基准线方向上。

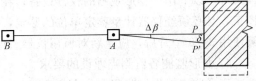

图 4-4　建筑物位移观测

如图 4-4 所示，A、B 为基线控制点，P 为监测点。当建筑物未产生位移时，P 点应位于基础线 AB 方向上；过一定时间观测，安置经纬仪（全站仪）于 A 点，采用盘左盘右分中法投点得 P'，P' 与 P 点不重合，说明建筑物已产生位移，可在建筑物上直接量出位移量 $\delta = PP'$。

也可以采用视准线测出观测点 P 与基准线 AB 的角度变化值 $\Delta\beta$，其位移量可按下式计算：

$$\delta = D_{AP} \frac{\Delta\beta''}{\rho}$$

式中　D_{AP}——A、P 两点间的水平距离。

其他的水平位移监测方法还很多，应根据建筑工程具体的施工现场情况来灵活选用，其方法的工作情况可参见本书第 2 章。

4.2.2.4　其他监测方法

对建筑物的变形监测内容及方法，除了以上几项之外，还有裂缝观测、挠度观测以及建筑结构的受内力（应力）、温度等的影响而产生应变等监测，在本书第 2 章均有相应介绍，在此不作赘述。

4.2.3　建筑物变形监测要求

在实施建筑工程变形监测时，特别是对高层、超高层，以及特殊设备基础的变形监测时要遵循"五定"原则：通常所说的变形监测依据的基准点、工作基点和监测对象上的变形监测点位要稳定；所用仪器设备要稳定；观测人员要稳定；观测时的环境条件基本稳定；观测路线、镜位、程序和方法要固定。以上措施在客观上可以尽量减少了监测误差的不定性对监测工作造成的影响，使所测的结果具有统一的趋向性，保证各次复测结果与首次观测的结果具有可比性，使各项观测数据更真实，能够真实的反映建筑物内在的变形规律。

在按照事先制定的变形监测方案进行监测工作前，除了要遵循上面所述的"五定"原则外，还应该满足以下几个方面的监测要求。

1. 实地踏勘要求

实地踏勘是变形监测的第一步，主要是为变形监测技术方案的编写提供重要的施工场地信息资料。因此实地踏勘工作往往要求由经验丰富的人员进行。进行踏勘时，踏勘者要认真听取施工单位、建筑工程质检管理部门、设计者及业主的意见，认真地实地察看整个建筑工程场地，做到心中有数。

2. 务必编写变形监测技术方案的要求

变形监测各项内容的精度指标（即预警值）是将国家现行设计验收规范、用户要求和工程实际情况有机结合的产物。在编写变形监测方案过程中应规定各项变形监测项目的技术精度指标、变形监测方法、观测频率及周期等。因此变形监测技术方案编写得好坏，将直接关系到后期变形监测工作进行的质量。

3. 选用仪器、设备应满足变形监测施测精度的要求

一般较常用的仪器设备有经纬仪、全站仪、精密水准仪、电子测距仪或激光经纬仪、铟钢尺等。以上用于变形观测的仪器设备，在首次观测前，要对所用仪器的各项指标进行检验校正，且必须经仪器计量鉴定单位的鉴定，确保仪器质量合格可用。一般来说，仪器设备连续使用3~6个月后，应重新对所用仪器、设备进行检校。

4. 变形监测各监测点埋设的要求

变形监测工作的监测点分为基准点、工作基准点和变形监测点。每个工程必须有不少于3个稳固可靠的点作为基准点。为了能够反映出建筑物的准确变形情况，变形监测点要埋设在最能反映建筑物变形特征和变形明显的部位；监测点纵横向要对称，并均匀地分布在建筑物的周围；监测点要符合各施工阶段的监测要求，牢固可靠，特别要考虑到装修装饰阶段因墙或柱装饰、水电施工等破坏或掩盖住监测点，不能连续监测而失去监测意义。

5. 观测时间（即频率）的要求

建筑物的变形监测对观测时间有严格限制，特别是首次观测必须按时进行，否则变形监测因得不到原始数据，而使整个监测得不到完整的监测资料；其他各阶段的复测，根据工程进展情况必须定时进行，不得漏测或补测。相邻的2次时间间隔称为1个观测周期。无论采取何种方式都必须按施测方案中规定的观测周期准时进行。当出现异常变形或变形发展过快时，应增加测量次数以及时跟踪变形的发展。

4.3 建筑物变形监测资料及监测报告

4.3.1 建筑物变形监测资料

通过分析变形监测中采集到的数据来研究建筑物变形的规律和特征，是变形监测的另一重要内容。

4.3.1.1 变形监测的成果

变形监测的成果应包括沉降监测点平面图、倾斜监测点平面图、裂缝监测比较示意图、沉降监测成果汇总表、变形曲线图及变形等值线图等。

1. 列表汇总

每次观测结束后，应检查记录中的数据和计算是否准确，精度是否合格，然后把各次监测点的高程，列入沉降监测成果表中，并计算两次观测之间的沉降量和累计沉降量，同时还要注明观测日期及荷重情况。

2. 作图

变形曲线图是反映变形量随时间荷载发展的情况，以横坐标表示时间，纵坐标下半部表示沉降量，上半部表示荷载，将各沉降量用折线连接而成的变形曲线图，而变形等值线图是表示变形在空间分布的情况，是通过建筑物沉降量相同的各点在建筑物平面图上连接成曲线的形式加以表示的。

4.3.1.2 提交的变形监测资料

建筑物变形监测提交的监测资料应包括以下内容：

（1）变形观测记录手簿；

（2）变形观测点位置图；

（3）变形监测成果表；

（4）变形关系曲线图（变形等值图）；

（5）变形监测成果分析报告。

4.3.2　建筑物变形监测报告

变形监测报告的编写工作是一项重要的工作内容，建筑物的变形监测报告一般在全部工程完成后进行提交，但每次观测数据成果须进行分析，并递交建设方、监理方等相关单位。建筑物的沉降量、沉降差、倾斜值应在规范容许范围之内，如有数据异常，应及时报告有关部门，及时采取措施处理质量隐患。若数据正常，应在竣工后将监测资料及数据分析判定得出的结论，提交建设方作为结构质量验收的依据之一，为以后建筑物结构变化、荷载变化提供原始依据。

变形监测报告应包括以下内容：

（1）工程项目名称。

（2）委托人：委托单位名称（姓名）、地址、联系方式等。

（3）监测单位：监测单位名称、地址、法定代表人、资质等级、联系方式等。

（4）监测目的。

（5）监测起始日期及监测周期。

（6）项目概况：建筑物工程地质结构等情况、建筑物现状描述等。

（7）变形监测依据：执行的技术标准、有关本地区建筑物变形监测实施细则等法规依据、其他依据等。

（8）变形监测方法及相关监测数据、图表说明，主要有以下几方面：

1）监测点等监测要素说明；

2）变形监测方法及测量仪器的说明；

3）变形监测精度的确定及依据；

4）监测数据处理原理与方法；

5）具体监测过程说明。

（9）变形监测成果：

1）变形监测成果表及其说明；

2）观测点位置图及关系曲线图（变形等值图）。

（10）其他需要说明的事项。

4.4　建筑物变形监测实例

以下是以某仓储中心 A-1、A-2、A-3 三幢楼房为例，详细介绍沉降观测的方法及过程，并对该三幢楼房的最终沉降量进行预测分析。

1. 工程概况

该仓储中心于 2000 年建成并投入使用，要求地基结构承载力较强，且沉降量总值小于等于 40mm［该值根据《建筑地基基础设计规范》（GB 50007—2002）由设计方提出］。随着仓库中载荷量的增加，为安全起见，需对其仓储房屋进行沉降测量及最终沉降量预测分析。工程监测区的地貌属冲海积平原。根据场地岩土工程勘察报告可知：场地地表下第一层为人工填土和粘土，其厚度为 1.0～1.5m；第二层为淤泥，层厚为 13.30～13.40m，该层含水率高，易变形；第三层为卵石层，厚度为 3.0～5.8m。根据场地上 30m 深度范围内各层地层分布情况该场地可视为均匀地基。

2. 监测网的建立

变形监测网一般由基准点、工作点、变形监测点组成。变形监测网建立时，既要考虑监测周期内对监测网本身稳定性的监测，同时又要考虑利用网中的控制点来监测变形点的便利性和准确性。监测网中各类监测点的布置见图 4-5。在远离测区基础且安全稳定性的地方设立 2 个基准点 BM1 和 BM2；在测区布设工作点 TP1，该点在测区场地内，但不在待监测的建筑物上；根据建筑结构特点和地基沉降引起建筑物破坏的机理，将变形监测点布置在墙身转折点或主要承载力点上，变形监测点布置见图 4-5。

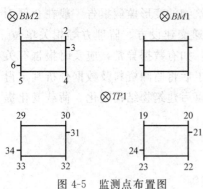

图 4-5　监测点布置图

3. 沉降监测方法

垂直位移沉降观测一般采用几何水准的方法，利用精密水准仪、水准尺观测基准点和工作点、变形监测点之间的高差。

（1）基准点与工作点之间，工作点和变形监测点之间构成闭合水准环，观测方法按国家二等水准测量规范要求进行。

（2）水准仪采用德国产 Ni005A 自动安平水准仪，视线长度小于等于 50m，前后视距差小于等于 1.0m，任一测站上前后视距差累积小于等于 3.0m，视线（下丝读数）大于等于 0.3m。

（3）在各测点上安置水准仪三脚架时，应进行严格控制，使其中两架腿的连线与水准路线的方向平行，而第三架腿须轮换置于水准路线方向的左侧与右侧。除路线转弯外，每一测站上仪器与前后视水准标尺的 3 个位置应接近一条直线。

（4）每一测段的往测与返测，其站数均应为偶数，由往测转向返测时，两支配对的水准标尺须交换位置并应重新整置仪器。

（5）测站观测限差为基辅分划读数之差小于等于 0.4mm，基辅分划所测高度之差小于等于 0.6mm。测站观测误差超限时，一经发现立即重测；若迁站后才发现，则应从基点开始重新观测。

（6）水准测量的环闭合差小于等于 $4\sqrt{L}$，L 为水准测段路线长度（单位为 km）。

4. 观测周期及观测次数

仓储中心建筑物沉降观测应进行周期性观测，其首次观测在 2003 年 6 月进行，然后每隔 30d 观测 1 次，至 2004 年 12 月底共观测 18 次。

5. 沉降监测结果

截止至 2004 年 12 月底整个沉降观测完毕，并对各期观测数据进行数据处理与分析，分别将 A-1、A-2、A-3 的楼角点（特征点）绘制成时间（表中只取最近沉降时间来表述）～沉降量曲线图，见图 4-6～图 4-8，图中时间单位为 30d，沉降量单位为 mm。

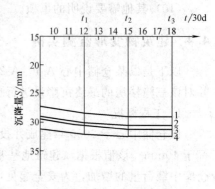

图 4-6　A-1 幢楼时间—沉降量曲线图

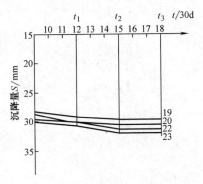

图 4-7　A-2 幢楼时间～沉降量曲线图

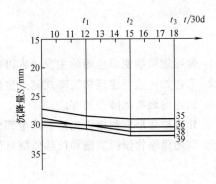

图 4-8　A-3 幢楼时间～沉降量曲线图

6. 分析结果与预报

利用数学方法的三点法，分别对三幢仓库沉降测量结果进行分析与预测，其预测结果见表 4-2。

表 4-2　各楼角点最终沉降量预测值表

楼号	A-1				A-2				A-3			
监测点	1#	2#	4#	5#	21#	22#	24#	25#	31#	32#	34#	35#
预测值/mm	28.3	29.9	30.5	31.6	28.2	29.9	30.9	31.1	29.2	29.4	29.9	30.6

7. 监测结论

从监测数据及预测结果可知，三幢建筑物沉降均满足 $\{S_总\}\leqslant 40\text{mm}$ 的规范标准，沉降量在国家建筑物沉降的规定要求允许范围内。

小　结

(1) 工程建筑物变形监测的具体方法，应根据建筑物的结构特点、用途、使用情况、监测目的、要求的监测精度、周围的环境以及所拥有的仪器及设备条件等因素来考虑，选定出合适的监测方法。编制变形监测方案时，应综合考虑各种测量方法的应用，有时可能只需用一种方法，有时可能要用一种或多种方法，互相取长补短。

(2) 选择合适的仪器、设备来满足变形观测施测精度要求。用于变形观测的仪器设备，在首次观测前要对所用仪器的各项指标进行检验校正，且必须经计量单位鉴定。连续使用 3～6 个月后重新对所用仪器、设备进行检校。

(3) 每个工程必须有不少于 3 个稳固可靠的点作为基准点。变形测量点要埋设在最能反映建筑物变形特征和变形明显的部位；监测点纵横向要对称，并均匀地分布在建筑物的周围；监测点要符合各施工阶段的监测要求，牢固可靠。

(4) 建筑物的变形监测对时间有严格限制，首次观测必须按时进行；其他各阶段的复测，根据工程进展情况必须定时进行，不得漏测或补测。相邻的 2 次时间间隔称为 1 个观测周期。无论采取何种方式都必须按施测方案中规定的观测周期准时进行。当出现异常变形或变形发展过快时应增加测量次数及时跟踪变形的发展。

(5) 在实施建筑工程变形监测过程中，特别是对高层、超高层，以及特殊设备基础的变形监测过程中要遵循"五定"原则。

习　题

1. 简述建筑物变形监测的主要内容以及其目的。
2. 简述如何进行建筑物沉降观测点位的埋设。
3. 试述建筑物沉降监测方法。
4. 建筑物变形监测报告包括哪几个部分？
5. 试述建筑物倾斜监测和位移监测有何异同点？

第5章 公路工程及边坡工程施工监测

本章从我国公路及边坡工程的现状出发，介绍有关公路及边坡工程的监测基本知识和常用的监测方法，阐明了进行公路及边坡工程监测的作用及目的，介绍了监测方案编制的一般方法，以及要求掌握公路及边坡工程监测中的一些常用监测内容和实施方法，最后对桥梁工程监测作了简单介绍。其中，通过实例来讲述公路工程监测和边坡工程监测的基本过程，以及监测报告所包含的内容。

5.1 公路及边坡工程变形监测概述

5.1.1 公路工程变形监测概述

5.1.1.1 公路工程施工中软土地基的变形问题

伴随着国民经济建设、城市建设的快速发展，国家的交通基础设施建设也得到持续的高速发展。特别是进入21世纪，以公路建设为重点的交通基础设施建设实现了跨越式的发展，大批具有国际先进水平的公路、桥梁、大型隧道工程项目相继竣工，国家的路网结构正逐步优化，高速公路在整个路网中的比重逐步增大。交通基础建设的快速发展，也拉动了我国其他相关事业的发展，为我国的经济的稳定、快速发展打下了坚实的基础。

我国地域辽阔，地形地貌呈多样化，且地质情况复杂多变，其中软土在我国分布极为广泛。软土地基具有抗剪强度低、透水性弱、压缩性高的特点，其工程力学性能较差。如果直接采用软土层作为地基，将会影响结构工程的稳定性和耐久性。另外，若软土地基处理不当，也会严重影响工程质量和使用功能，甚至造成工程事故，给国民经济建设带来极大的损失。因此在公路工程施工建设过程中，若路堤在跨越软土区时，除了要保证其稳定外，还必须使其变形不致过大。如果变形过大而超过允许值，将会带来过大的非均匀沉降，影响其正常使用。在现在的高等级公路建设中，有些公路工程中存在着某些软土段的变形问题没有处理好的情况，这是因为软土层厚的部分沉降较大，软土层薄或非软土段沉降较小，由此造成公路纵向沉降不均匀，路面的平整度受到影响，甚至发生路面断裂现象，使汽车无法高速行使，严重威胁到公路交通的正常使用；特别是在桥头过渡段、地质条件不好的地段，此种问题更加突出。

从对土体的力学性质进行分析，可知土体的变形问题主要包括地基沉陷和土体侧向位移。一般来说，如果土体侧向膨胀大，将会使其竖向位移加大。而且侧向变形过大往往是地基失稳的先兆。所以，在公路工程的路基设计中，应对土体的竖向变形和侧向变形给予足够的重视。基于此，为了在公路工程建设中，及时防止因设计和施工不完善而引起的意外工程事故，同时为了对工程建设的发展及施工情况进行评价处理，以及为公路的使用进行安全预报，必须进行公路建设的变形监测工作，尤其是对软土路堤的施工，在其填筑过程中和竣工后的固结强度和位移情况应进行严格的变形监测。

由于高速公路、高等级公路设计车速高，因而对路面平整性要求也高。而在软土地基上修筑高等级公路路堤,最突出的问题是稳定和沉降。因此,软土地基路堤的施工应注意监测填筑过程及以后的地基变形动态,对路堤施工实行动态监测。一般说来,软土路堤的施工监测主要有如下作用:

(1) 可以保证路堤在施工中的安全和稳定;

(2) 能正确预测施工后沉降,使施工后沉降控制在设计的允许范围之内;

(3) 可以解决公路设计与施工中的疑难问题,并为以后类似工程的设计和施工提供第一手的可借鉴资料。

5.1.1.2 公路工程施工监测的原则

(1) 变形监测点应布设在变形可能较显著的部位。一般而言,地基条件差、地形变化大、设计问题多的部位和土质调查点附近均应设置变形观测点,桥头纵向坡脚、填挖交界的填方端、沿河等特殊路段均应增加观测点。

(2) 尽可能地在路堤的纵向或是横向布设较多的监测点,以便反映出路堤的真实变形情况。但监测点设置得过多,则往往相应会使监测费用增多,相应的监测工作量以及监测点的保护工作量均会大大增加,且会与施工进展相冲突而对施工造成不便。因而在进行具体设计监测方案确定监测点的位置及数量时,应从满足监测要求和有利于施工的角度来考虑,一般路段沿纵向每隔100~200m设置一个监测断面,桥头路段应设计2~3个监测断面。

(3) 沿河、临河等临空面大且稳定性差的路段,应进行路基土体内部水平位移监测。对于每层软土路基需进行土体内部垂直和水平位移监测。

(4) 各监测点的布设,应根据设计的要求,同时还应针对工程场地的地质、地形条件等情况综合考虑而确定。公路工程监测中的监测点,一般有三种,即工作基点、校核基点和变形观测点。各种监测用的标石桩的桩顶上应预埋刻有十字线的半圆形测头。其中,工作基点是作为控制变形观测点的基准点,应设在变形区以外,且为了保证工作基点的基准性和测点的长期观测,工作基点桩应采用废弃的钻探用无缝钢管或预制混凝土桩,埋置时要求打入硬土层中不小于2.0m,在软土地基中要求打入深度大于10m,且桩周顶部50cm采用现浇混凝土加以固定,并在地面上浇筑1.0m×1.0m×0.2m的观测平台,桩顶露出平台15cm,在顶部固定好基点测头;校核基点桩用以控制工作基点桩,要求布设在变形区以外地基稳定的地方,在平原地区要求采用无缝钢管或预制混凝土桩,并打入至岩层或具有一定深度的硬土层中,打入深度大于10m,在丘陵或岩体露头的区域,可采用预制混凝土桩打到硬土层或直接以坚硬的露头岩体作校核基点,控制基点四周必须采用永久性保护措施,并定期与工作基点桩校核。

各类测点在观测期中必须采取有效措施加以保护或由专人看管。测量标志一旦遭受碰损,应立即复位并复测。

(5) 监测周期应根据工程变形的实施情况来确定。在施工期间,应每填筑一层进行位移监测一次;若两次填筑时间间隔较长,则每3d至少观测一次。路堤填筑完成后,堆载预压期间的观测应视路基稳定情况而定,一般半月或每月监测一次。

(6) 当路堤稳定出现异常而可能失稳时,应立即停止加载并采取果断措施,待路堤恢复稳定后,方可继续填筑,并适当增加监测次数。

5.1.1.3 公路施工现场监测的方案编制

公路施工监测必须在施工前编制监测方案(也称监测大纲),制定详尽的监测实施计划。

通常，制定的公路施工监测方案，应确定以下所述的内容。

（1）确定监测路段及监测目的。一般除设计规定的路段外，均应按有关规范规定，确定出具体的监测路段，以及监测要达到的目的。同时还应考虑观测时的通视条件以及变形监测点的埋设条件。

（2）在明确路基施工的填筑材料、填筑速率、填筑质量控制标准与方法和填筑工艺的基础上，制定整个监测工作的流程及总的监测历程。

（3）提出施工期的沉降预测曲线。依据公路工程设计图纸及相应的工程地质资料，提出路堤施工坡率、沉降土方补加方式以及不同处理形式路段、与公路结构物相接路段的施工期沉降预测曲线。

（4）确定软土地基监测的监测项目及变形监测点的埋设位置。通常应根据工程的性质和重要性有选择性地确定监测项目。同时，为便于施工各观测数据的互相验证与分析，在确定监测项目的变形监测点埋设位置时，尽可能将同一个监测路段中的所有测点集中布置在同一个监测断面上，并绘制监测路段监测项目平面布置图和仪标布设断面图。在平面布置图中，应画出路堤范围、监测区段号、埋设仪标的断面桩号、各种仪标平面布设位置以及监测基准点的布设位置；在仪标布设断面图中，应具体标示出各种埋设仪标在各个监测断面中的水平向和垂直向的埋设位置。

如图 5-1 为某监测段的测点布置平面示意图，图 5-2 则为其对应的立面布置示意图。

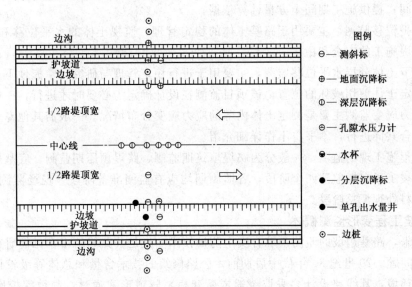

图 5-1　监测点平面布置示意图

（5）确定各监测项目所采用的监测仪器及所埋设仪标的名称或类型，制定监测规程及仪标埋设的要点和应达到的标准和要求。

（6）确定监测频率。根据不同监测项目的监测要求，确定出相应的监测频率。应注意，各个监测项目的初次观测务必准确，一般要求，所有的监测仪标均应在地基处理后，路基填筑前埋设完毕，并相应的完成所有仪标的初次观测读数。

（7）确定各监测项目的监测控制标准。

（8）确定监测人员及其相应的工作责任。

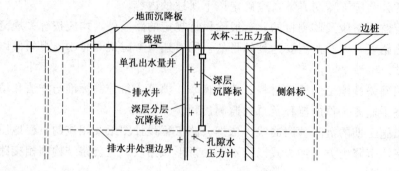

图 5-2　监测点立面布置示意图

监测方案编制好后，应提交相关各方予以认定后，方可实施，并应留存一份备档。

5.1.1.4　公路施工现场监测的内容、目的和意义

公路工程施工现场监测主要内容为垂直和水平位移等变形监测、应力应变监测和其他监测。变形监测主要是进行土体沉陷量、土体水平位移及隆起量以及地下土体分层水平位移量的监测。公路工程施工现场监测的目的和意义如下所述。

（1）道路沉降量的监测，对现场施工来说，主要目的是进行沉降管理。在施工时，可以根据监测数据来调整填土速率，预测沉降发展趋势，相应地确定出预压卸载时间和结构物及路面施工时间；提供施工期间土方量计算依据。

（2）水平位移监测，主要用于路基土体的稳定管理，监视土体的水平位移和隆起情况，最终确保路堤施工的安全和稳定。

（3）地下土体分层水平位移监测，主要用于进行稳定管理与研究，掌握地下土体分层位移量，以推定土体剪切破坏的位置。该项目监测在设计确定为必要时才进行，一般不做。

（4）应力应变监测主要是测定土体内部的应力应变分布情况。一般需其他专业的工程技术人员相配合共同进行，本书将不作详细介绍。

公路工程施工现场监测，一般分为路堤填筑期监测、路堤预压期监测、底基层及路面施工期监测、竣工通车期监测四个阶段，各监测期均应有监测准备阶段、现场监测实施阶段、监测数据资料处理汇总阶段。

5.1.2　边坡工程变形监测概述

长期以来，路基边坡的监测及综合安全防护技术一直是公路修筑中常见但研究程度相对较低的技术问题。20世纪80年代中后期前，公路修筑的技术含量和总体等级较低，当遇到复杂的地质环境，其线路设计多采取绕避或营建桥、隧道形式通过，高填深挖路基比较少见，20m以上的高边坡很少遇到。从一定角度来讲，这样虽然相对提高了营运的安全度，但线路的运营效率比较低，投入养护和小型工程治理的费用却较高，因而经济效应较差。进入20世纪90年代，随着国家在基础建设项目的大力投入，公路建设进入了一个前所未有的高速发展阶段，大量新工艺、新技术的开发和应用，使得公路建设的技术得到了飞速发展，各种高速公路、高等级公路在各地纷纷兴建；而与此同时，以前制约和困扰技术设计部门的边坡问题也得到了极大的改观，如预应力锚索、锚杆、土钉、抗滑桩支挡、注浆加固技术等等诸多工程加固措施的普遍推广使用。对于40m以上，乃至百米高的边坡的防护也已经不成问题；对边坡稳定性的分析也处于不断发展中，理论更趋成熟和完善，由过去单一定性

化分析逐步向定量化、半定量化分析发展，大量的工程监测手段均已被广泛应用于边坡工程的实践中，边坡工程的变形监测已成为岩土工程、公路工程建设中的一个极为重要的实施项目。

事实上，除了公路边坡工程之外，还有很多其他的边坡工程，如水库库区边坡、大坝的坝基边坡、铁路边坡、隧道边仰坡、基坑边坡、河道护岸边坡、自然边坡等。在工程建设过程中，为了确保工程的安全施工和营运，一般多需进行相应边坡的工程变形监测工作。

边坡工程监测是一个复杂的系统工程，它不仅仅取决于监测手段的高低和优劣，而且更取决于监测人员对岩（土）体介质的了解程度和工程情况的掌握程度，因而在进行有关工程监测时，首先必须对工程建设地区的工程地质背景要有充分了解，这样才能有针对性地选择和确定监测方法和手段。

5.1.2.1　边坡工程监测的目的和意义

从岩土力学的角度来看，边坡治理是通过某种结构人为地给边坡岩土体施加一个外力作用或者人为地改善原有边坡的环境，最终使其达到一定的力学平衡状态。但由于边坡内部岩土力学作用的复杂性，从地质勘察到设计均不可能完全考虑内部的真实力学效应，而且对应的设计都是在很大程度的简化计算上进行的。因此为了反映边坡岩土真实力学效应和检测设计施工的可靠性以及保证边坡经处治后能处于稳定状态，边坡工程的监测便具有极其重要的目的和意义。

边坡监测的主要任务就是检验设计是否准确，最终确保边坡稳定、安全，通过监测数据反演分析边坡的内部力学作用，同时以积累丰富的资料作为其他边坡设计和施工的参考资料。边坡工程监测的作用有以下几方面：

（1）为边坡设计提供必要的岩土工程和水位地质等技术资料；

（2）边坡监测可获得更充分的地质资料（应用测斜仪进行监测和无线边坡监测系统监测等）和边坡发展的动态，从而确定边坡的不稳定区域；

（3）通过边坡监测，确定不稳定边坡的滑动模式，确定不稳定边坡滑移方向和速度，掌握其发展变化规律，为采取必要的防护措施提供重要数据；

（4）通过对边坡加固工程的监测，评价边坡治理措施的质量和效果；

（5）为边坡的稳定分析提供重要资料；

（6）为滑坡理论和边坡设计方法的研究积累数据资料。

总之，边坡工程监测是边坡研究工作中的一项重要内容，随着科学技术的发展，各种先进的监测仪器设备、监测方法和监测手段不断更新，使边坡工程监测工作的水平不断地提高。边坡工程监测具有以下特点：监测区域大，涉及的岩土性质复杂；边坡是逐渐建成的（如公路边坡，其边坡施工是逐段实施的），其各段监测点的位置随着施工区域的不同而不同，且布设的位置要依据施工段的地质情况而随之变动（如公路边坡）；监测的期限较长，贯穿于整个工程建设过程。

5.1.2.2　边坡工程监测的内容与方法

边坡工程监测包括施工安全监测、治理效果监测和长期动态监测。通常以施工安全监测和治理效果监测为重点。

施工安全监测是在施工期间对边坡的位移、应力、地下水等进行监测，监测的结果作为指导施工、反馈设计的重要依据，是实施信息化施工的重要内容。施工安全监测主要是对边坡体进行实时监控，以了解由于工程扰动等因素对边坡体造成的影响，从而及时指导工程实施、调整工作部署、安排施工进度等。在进行施工安全监测时，变形监测点一般布置在边坡稳定性差或工程扰动大的部位，力求形成完整的剖面，采用多种手段相互验证和补充。边坡施工安全监测包括地面变形监测、地表裂缝监测、边坡滑动体深部位移监测、地下水位监测、孔隙水压力监测、地应力监测等内容。其监测数据的采集原则上采用24h动态实时观测方式进行，以使监测信息能及时反映边坡体的破坏特征，供有关方面作出决策。如果边坡稳定性好，工程扰动小，可采用8～24h观测一次的方式进行。

边坡治理效果监测是检验边坡治理设计和施工效果、判断边坡治理后的稳定性的重要手段。一方面可以了解边坡变形破坏特征，另一方面可以针对实施的工程进行监测，如监测预应力锚索应力值的变化、抗滑桩的变形和土压力、排水系统的过流能力等，以直接掌握工程实施效果。边坡治理效果监测通常结合施工安全和长期监测进行，以了解工程实施后边坡体的变化特征，为工程的竣工验收提供科学依据。边坡治理效果监测总的延续时间一般要求不少于一年，相临两次数据采集时间间隔一般为 7～10d，在外界扰动较大时，如暴雨期间，必须加密观测次数。

边坡长期监测是在边坡治理工程竣工后，对边坡体所进行的动态跟踪监测，用以了解边坡体变化特征。长期监测主要对一类边坡治理工程进行，一般沿边坡的主剖面进行，变形监测点的布置数量少于施工安全监测和治理效果监测；监测内容主要包括滑移带深部的位移监测、地下水监测和地面变形监测，数据采集时间间隔一般为 10～15d。

边坡监测的具体内容应根据边坡的等级、地质情况及所采用的支护结构的特点进行考虑，通常对于一类边坡治理工程，应建立地表和深部相结合的综合立体监测网，并与长期监测相结合；对于二类边坡治理工程，在施工期间建立安全监测和治理效果监测点，同时建立以群测为主的长期监测点；对于三类边坡工程，建立群测为主的简易长期监测点。

边坡监测内容一般包括地表大地变形、地表裂缝位错、地面倾斜、裂缝多点位移、地下水、孔隙水压力、边坡地应力等。表 5-1 为边坡工程监测项目表。

表 5-1　　　　　　　　　　　　　　边坡工程监测项目表

监测项目	监测内容	测点布置	方法与工具
变形监测	地表大地变形、地表裂缝位错、边坡深部位移、支护结构变形	边坡表面、裂缝、滑带、支护结构顶部	经纬仪、全站仪、GPS、伸缩仪、位错计、钻孔倾斜仪、多点位移计、应变仪等
应力监测	边坡地应力、锚杆（索）拉力、支护结构应力	边坡内部、外锚头、锚杆主筋、结构应力最大处	压力传感器、锚索测力计、压力盒、钢筋计等
地下水监测	孔隙水压力、扬压力、动力压力、地下水水质、地下水、渗水与降雨关系以及降雨、洪水与时间的关系	出水点、钻孔、滑体与滑面	空隙水压力仪、抽水实验、水化学分析等

5.1.2.3　边坡工程监测方案设计与实施

对于一个具体的边坡、危岩或滑坡，如何针对其特征（如地形地貌、变形机理、地质环境、工程背景等）选择合理的、可行的监测技术、方法，以设计较为理想的监测方案，且有针对性的、合理地布置变形监测点，是边坡工程监测工作的核心。

1. 边坡工程监测方案的设计

边坡工程监测方案设计应综合施工、地质、测量、工程力学等方面的内容，由设计人员完成。监测方案（即实施大纲）应根据边坡的地质地形条件、支护结构和参数、施工方法和其他有关条件制定。监测方案一般包括下列内容：

（1）监测项目工程概况、监测方法及测点或监测网的选定，测点位置、监测周期（频率），量测仪器和元件的选定及其精度（即限值）的确定方法，测点埋设时间等；

（2）监测数据的记录格式，量测结果的报表、报告格式，量测精度的确认方法；

（3）所采集的各类监测数据的处理方法；

（4）量测数据的预警值的大致范围，作为数据异常判断的依据；

（5）从初期量测值预测最终量测值的方法，综合判断边坡稳定的依据；

（6）监测工作的管理方法及出现异常情况对策预案；

（7）利用反馈信息修正设计的方法；

（8）各类传感器埋设方案；

（9）固定元件的结构设计和测量元件的附加设计；

（10）监测网平面布置图和相应的文字说明；

（11）边坡监测方案设计说明书。

2. 边坡工程监测方案的关键要素

在制定具体的监测方案工程中，须解决如下三个关键问题：

（1）获得满足精度要求和可靠的监测信息；

（2）正确进行边坡稳定性预测；

（3）建立管理体制和相应的监测管理标准，并进行日常监测管理。

5.1.2.4　边坡工程监测的原则

边坡监测方法的确定、监测仪器和元件的选择既要考虑到能反映边坡体的变形动态，又必须考虑到仪器、设备维护方便，以节省整个边坡监测工作的费用。另外还要考虑边坡所处的恶劣环境。因此对所选的仪器应遵循以下原则：

（1）仪器可靠且能长期稳定工作；

（2）仪器具有与边坡变形相适应的足够的量测精度；

（3）仪器对施工安全监测和治理效果监测精度和灵敏度较高；

（4）仪器在长期监测中具有防风、防雨、防潮、防震、防雷等与环境相适应的性能；

（5）边坡监测系统包括仪器埋设、数据采集、存储和传输、数据处理、预测预报等；

（6）所采用的监测仪器必须经过国家有关计量部门标定，并具有相应的质检报告；

（7）边坡监测应采用先进的方法和技术，同时应与群测群防相结合；

（8）监测数据的采集尽可能采用自动化方式，数据处理需在计算机上进行，包括建立监测数据库、数据和图形处理系统、趋势预报模型、险情预警系统等；

（9）监测设计须提供边坡险情预警值，并在施工中逐步加以完善。监测方须每半月或一月一次定期向建设单位、监理方、设计方和施工方提交监测报告并附原始监测数据资料。

5.2　公路及边坡工程监测的项目和监测工作实施及实例

5.2.1　公路工程施工现场监测的项目

公路路基施工现场监测的项目有变形监测和应力应变监测以及其他监测。其中变形监测包括沉降监测和水平位移监测。公路路基施工中的沉降监测通常分为地面沉降监测、深层沉降监测和分层沉降监测；水平位移监测包括地面水平位移监测和土体内部水平位移监测。

5.2.2 公路工程施工现场监测工作实施

5.2.2.1 公路工程变形监测工作实施

目前公路工程的变形监测方法仍然是采用传统的地面测量方法为主，即利用几何水准测量、三角高程测量或角度测量、距离测量等，以测定工程体的沉陷、位移、挠度和倾斜量及其动态变形过程。由于电子水准仪、全站仪以及其他先进仪器手段的应用，使这类变形观测方法更加有效，有着更为广泛的应用前景。

为了实现实时监测，并使观测记录与数据处理自动化，研制了与外部设备连接的接口。随着计算机技术的发展，已建立了工程安全分析的预警报系统。同时，GPS 测量技术现在已应用于工程变形监测工作中，这一些均为自动化监测系统的全面实用奠定了基础。

1. 地面沉降监测

对施工路段的路堤施工进行沉降监测，主要是为了如下目的：通过监测来控制填土速率、预测地基固结情况，根据残余下沉量确定填方预留沉降量，且实测路堤沉降为施工计量提供依据。路堤地表沉降监测常用的方法是在原地面上埋设沉降板进行水准高程监测。

（1）地面沉降监测的精度确定。地面沉降监测的精度随道路施工期的进展而有所不同。一般而言，随着路基不断筑高，每层填筑的厚度逐渐减少，沉降增量也就逐步减小（由厘米级减小为毫米级）。沉降量越小，要求监测的精度便越高，相应的仪器设备的要求也就较高。通常，在路堤填筑期，其沉降监测精度为 2～3mm；预压期及路面施工期的相应监测精度为 1～2mm。所以，在路堤填筑期常采用三等水准就可完成其沉降监测工作；但在预压期及路面施工期，为了保证监测精度，一般最好使用精密水准仪按二等水准要求来进行相应的沉降监测工作。水准仪必须定期检查和校正，确保 i 角在规定的要求范围内，同时也应保证配套使用的水准尺的质量要求。

（2）各监测水准点（即道路水准基准点）的布设。水准线路应沿公路路线布设，水准点应布设在公路中线两侧 50～300m 范围内。在道路工程中，所埋设的水准点有地面水准点、桥上水准点等几种，不同的水准点其具体埋设位置有不同要求。

1）地面水准点。地面水准点一般是在公路勘测的基础上由施工单位设立的，通常应埋设在土质坚硬、稳定且便于长期保存和使用的地方，其密度应满足沉降监测要求，每隔 200m 左右设立一个，以便每测站观测的视距均不超过 80～100m，且只用一个测站就可完成变形监测点的沉降观测。水准点位置定好后，应埋设混凝土水准标石，并进行统一编号，标石应符合国家规定的等级水准测量标准。

2）桥上水准点。桥上水准点应根据施工情况进行设置。当路堤填筑到一定高度时，为了减少转点传递对观测成果的影响，提高监测工作效率，可以适时将作为监测基准的地面水准点转移到以灌注桩为基础的桥上，位置可先转设在桥背面墙顶上。为了避免桥背面墙顶上施工磨面的影响，还应将桥上临时水准点再转设到桥中央分隔带的水泥板上。桥上水准点位置选定后，在桥背墙施工时，可预埋一根长 20cm，$\phi20mm$ 的钢筋，钢筋头露出混凝土上顶面 1～2cm，作为测量标志。

桥上水准点埋设好后，立即用二等（或三等）水准方法由地面水准点对其进行水准线路监测，以求得其高程值。为了保证沉降监测的监测质量，务必确保其在稳定可靠的情况下使用，一般要求每三个月对桥上水准点进行一次联测，然后通过与其初次观测值进行比较来证实桥上水准点的稳定可靠。

在一般的施工场地上，一般只需埋设地面水准点作为工作基点；但若进行桥梁路面施工，需依据地面水准点建立桥上水准点，以便对桥面进行沉降监测。

（3）沉降板的制作与埋设。

1）沉降板的制作。在公路工程监测中，其路堤上各变形监测点的垂直位移监测一般采用沉降板。沉降板由钢底板或钢筋混凝土板、金属测杆和保护套管组成。如图 5-3 为沉降板的制作示意图，制作时底板尺寸不小于 $50\text{cm} \times 50\text{cm} \times 2\text{cm}$，测杆以 $\phi 4\text{cm}$ 为宜，保护套管尺寸以能套住测杆并留有适当空隙为好。

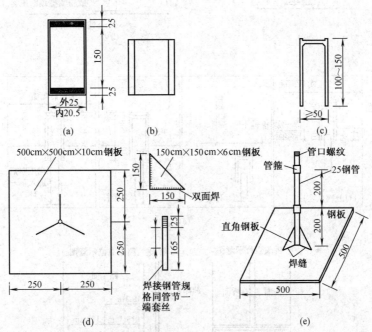

图 5-3　沉降板的制作尺寸示意图（单位：cm）

（a）管节（两端套丝）；（b）管箍（标准件）；（c）保护竹帽（用毛竹锯成）；

（d）底座（一套）；（e）沉降板总体示意图

2）沉降板的埋设。在实施路堤的沉降监测工作时，应将沉降板埋设在路堤左右路肩和路中线的下部原地面的上部。以下是沉降板的具体埋设过程。

在路基施工中，当整平地基，铺填第一层填料并进行压实后，应在预埋位置挖去填料至原地面，并将带有第一节沉降杆、护套、护盖的底板放入，使其紧贴原地面，回填夯实。在填料将与测杆头平齐时，打开杆护盖，采用水准测量方法依据地面水准点测定杆头标高，作为沉降观测的零期值（即初始值），然后盖好护盖，开始全面填筑下一层填料。

当第二层填料按照要求填筑到设计高度并压实后，可在路基上各设置了沉降板的地方挖去第二层填料，以露出护盖并打开护盖，用同样的方法测定杆头标高，则此次所测标高与第一次杆头标高之差，即为两次观测期间该测点的沉降量。测好后，连接下一节沉降杆、护管，并测定此时的测杆头的标高，作为下次量测的初始值。随后盖好护盖，回填夯实，继续填筑下一层填料，依此类推，每填一层，即可依据沉降杆来监测其相应的沉降量，直至施工结束。

特别要注意的是，在埋设沉降板和填筑填料时，应使护盖高度始终低于压实的填筑面下3～5cm，使沉降杆不被压坏。具体埋设与观测过程见图 5-4 所示。

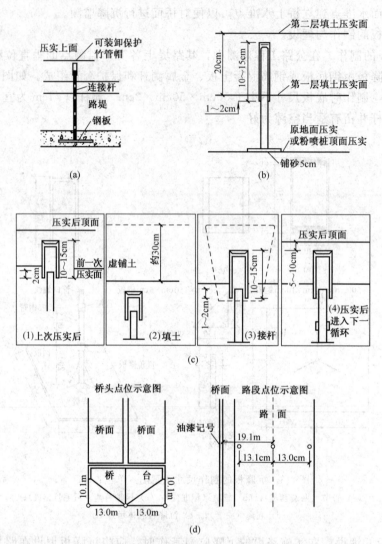

图 5-4　沉降板埋设与观测过程

（a）、（b）监测过程中沉降板埋设示意图；（c）沉降板接管程序图；（d）沉降监测点示意图

（4）观测技术要求。在进行沉降观测时，需使用精密水准仪配合钢瓦水准尺按照国家二等水准测量规范执行。某些情况下，若精度要求不是太高，也可按三等水准进行施测，但对起测基点的引测、校核，必须按二等水准方法进行，其相应的闭合差均不得超过规范要求。通常规定进行垂直位移观测时，竖向位移向下为正，向上为负。

2. 分层及深层垂直位移监测（沉降）

土体内部垂直位移（沉降）是通过在土体内埋设沉降标来进行监测的。沉降标一般分为分层标和深层标。分层标由导管和套有感应线圈的波纹管组成，波纹管套在导杆外面，管上感应线圈位置为监测点位置，分层标可以在同一根测标上，分别监测土体沿深度方向各层次及某一层位土体的压缩情况，分层标深度可贯穿整个软土层，各分层测点布设间距一般为

1.0m，甚至更密；深层标由主杆和保护管组成，主杆底端需有 50～100cm 长的以增加阻力的标头，保护管可采用废弃的钻孔钢管，深层标是用来测定某一层以下土体压缩量的，所以深层标的埋设位置应根据实际需要确定，如果软土层较厚，排水处理又不能穿透整个层厚时，则深层标应埋设在排水井下未处理软土的顶面，深层标观测通常采用水准仪来测量标杆顶端高程的方法进行，在此不作赘述（见本书第 3 章）。

采用分层标和沉降仪来监测土体的沉降，其观测仪器及工作原理已在本书第 3 章予以介绍，在此不再重复。只对分层沉降标的埋设和监测方法作一说明。

1）分层沉降标一般埋设于路堤中心，观测孔要定位准确。

2）在定位点上安装钻孔机用以成孔，钻孔直径为 φ108mm，成孔倾斜度不能大于 1°，且无塌孔、缩孔现象存在。遇到松散软土时，应下套管或用泥浆护壁。分层标的钻孔深度即为埋置深度（对深层标来说，其钻孔深度要在埋置深度以上 50cm），成孔后应予以清孔。

3）沉降管底部要装有底盖，且底盖和各沉降管的连接处务必进行密封处理（一般用橡皮泥及防水胶带），以防止泥水进入沉降管。

4）下沉降环的方法有多种，一般用波纹管将沉降环固定到沉降管上，用纸绳绑住三脚叉簧的头部，当沉降管埋设到指定位置后，纸绳在水的作用下自然断开，弹簧叉便弹开而伸入到钻孔壁内的土中，以固定沉降管。

5）沉降环埋设好后，应立即用沉降仪测量一次，对环的位置、数量进行校对，并对沉降孔口的高程进行测量。

6）最后，在沉降管与钻孔之间的空隙用中粗沙进行回填，并用相应的表格记录各沉降管的埋设情况。

具体观测时先取下护盖，并测定管口标高，然后将测头沿沉降管徐徐放至孔底，打开电源开关，用测头从下而上依次测定各磁环位置。当测头接近磁环时，指示器开始发出信号，此时应减小上拉速度，在信号消失的瞬间，停止上拉，并读取测头至管口的距离。如此测完整个沉降管上的所有磁环，要求每测点应平行测定两次，读数差不得大于 2mm。根据测得的距离与管口标高即可计算出各磁环的标高，这样，通过计算磁环相邻两次所测标高之差即可得到测点（即磁环位置处）的沉降量。

分层沉降标埋设难度较大，且外露标管对施工影响也较大，又容易遭到碰损，所以一般埋设在路中心，一个监测断面埋设 1～2 根分层标。而深层标按需要测试的深度在路中设点埋设，但不宜埋设在车道位置。

3. 地表水平位移监测

对路基稳定性监测最好的方法是埋设深层测斜管进行监测，但由于测斜管埋设难度大，测定工作量也大，对施工路段来说不太现实，因此，一般均通过观测地表面位移边桩的水平位移和地表隆起量而获得，因为这种方法简单易测，常常在工程监测中使用。

为了对路堤下的地表土体进行水平位移监测，必须事先设计好监测标志并在监测时埋设在需监测水平位移的地方。通常情况下，为了不致造成过大的监测工作量，水平位移监测断面应与沉降监测断面位置吻合，即监测断面设于与路线垂直的轴线上，且打设水平位移边桩（用钢筋混凝土桩制成）作为监测标志。

（1）监测标志的制作与埋设。在公路工程的水平位移监测中，一般是用事先制作的钢筋混凝土桩作为变形监测标志。这种桩其混凝土强度应不低于 C25，长度不应小于 1.5m；断面可采用正方形或圆形，其边长或直径以 10～20cm 为好，并要求在桩顶预埋不易磨损的观测头。

作为监测标志的边桩，一般埋设在路堤坡脚处（即地面横向位移标——边桩）。边桩的埋设深度以打入地表以下 1.2m 为宜，且桩顶露出地面的高度不应大于 10cm。埋设方法可采用打入或开挖埋设，最终将桩四周回填密实，桩四周上部 50cm 用混凝土浇筑固定，以确保边桩埋置稳定。

（2）观测方法。对每一个监测桩进行水平位移观测时，可以选用视准线法、小角法或单三角前方交会法进行，具体观测方法参见本书第 2 章。

通常视准线法要求布设三级点位，由位移标点和用以控制位移标点的工作基点、以及用以控制工作基点的校核基点三部分组成。工作基点桩要求设置在路堤两端或两侧工作边桩的纵排或横排延长轴线上，且在地基变形影响区外，用以控制位移边桩。位移边桩与工作基点桩的最小距离以不小于 2 倍路基宽度为宜；单三角前方交会法要求位移边桩与工作基点桩构成三角网，并且通视。校核基点要求设置在远离施工现场和工作基点、而且地基稳定的地方。

4. 土体分层水平位移监测

土体分层水平位移监测一般用测斜仪。测斜仪按探头的传感元件不同，可分为滑动电阻式、电阻片式、钢弦式和伺服加速度式四种。测量方式一般采用活动式的，固定式的仅在活动式观测有困难或进行在线自动采集监测数据时采用。本监测项目由于测斜管的埋设要求很高，难度大，且相应的工作量也较大，故一般不作为常规施工路段的变形观测项目。但沿河、临河等临空面大而稳定性很差的路段，为防止施工中路基失稳或有效控制路基填筑速率，必要时需进行地基主体内部水平位移的监测。测斜仪的工作原理及埋设和观测方法在本书第 3 章中已详细介绍，就此项的观测过程在此不予重复。

5.2.2.2 公路工程应力应变监测工作实施

软土地基的应力监测主要包括孔隙水压力、土压力监测等。由于这类监测工作不是传统的测量工作者能独立胜任的，需要一些相关的工程技术设计人员的协助才能完成数据监测采集工作和最后的变形分析工作，在此也就不予介绍了，具体的实施方法，请参见相关工程监测书籍。

5.2.2.3 公路工程施工监测实例

1. 工程概况

国家沪宁高速公路位于长江三角洲经济发达地区，连接上海、苏州、无锡、常州、镇江、南京六个大中城市，全长 274.08km，其中江苏段 248.21km。公路沿线大部分地区为河相、海相冲击平原地质构造，地势十分平坦，由于其地形情况形成历史久远，因而整个地质条件异常复杂。整个高速公路大部分是在软土地基上直接填筑而形成路堤，所以路堤的沉降和稳定便成了整个工程的技术难题。为了保证设计和施工质量，在公路的施工过程中需进行全程工程变形监测。

2. 变形监测方案

（1）地基土质情况：自地表向下依次为 2m 厚的亚黏土硬壳层，2～5m 为淤泥质黏土层，5～8m 为亚黏土层，8～13m 为深层淤泥质黏土层，以及其下的砂性土层等。

（2）路堤设计。在堆土前，要求先把地表下 2m 厚的硬壳土层破坏掉，然后进行路堤填筑。本段路堤填土高度 3.4m，填土密度按 19.6kN/m³ 计算，预压荷载为 66.64kPa；路堤底部宽为 36m，上部宽为 26m，坡度比为 1∶1.5，路堤顶部要求做成弓形，其坡降比为 2%。

（3）监测仪器埋设。本段埋设的监测仪器主要有沉降仪、测斜仪和孔隙水压力仪。仪器的埋设如图 5-5 所示，共埋设三孔分层沉降管，其平面位置分别为路中心 D_{1-1} 孔，坡肩 D_{1-3} 孔和两者之间的 D_{1-4} 孔，孔的埋置深度均在地表下 19m 左右。每孔都埋设了 10 个沉降环，即 10 个测点。

测斜管埋设了 1 根，位置在路堤坡脚处，埋置深度为地表下 20m。

另外还埋设了 8 个孔隙水压力仪，由于本书不介绍实体的力学分析，在此略过。

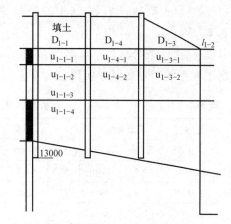

图 5-5　路堤监测测点及监测元件埋设示意图

3. 观测结果与分析

（1）沉降观测与分析。

1）最终沉降量。典型的荷载-沉降时程曲线见图 5-6，从图中可以看出：该工程监测段从 2 月中下旬开始填土，到 8 月份结束，共历时 170d，其中 2 月、3 月、4 月、7 月、8 月这五个月份填土缓慢，5 月、6 月两个月份填土速率较快。填土结束时，三个沉降孔实测最大沉降量分别为 23.4cm，18.7cm 和 17.4cm。到第二年 3 月止，预压时间达七个月，三孔实测最大沉降量分别为 31.3cm，26.5cm 和 22.0cm。

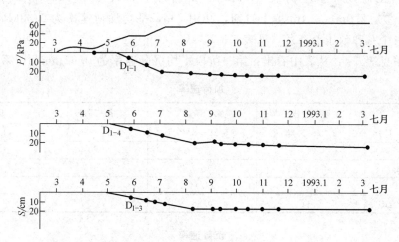

图 5-6　荷载-沉降时程曲线

根据典型的土体剖面图和荷载大小，用分层总和法计算该监测段的最终沉降量。由于土层上部 2m 厚的硬壳土层已被破坏掉，土的强度相应减低，理论上计算得到的各孔主固结沉降量分别为 D_{1-1} 孔 36.8cm，D_{1-4} 孔为 35.6cm，D_{1-3} 孔为 27.6cm。

根据实测的沉降资料，按双曲线法推算得到的最终沉降量分别为 36.0cm，34.5cm 和 28.5cm。由实测沉降过程线推算的最终沉降量与理论计算的最终沉降量比较接近。

用推求的 S_{∞} 为参考值，将填土及预压期所发生的沉降与之比较，发现该土体的沉降变

化有如下几点:

① 当填土厚度为 2.0m（相应的荷载为 39.2kPa）时，沉降变形较小，三孔平均固结度为 17%。

② 当填土高达到 3.4m（相应的荷载为 66.64kPa）时，沉降发展较快，三孔平均固结度达 60%。

③ 在预压七个月后，沉降收敛较快，三孔平均的固结度达 80%，在表 5-2 中，同时还列出了在不同时期的残余沉降量 S_r。

表 5-2 由实测沉降推算 S_t 时的路基固结度

孔号	S_∞ /cm	填土 2m(39.2kPa)			填土 3.4m(66kPa)			预压 90d			预压 212d		
		S_r/cm	S_r/cm	U/%	S_r/cm	S_r/cm	U/%	S_r/cm	S_r/cm	U/%	S_r/cm	S_r/cm	U/%
D_{1-1}	36.0	7.0	29.0	19	23.4	12.6	65	29.3	6.7	81	31.3	4.7	87
D_{1-4}	34.5	5.2	29.3	15	18.7	15.8	54	24.2	10.3	70	26.5	8.0	77
D_{1-3}	28.5	5.0	23.5	18	17.4	11.1	61	19.8	8.7	69	22.0	6.5	77
平均固结度				17			60			73			80

注：1. S_∞ 为推算的最终沉降量；

2. S_t 为 t 时实测沉降；

3. S_r 为残余沉降；

4. U 为固结度。

2）沉降速率。从荷载—沉降时称曲线可以看出，本路段加荷情况大致可分为四个阶段：① 是 2.0m 填土时期，相应荷载 39.2kPa，历时较长，共用了 94d，平均加荷速率为 0.42kPa/d；② 是 2.0m～3.4m 填土时期，共用 73d，平均加荷速率为 0.38kPa/d；③、④ 分别是预压三个月和预压七个月，见表 5-3。

沉降速率见表 5-4，从表中看出：第一阶段平均沉降速率为 0.61mm/d；第二阶段沉降

表 5-3 加荷速率

阶 段	第一阶段	第二阶段	第三阶段	第四阶段
起止日期(月．日)	2.24～5.28	5.29～8.10	8.11～11.11	11.11～3.10
天数/d	94	73	90	120
填土高度/m	0～2.0	2.0～3.4	—	—
填土荷载/kPa	39.2	27.44	—	—
加荷速率/(kPa/d)	0.42	0.38		

表 5-4 沉降速率

孔号	第一阶段		第二阶段		第三阶段		第四阶段	
	沉降/cm	速率/(mm/d)	沉降/cm	速率/(mm/d)	沉降/cm	速率/(mm/d)	沉降/cm	速率/(mm/d)
D_{1-1}	7.0	0.74	23.4/16.4	2.25	29.3/5.9	0.65	31.3/2.0	0.17
D_{1-4}	5.2	0.55	18.7/13.5	1.85	24.2/5.5	0.61	26.5/2.3	0.19
D_{1-3}	5.0	0.53	17.4/12.4	1.70	19.8/2.4	0.27	22.0/2.2	0.18
平均	5.7	0.61	19.8/14.1	1.93	24.4/4.6	0.51	26.6/2.2	0.18

注：表中比值为累计沉降量/本阶段实际沉降量。

速率为 1.93mm/d;第三、第四阶段分别为 0.51mm/d 和 0.18mm/d。以上的数据说明:本路段填土速率是恰当的,相应的压缩变形也是正常的,土体一直处于稳定状态;停止加荷后,沉降速率迅速减缓,收敛较快,经过 200 多天预压,沉降速率已降至 0.18mm/d,沉降曲线已趋平稳。

3)分层沉降。图 5-7 是三个孔沉降实测的分层沉降曲线,它反映了不同深度土层在不同时间、不同荷载条件下的沉降特征。三个孔沉降仪所测的最大沉降量均在地表处,往下沉降沿深度递减,呈较好的规律性。绝大部分沉降发生在淤泥质黏性土层内,这层土的压缩量占总压缩量的 85%,见表 5-5。表中统计的数字是三个月预压期后所测的。从表中同时还可以看出:表层的亚黏土其压缩率约为 2.2%,淤泥质黏性土的压缩率约为 3.1%,加权平均值为 2.92%。

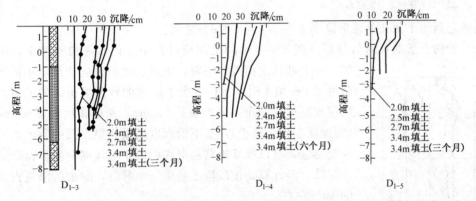

图 5-7 分层沉降沿土层深度的分布

表 5-5   分层沉降

土层名称	厚度/m	分层沉降量/cm	占总沉降的百分比/%	压缩率/%	平均压缩率/%
亚黏土	2	4.3	15	2.2	
淤泥质黏性土	8	25.0	85	3.1	2.92
合计	10	29.3	100		

4)地表沉降差。路基中心的应力最集中,地表下任意深度处的竖向附加应力也最大,压缩变形也最大。三孔地表沉降过程见图 5-8。它反映了在不同荷载条件下路基的沉降变化,特别是差异沉降变化。中心孔 D_{1-1} 和路肩孔 D_{1-3} 相距 13m,从填土初期到结束,其差异沉降一直稳定在 7.0cm 左右,见表 5-6。与其他试验断面比较,荷载初期就发生了 7.0cm 的差异沉降,明显偏大。

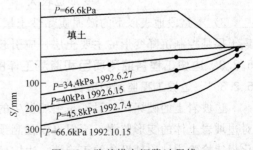

图 5-8 路基横向沉降过程线

就一般填土工程而言,差异沉降的发展都是由小到大逐渐递增,而该试验段为什么会从荷载初期就开始产生这么大的差异沉降呢?这里的主要原因,就是硬壳层被破坏了,表层土丧失了抗变形能力,荷载应力传递快,沉降发展相对也快,带来的差异沉降也大,在表 5-6

表 5-6 横向差异沉降率

测试日期	荷载/kPa	S_1/cm	S_3/cm	$\Delta S'$/cm	S_3/S_1	$\Delta S'/L$/%
1992.6.15	47.0	15.2	7.5	7.7	0.49	0.59
1992.8.10	66.6	23.4	17.4	6.0	0.74	0.46
1992.9.2	66.6	24.9	18.2	6.7	0.73	0.52
1992.9.12	66.6	26.5	18.8	7.7	0.71	0.59
1992.10.15	66.6	27.5	19.8	7.7	0.72	0.59

注：1. L 为中心及坡肩两孔水平距离，其值为 13.0m；

2. $\Delta S' = S_1 - S_3$；

3. $\Delta S'/L$ 为横向差异沉降率。

中，同时还列出了两孔差异沉降率，在 0.4%～0.6% 之间。

（2）侧向变形的观测与分析。图 5-9 表示的是加荷过程中土体水平位移情况，由图可知：在上部填土荷载较小时，土体发生的侧向变形也小；当荷载超过 2.0m 填土时，土体发生了较大的背离填土区的变形，沿土层深度呈弓形分布，最大值达 6.5cm，深度在地表下 6.0m 左右（淤泥质黏性土层中），往下沿深度递减。根据图中所示的土体侧向变形量，可以推算出路基沉降中由于土体侧向变形而产生的附加沉降。经计算，该段填土结束三个月时，附加沉降量占总降量的 15% 左右。

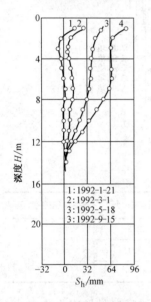

图 5-9　S_h-H 过程线

（3）孔隙水压力的观测与分析（略）。该项的测量及分析需要一些其他专业的相关知识，在此不予介绍。

（4）总体结论。总结上述三种观测结果的分析，得到如下几点结论：

1）路堤填筑后，经七个月预压，已完成了大部分的沉降，淤泥质黏性土的固结度已达 80% 以上，残余沉降量小于 10.0cm，满足设计要求，各土层的物理力学指标有了显著提高。

2）在加荷初期，土体沉降明显较大，差异沉降较大，侧向变形也较大。

3）本路段地表以下的淤泥质黏性土层为主要压缩层，其压缩量占总沉降的 80% 以上，该土层是控制沉降变形的主要土层，应引起重视。

5.2.3 边坡工程各监测项目和监测工作的实施及实例

5.2.3.1 边坡工程监测的项目

边坡岩土的破坏，一般不是突然发生的，破坏前总是有相当长时间的变形发展期。通过对边坡岩土体的变形监测，不但可以预测预报边坡的失稳滑动，同时也可应用变形的动态变化规律检验边坡治理设计的正确性。边坡变形监测内容较多，对于实际工程应该根据具体情况设计位移监测项目和监测点。

5.2.3.2 边坡工程各项监测项目的实施

通常，在监测方案和测点布置工作完成后，监测就进入实施阶段，在该阶段中元件的埋设和初始的调试工作较为复杂，因其牵扯到钻孔、元件埋设以及各个单位、部门之间的协调工作，所以监测工作实施的难度较大。为此，在必要时应根据实际情况对方案予以相应调整和补充。下面是监测工作的具体实施内容。

1. 地面位移监测工作

地面位移监测是在稳定的地段建立测量基准点，在被监测的地段上设置若干个变形监测点或设计有传感器的监测点，用仪器定期监测各测点的位移变化或建立无线边坡监测系统进行监测。该项监测工作主要包括地面测点选点及有关标点、监测元件的埋设，以及开展相关保护措施，在此之后的监测工作的量测，在各次量测完成后的资料汇总和形成报表等内容。

地表位移监测主要监测边坡水平位移、垂直位移以及变化速率。使用的监测仪器有两类，一是高精度的大地测量仪器，如经纬仪、水准仪、红外测距仪、全站仪等，该类仪器一般只能对地面定期进行位移监测，不能连续监测地表位移变化。当地面明显出现裂缝、地表位移速度加快时，使用大地测量仪器来定期监测显然满足不了工程需要，这时应采用能连续监测的设备如全自动全天候的无线边坡监测系统等，也可采用专门用于边坡变形监测的设备如位移传感器、地表位移伸长计等。

相应的监测精度点位误差要求不超过 $\pm(2\sim5)$ mm，水准测量误差小于 $\pm(1.0\sim1.5)$ mm/km。对于土质边坡，精度可适当降低，但要求水准测量中误差不超过 ±3.0 mm/km。

2. 边坡表面裂缝监测

边坡表面张性裂缝的出现和发展，往往是边坡岩土体即将失稳的前兆信号，因此这种裂缝一旦出现，必须对其进行监测。监测的内容包括裂缝的拉开速度和两端扩展情况，如果速度突然增大或裂缝外侧岩土体出现显著的垂直下降或转动，预示着边坡即将失稳破坏。

地表裂缝位错监测可采用伸缩仪、位错仪或千分卡直接量测。量测精度 $\pm(0.1\sim1.0)$ mm。对于建筑规模小、性质简单的边坡，在裂缝两侧设桩、设固定标尺或在建筑物裂缝两侧贴片等方法，均可直接量得位移量。具体参见本书第 2 章裂缝监测。

对边坡位移的观测资料应及时进行核对和整理，并绘制边坡观测桩的高程变化曲线、平面位移失量图，作为分析的基本资料。从位移资料的整理和分析中可以判别或确定边坡的局部移动、滑带变形、滑动周界等，并预测边坡的稳定性。

3. 边坡深部位移监测

边坡位移监测是监测边坡整体变形的重要方法，起着指导边坡治理工程的实施和效果检验的作用。传统的地表测量具有范围大、精度高等优点；裂缝测量也因其直观性强，方便适用等特点而广泛使用。但他们都具有一个无法克服的弱点，即它们不能监测边坡岩土内部的蠕变，因而无法预知滑动控制面。而深部位移量测能弥补这一缺陷，它可以了解边坡深部，特别是滑动带的位移情况。

边坡岩土体内部位移监测手段较多，目前国内使用较多的主要是钻孔引伸仪和钻孔倾斜仪两大类。钻孔引伸仪（或钻孔多点伸长计）是一种传统的测定岩土体沿钻孔轴向移动的装置，它用于位移较大的滑体监测。如武汉岩土力学所研制的 WRM-3 型多点伸长计，这种仪器性能较稳定，价格便宜，但钻孔太深时不好安装，且孔内安装较复杂，并且其最大的缺点就是不能准确地确定滑动面的位置。钻孔引伸仪有埋设式和移动式两种，根据位移测试表的不同又可分为机械式和电阻式。埋设式多点位移计安装在钻孔内以后就不再取出，由于埋设投资大，测量的点数有限，因此又出现移动式。有关多点位移计的详细构造和安装使用可参阅有关书籍。

钻孔倾斜仪应用到边坡工程中的时间不长，它是测量垂直钻孔内测点相对于孔底的位移。观测仪器一般稳定可靠，测量深度可达百米，且能连续测出钻孔不同深度的相对位移的大小和方向。因此，这类仪器是观测岩土体深部位移，确定潜在滑动面和研究边坡变形规律较理想的设备，目前在边坡深部量测中得到了广泛使用。

利用钻孔倾斜仪，定期对深部土体上的测点进行重复量测，即可得出岩土体变形的大小和方向。并依据采集的数据绘制出位移—深度关系曲线。在位移—深度关系曲线随时间的变化图中，可以很容易的找到滑动面的位置，同时可对滑动的位移大小及速率进行估计。图5-10为一个典型的钻孔倾斜成果曲线。从图中可以清楚的看到，在深度10.0m处变形加剧，可以断定该处就是滑动控制面。

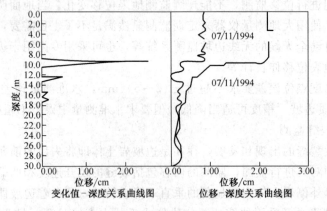

图 5-10　钻孔倾斜仪典型曲线

钻孔是实施倾斜观测的必要条件，钻孔质量将直接影响到安装的质量和后续测量工作。因此要求钻孔尽可能垂直，并保持孔壁平整。若在岩土体内成孔困难时，可采用套管护孔。钻孔除要达到上述要求外，还必须穿过可能的滑动面，进入稳定的岩层内，一般要求进入稳定岩层的深度不应小于5~6m。成孔后，应立即安装测斜导管，安装前应检验钻孔是否满足预定要求，尤其是在岩土体条件较差的地方更应该如此，防止钻孔内某些部位可能发生塌落或其他问题，导致测量导管不能到达预定的深度。

在分析评价倾斜成果时，应综合地质资料加以分析，如果位移—深度曲线上的斜率突变处恰好与地质上的构造相吻合，可认为该处即是滑坡的控制面，在分析位移随时间的变化规律时地下水资料及降雨资料也是应加以考虑的。

4. 监测资料处理与分析

边坡工程的监测工作主要有各次监测的监测报表、监测总表、监测的相关图件以及阶段性的分析报告等几方面的资料。

（1）监测报表。对于不同的监测内容，每完成一次观测和进行监测工作的关键阶段监测，都应向委托方提交监测报表，就目前来说，这类报表可用 Excell 或其他各类通用软件来制作相应表格以形成同一数据库。

1）监测日报表。监测日报表是监测工作中最为直接的原始资料，它是将每次外业观测所采集的监测数据直接汇总而形成的原始文件。如边坡的地下位移监测孔的水平位移监测日报表等。

2）阶段性报表。在监测工作进行到一定阶段后，应对该工程的一些监测原始数据加以处理后，汇总整理出阶段性的数据、报表，并提出有针对性的建议，如最大位移表、位移速度及速率表等。

3）监测总表。监测总表是在一个监测周期的工作完成以后，所提出的一种对该项边坡工程监测的规律性和建议的总结性报表。一般是将各类监测项目的变形情况，进行汇总分析而得出，如地表变形汇总成果、地下变形汇总成果、降雨量实测统计表等。

（2）相关图件。在实际监测工作中，往往会采集到大量的监测数据，制作出较多的监测报表，为了更好地说明问题，通常可根据各监测工程的不同情况绘制一些直观、明了的图件，以进一步的结合报表资料来说明监测对象的变形规律，这一些数据分析图件是监测分析报告中的很重要的资料。如针对监测工程而绘制的地表位移矢量图，各时段的深度—水平位移曲线图、各时段的深度-垂直位移曲线图、滑坡位移矢量图等，这些图件是监测工作中经常采用的，除此之外，还有变形速率与深度关系、加卸荷载与最大位移关系等各类图件，对于不同的边坡工程所用图件各有侧重，但一般说来，位移深度曲线和变形矢量曲线是最为基本和直观的图件，通常应首选采用。

（3）分析报告。监测工作进行到一定阶段，一般应向委托方提交分析报告，在分析报告中应提供监测数据总表、相关图件和监测资料的分析和结论，一般分析报告中应包括以下几方面的内容：

1）工程地质背景；

2）施工及工程进展情况；

3）监测目的、监测项目设计和工作量分布；

4）监测周期和频率；

5）各项资料汇总；

6）曲线判断及结论；

7）数值计算及分析；

8）结论及建议。

5.2.3.3　边坡工程监测实例

边坡工程的安全不仅依赖于合理的设计和施工，而且取决于贯穿工程全过程的安全监测。安全监测是保证边坡等岩土工程安全的重要条件之一，它既是边坡工程设计、施工和运行的重要组成部分，又是具有独立系统的"监测工程"。在此以粤赣高速公路高边坡安全监测工程为例，介绍边坡工程安全监测的实施方法，并分析其可行性。

1. 工程概况

粤赣高速公路是连接粤赣 2 个省的大通道，全长为 135.1km，属国家重点工程。路线处于罗浮山北缘及北东走向的南岭山系的东侧，路线总走向为 S15°～W30°，沿线地形总趋势为北高南低；路线主要穿越丘陵区，地面高程一般为 50～230m，相对高差一般为 50～150m；沿线地形起伏较大，山区河谷支流、冲沟发育，自然坡呈上缓下陡的形状。路基切坡形成多处深挖高填路段，高度超过 30m 的高边坡有 59 处。公路沿线地处亚热带气候区，多年平均降雨量为 1793.2mm；最大降雨量为 2732mm，最小降雨量为 1050.9mm；每年 5～

8月降雨量占全年降雨量的70%，5月、6月降雨量占全年的37%。

（1）边坡地质条件。所监测边坡为粤赣高速公路 K100+520～K100+640 左边坡，总长为120m，最大坡高为39.5m，边坡走向为 NE75°。

所测边坡地层岩性为坡残积层粘土（该土层为褐红、灰黄色，稍湿，在可塑～硬塑之间，含少量砾石和小岩屑）、断层破碎带（以糜棱化的花岗岩为主，其中全风化层厚约5～8m，最厚可达15m左右；强风化层厚约10m左右；弱风化层厚5～10m）、灰黑绿色细砂岩（弱风化，锤击声脆，岩质坚硬，节理、裂隙发育）、白色石英砂岩（浅灰红、弱风化，其岩质坚硬，碎块状）等。

该边坡处在河源断裂的上盘。本区的河源断裂带为东西向的大构造带，并和另一条大构造龙颈断裂带相交，确定了本区的构造格局。在砂岩中有走向为 NW8°、倾向南西且倾角为66°的小断层，断层带宽1.5m，夹有灰绿色断层泥。受河源断裂影响，该边坡的岩体破碎，为节理裂隙发育，所以边坡工程施工时，边坡开挖极有可能产生由不利结构面引发的不稳定块体，导致边坡失稳。

（2）边坡加固设计。边坡设计为台阶状，第1级边坡设计高为15m，坡率为1∶0.5；第2级边坡设计高为12m，坡率为1∶0.75；第3级边坡率为1∶1。边坡平台宽度均为2.0m。第1级边坡 K100+540～K100+627.5 段采用锚杆框架加固；第2级边坡 K100+560～K100+612 段采用注浆钢锚管框架加固；第3级边坡采用拱形骨架植草防护。

2. 监测方案和仪器布置

边坡监测内容主要是对外部变形、内部变形及加固结构应力进行监测，然后进行监测数据分析，最终采用多因素判断、综合评判的方法，以判断边坡的整体稳定状态。

外部变形监测采用测量边、角数据变化，按照前方交会方法计算监测点的水平位移；内部变形采用深孔位移方法，通过滑动式测斜仪监测山体内部不同深度的点，在垂直、平行坡面的两个方向上的位移变化；加固结构应力采用安装锚杆应力计、锚索测力计的方法，监测锚杆、锚索的应力变化。

（1）外部变形监测。边坡外部变形监测测点布置如图5-11所示。坡顶布置3个测点，坡脚布置3个测点，共计3个观测断面，7个监测点。为减少仪器对中误差，在监测基点和监测目标点均埋设安装了强制对中盘的观测桩，观测桩底部应埋设到地表下稳定基岩位置上，观测仪器、目标棱镜对中过程由机械控制，保证每次对中的一致性。前方交会三角形内角控制在30°～120°，以减小因交会三角形形状奇变而产生的误差。

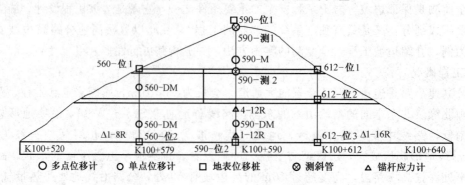

图 5-11 K100+520～K100+640 高边坡监测点布置示意图

（2）内部变形监测。在边坡主测断面内的堑顶和第 2 级平台各设测斜孔 1 个（图 5-11），孔深一直向下穿过坡体内的破碎带 8m，进行坡体内的深部水平位移监测。

（3）锚杆应力监测（略）。

3. 监测成果分析

（1）外部变形监测成果分析。K100＋590 堑顶变形过程曲线如图 5-12 所示。从 2004 年 3 月开始进行监测，边坡开挖初期，从变形位移—时间变化过程曲线来看，数据变化比较平缓，累计位移量也不大，整个坡体还是处于初始变形的稳定变形阶段。2004 年 7 月，第 1 级坡变更进行二次修坡，边坡变形加速，位移-时间变化过程曲线迅速上升，曲线斜率较大、向上弯曲，最大累计位移接近 30mm。

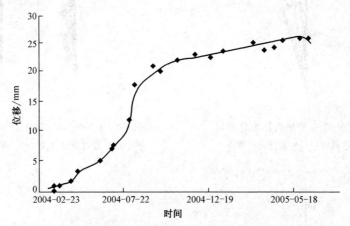

图 5-12　K100＋590 左边坡表面位移-时间变化过程曲线

2004 年 8 月以后，加固结构基本完成，约束了边坡的卸荷变形，位移-时间变化过程曲线比较平缓，接近等斜率水平延伸，边坡变形逐渐趋于稳定。边坡堑顶位移方位为 NW355°～NE5°，与边坡走向夹角为 $-70°$～$-75°$。

（2）内部变形监测成果分析。

1）确定潜在滑动面（带）形状及其位置。K100＋590——测 1 为深孔测斜，对其进行监测，以测得各不同深度位置处的监测点各次观测的位移值，并进行数据分析处理，计算出各变形点的相对位移和累计位移，再利用监测数据处理值绘制相对位移曲线图和累计位移曲线图（见图 5-13）。对图中各点的位移情况进行对比分析可以看出，在孔深 16m 处，测斜相对位移曲线和累计位移曲线均发生突变，该处存在明显的差动位移带，最大差动位移达到 5mm。

K100＋590——测 2 为设在第 2 级平台上的深孔测斜，图 5-14 为其各测点的相对位移曲线图和累计位移曲线图。同样，从图中分析可以看出，在孔深 13.5m 位置，存在差动位移带，最大差动位移达到 5mm。

综合分析图 5-13 和图 5-14，表明该边坡存在潜在滑动面。

而边坡地质资料和开挖揭露的地质现象也均显示出，该边坡在此处存在断层破碎带，从而也相应地验证了该曲线的可靠性。

2）测定边坡位移大小及速率变化。K100＋590 第 2 级平台深孔测斜最大差动位移点（-13.5m 位置处）的位移-时间变化过程曲线，直观地反映了边坡的位移大小和位移速率

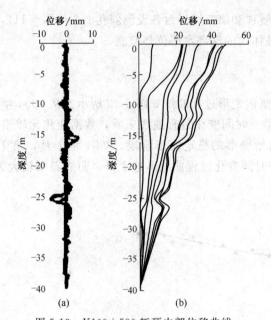

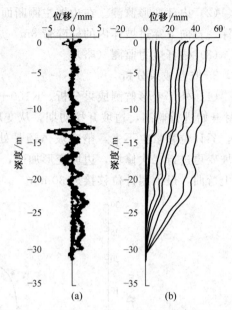

图 5-13　K100＋590 堑顶内部位移曲线

（a）相对位移曲线；（b）累计位移曲线

图 5-14　K100＋590 第 2 级平台内部位移曲线

（a）相对位移曲线；（b）累计位移曲线

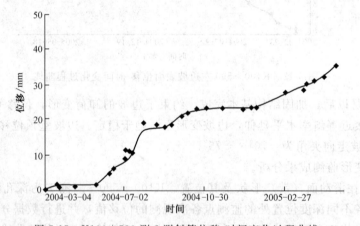

图 5-15　K100＋590 测 2 测斜管位移-时间变化过程曲线

（见图 5-15）。从图中可以看出，2004 年 3 月～2004 年 6 月期间，位移-时间变化过程曲线比较平缓，累计位移量不大，边坡体处于初始变形的稳定变形阶段。2004 年 7 月，位移-时间变化曲线迅速上升，曲线斜率较大、向上弯曲，最大累计位移超过 35mm，这是由于第 1 级坡二次修坡，使边坡内部变形加速所致。2004 年 8 月以后，位移-时间变化过程曲线比较平缓，接近等斜率延伸，边坡变形逐渐趋于稳定状态。

3）锚杆应力监测成果分析。第 1 级坡面加固锚杆长度为 10m，分别在锚杆的 9m、5m、1m 处安装 3 只应力测力计。中部应力计受力最大，底部应力计几乎不受力，说明锚杆设计长度满足要求。同时也说明了加固结构完成后，边坡卸荷松动区在锚杆的加固范围内，没有向坡体深部继续发展。具体分析内容在此略去。

4. 报告结论

通过对该边坡的主测断面设置地表位移桩、深层测斜孔和锚杆应力计等监测设备元件，能够及时、真实地反馈边坡岩体的稳定、变形情况，使边坡的整体安全情况处于掌控之中，为科学施工、安全生产提供了可靠的基础数据。结合该边坡实际地质资料以及开挖、加固结构施工过程的变形情况，综合分析该边坡的各项观测数据、曲线，可以得出以下结果：

（1）该边坡的第 1 级坡小桩号一侧岩体破碎，卸荷松动变形比较大，由于加固结构中锚杆的设计强度不足，造成该部位的锚杆应力超过设计值，达到警戒状态；

（2）该边坡存在走向为 NW8°、倾向南西、倾角为 66°的小断层，具有潜在的滑动面；

（3）该边坡在开挖初期，变形量较小，边坡处于稳定变形状态，边坡全部开挖完毕后，卸荷变形逐渐增大，累积位移速率呈递增趋势，累积位移量随之增加，在加固结构施工结束后，边坡的卸荷变形得到有效约束，位移速率逐渐减小，边坡处于稳定变形阶段。

5.3　桥梁施工和运营期的变形监测

5.3.1　概述

现今兴建的大型桥梁，如斜拉桥、悬索桥，其结构特点是跨度大、塔柱高，主跨段具有柔性特性。尽管目前一些桥梁已建立了"桥梁健康监测系统"，它对于了解桥梁结构内力的变化、分析变形原因无疑有着十分重要的作用。然而，要真正达到桥梁安全监测的目的，了解桥梁的变化情况，还必须及时测定它们几何量的变化及大小。因此，研究采用大地测量方法和各种专用的工程测量仪器和方法建立大跨度桥梁的监测系统仍是十分必要的。

桥梁变形和其他工程变形一样可分为静态变形和动态变形，桥梁的静态变形是指变形观测的结果只表示在某一期间内的变形值，它是时间的函数。而动态变形是指在外力影响下而产生的变形，它是表示桥梁在某个时刻的瞬时变形，是以外力为函数来表示的对于时间的变化。桥梁墩台的变形一般是静态变形，而桥梁结构的挠度变形则是动态变形。

对桥梁墩台的静态变形监测，主要是对各墩台空间位置的监测，包括两个方面的监测内容：

（1）各墩台的垂直位移观测，包括各墩台沿水流方向（或垂直于桥轴线方向）和沿桥轴线方向的倾斜观测。

（2）各墩台的水平位移监测，包括各墩台沿上、下游方向的水平位移观测（即横向位移观测），各墩台沿桥轴线方向的水平位移监测（即纵向位移观测）。其中以横向位移观测更为重要。

桥梁变形观测的方法，一般应根据桥梁变形的特点、变形量的大小、变形的速率等合理选用。现阶段所采用的桥梁变形观测方法主要有以下四种：

（1）大地控制测量方法，又称常规地面测量方法，它是变形观测的主要方法。其优点在于能够提供桥墩台和桥的跨越结构的变形情况，并且能够以网的形式进行监测，可以对监测数据结果进行精度评定。

（2）特殊方法，主要包括倾斜观测和激光准直观测。

（3）地面立体近景摄影测量方法。

（4）GPS 动态监测方法。

后三种方法与第一种方法相比较，具有外业工作量少，容易实现连续监测和自动化监测的优点。

桥梁变形监测工作，应从施工开始，并延续至运营阶段。其监测周期及监测频率的确定，通常要求监测次数既能反映出桥梁变形的变化过程，又不遗漏变化的时刻。一般来说，在施工建造的初期，变形速率比较快，其监测频率要大一些；经过一段时间的施工后，变形将逐步稳定，则监测次数可逐步减少；在掌握了一定的规律或变形稳定后，可固定其监测周期；但在桥梁遇到特殊情况时，如遇到洪水、船只碰撞时，应及时进行监测。

在进行桥梁的变形监测工作中，应合理布设监测点。通常情况下，作为变形监测的基准点应布设于桥梁承压范围之外，且被视为稳定不动的点；工作基点应全部设置于承压区之内，用以直接测定变形监测点的变形；变形监测点一般布设在桥梁墩台选定的位置上，通过监测其在垂直方向和水平方向上的位置变化值，即可得出桥梁的变形情况。

对桥梁进行变形监测，可获得大量的监测数据，然后对其进行变形数据分析处理，从中即可归纳出桥梁变形的过程、变形的规律和变形幅度，并分析变形的形成原因，判断变形是否正常，得出安全预报结论。变形如属异常，则及时向工程技术人员提出，并采取措施，防止事故发生，并改善运营方式，以保证安全。同时，桥梁的变形监测可以对桥梁的设计与施工方法进行验证，并为以后进行类似桥梁的设计、施工、运营管理提供可借鉴的资料。

5.3.2 桥墩台的垂直位移监测

1. 垂直位移监测网

桥梁垂直位移监测主要是研究桥墩台空间位置在垂直方向上的变化情况。在布设基准网时，为了使选定的基准点稳定牢靠，基准点应尽量选在桥梁承压区之外，但又不宜离桥墩台太远，以免加大实测工作量和增大测量的累积误差，通常情况下，基准点布点时以不远于桥梁墩台 1～2km 为宜。

监测用的工作基点一般选在桥台上，以便于观测布设在桥梁墩台上的变形监测点，主要测定各墩相对于桥台的变形。工作基点的垂直位移可由基准点测定，用以求得变形监测点相对于稳定基准点的绝对位移变形。

变形监测点的布设应遵循既要均匀又要有重点的原则。均匀布设是指每个墩台上都要布置监测点，以便全面监控桥梁的稳定性；重点布设是指对那些受力不均匀、地基基础不良或桥梁结构的重要部位等，应加密变形监测点，主桥桥墩则更为重要。一般主桥墩台上的变形监测点，应在墩台顶上的上、下游两端的适宜位置处各埋设一个，以监测主桥墩台的沉降及非均匀沉陷（即倾斜变形情况）。

2. 垂直位移监测

桥梁的垂直位移监测是定期地测量布设在桥墩台上的变形监测点相对于基准点的高差，求得监测点的高程，利用不同时期监测点的高程计算出桥墩台的垂直位移。

作为监测基准的基准点在整个监测中，应保持稳定，所以基准点自身的稳定监测每年定期进行一次或两次，各次监测的条件应尽可能相同，以减少外界条件对成果的影响。水准测量应执行的等级按桥梁变形监测应达到的精度要求相应而定，一般大型桥梁应按一等水准测量精度标准进行施测，使其能满足变形监测精度为 1mm 的要求。对中、小型桥梁，也可采用二等水准测量精度标准进行。

变形监测点监测包括引桥监测点监测和水中桥墩监测点的监测。由于引桥监测点在岸上，其施测方法可参照工作基准点的方法进行，具体参见本书第 2 章垂直位移监测部分。水中桥墩上的监测点的施测方法为：首先水中监测点监测的线路方案采用从一个墩到另一个墩的跨墩水准测量方法（传统为跨河水准测量，其工作量较大），即工作时，把仪器设站于某一墩上，而观测后、前两个相邻的桥墩，形成跨墩水准测量。为了提高跨墩水准测量的精度，应针对其照准误差、大气折光误差可能会急剧增大的情况，采取以下测量措施：

（1）优选 i 角变化小的仪器，这样在前、后视距相等时可以抵消其对测量的影响。

（2）仪器与测量用的专用水准尺应置于观测墩上，且必须将尺固定于测点上，以保持仪器和标尺在监测中的稳定。

（3）适当增加观测的测回数，且每测回间应变动仪器高，测回互差值应严于跨河水准测量的规范规定标准。

在主桥墩面上，由于其使用空间有限，变形监测点应遵循一点多用的原则，既是垂直位移的变形监测点，也是横向位移、纵向位移及倾斜位移监测点。监测点可采用观测墩及强制对中装置。

5.3.3　水平位移监测

1. 水平位移监测的基点测定

测定相对位移时，工作基点一般处于桥台上或桥台附近不远处，不像基准点布设在较稳定的承压区外，因而工作基点很难保证稳定不动，所以要定期测定工作基点的位移，以改正变形监测点的结果。工作基点位移可按如下方法测定。

（1）边角网。在桥址附近，建立一短边三角网，将此网起算点选择在变形区域以外，此网包括基准点的端点或前方交会的测站点，定期对该网进行观测，求出各工作基点在不同监测周期的坐标值，据此计算出各工作基点的位移值；对工作基点进行稳定性验证，当检验出工作基点不稳定时，必须相应地对因工作基点的位移值引起观测点的位移值进行改正。

（2）后方交会法。在地形与地质条件适宜的地区，可以在基准线端点四周的稳定基岩上选择几个检核点，利用这些点用后方交会法来测定基准线端点的位移值，但必须注意，测站点不能位于三个照准点所在的危险圆上或附近。

（3）检核基准线法。在墩台面上所布设的基准线的延长线上，选择地基稳定处设置观测墩，以形成检核方向线，并用此方向线来检核基准线端点在垂直于基准线方向的位移。

（4）GPS 网。利用 GPS 网测定工作基点的稳定性，由于基准点不需要与工作基点通视，可以很方便地在桥梁承压区范围之外选择稳定的基准点，此检核方法建网的工作量很小，且相对定位精度目前可达到 1×10^{-6}。

2. 水平位移监测

测定桥梁变形监测点的相对位移的方法与桥梁的形状有关，通常，对于直线型桥梁，可采用基准线法、测小角法等；对于曲线型桥梁，一般采用前方交会法、导线测量法等。具体参照本书第 2 章水平位移监测方法介绍。

（1）基准线法。对直线型的桥梁，测定其桥墩台的横向位移用基准线法最为有利，而纵向位移可用高精度的测距仪直接测定。大型桥梁包括主桥和引桥两部分，所以实际监测时，可分别布设三条基准线，主桥一条，两端引桥各布设一条。

（2）测小角法。该法是精密测定基准线方向（或分段基准线方向）与测站到监测点之间的小角。要求在观测时采用观测墩及强制对中装置，并将观测墩底座部分直接浇筑在基岩上，以确保观测时仪器和觇牌的稳定安置。

（3）前方交会法。在桥梁难以直接用距离测量法和基准线法测定水平位移时，可用前方交会法。本方法能求得纵、横位移值的总量，然后将其投影到纵、横方向线上，便可计算出各变形监测点纵、横向位移量。

（4）导线测量法。也可以采用导线测量法进行桥梁水平位移监测，但这种导线两端连接于桥台工作基点上，且每一个墩上设置一导线点，因而也是变形监测点。这是一种两端不测连接角的无定向导线。它是通过周期性的重复观测，然后比较前后两期观测成果，计算相互间的差值来得到监测点的位移量。

5.3.4　桥梁挠度监测

桥梁挠度监测是桥梁监测的重要组成部分。桥梁建成后，桥梁承受静荷载和动荷载，这样必然会产生挠曲变形现象。所以，在桥梁施工和运营管理中应对桥梁结构件的挠度变形进行周期性的监测。

桥梁挠度监测分为桥梁的静荷载挠度监测和动荷载挠度监测。静荷载挠度监测时主要测定桥梁自重和构件安装误差引起的桥梁的下垂量；动荷载挠度监测时则是测定车辆通行时在其重量和冲量作用下桥梁产生的挠曲变形。

目前，桥梁挠度监测的方法有很多，不同的仪器和方法其监测的精度和速度有一定的差异，各种方法的特点如下，在实际工作时，可依据荷载实验的理论计算结果和规范的规定，进行合理的选择。

1. 精密水准法

精密水准是桥梁挠度测量的一种传统方法，该方法是利用布置在稳定地方的基准点来监测桥梁结构体上的水准点，观测出桥体在加载前及加载后的各观测点的高程，然后进行比较，计算出高程差，从而可计算桥梁检测部位的挠度值。

目前，电子水准仪已在工程中得到了很好的应用，其观测、记录和数据处理极为方便、快捷，这样采用其进行精密水准挠曲监测，工作效率得以大大提高。同时，由于大多数桥梁的跨径都在 1km 以内，所以用精密水准方法测量构件的挠曲度，一般能达到±1mm 以内的精度。

2. 静力水准监测法

静力水准仪的主要原理为连通管，利用连通管将各测点连接起来，以观测各测点间高程的相对变化。目前，液体静力水准仪的测程若在 20cm 以内时，其精度可达±0.1mm 以上。具体工作原理参见本书第 2 章相关介绍。

3. 全站仪监测法

其实质是利用三角高程测量原理来测量各次观测时各变形监测点的三角高程值，然后比较前后两次的高差数据差，即可计算监测构件的挠曲度。但在三角测量中，大气折光是一项很重要的误差来源，所以，在利用本方法进行桥梁挠度监测时，务必对此引起注意，以减弱大气折光对高差测量的影响。

4. GPS 观测法

大量实践资料表明，应用 GPS 进行大挠度的桥梁监测，其监测精度可以达到厘米级，故在保证监测条件较好的情况下，且监测精度要求不是太高时，可用此方法进行桥梁挠度监测。

小　　结

（1）从公路工程施工中软土地基的变形问题出发，引出进行公路变形监测的必要性及其意义及目的，主要介绍了公路工程监测方案的编制内容，主要的监测方法，以及监测报告的编写等，最后通过实例的介绍，讲述公路工程变形监测的实施流程及主要内容。

（2）基于边坡工程的特点，讲述了边坡工程监测对边坡工程设计、施工的作用和意义，介绍了其监测方案编制的原则及通用方法，以及监测工作的相关实施内容和监测报告的编写。并通过实例来具体说明通常边坡监测实施的一般步骤。

（3）介绍了桥梁变形监测的一般内容及其监测的常用方法。

习　　题

1. 公路工程变形监测的任务是什么？以某一工程为例，试述公路工程变形监测的内容，并简述公路工程变形监测工作的意义。

2. 试分析公路工程变形监测的各项监测技术和方法，指出它们的优缺点。

3. 如何制定公路工程变形监测方案，其主要内容包括哪些？

4. 如何根据具体的边坡工程对象，确定其各项变形监测的精度和监测的频率？

5. 试对公路工程与边坡工程的监测工作进行比较，说明其各自的特点及异同之处。

6. 试述公路工程及边坡工程变形监测其监测报告各包括哪些内容？

7. 简述桥梁施工及运营期间的基本变形监测内容，并说明现今的大型桥梁变形监测有何监测方法。

第6章　地铁盾构隧道工程施工监测

本章具体讲述地铁盾构隧道工程施工监测的基本监测方法。要求掌握盾构隧道施工监测方案的编制设计方法，了解盾构隧道监测的基本项目及一般的监测方法，重点掌握全站仪三维位移监测技术，并通过监测实例熟悉盾构施工监测的流程。

盾构法施工是在地表面以下采用专用的盾构机暗挖隧道的一种施工方法，近年来由于盾构法在技术上的不断改进，机械化程度越来越高，对地层的适应性也越来越好。采用此法来构筑隧道，埋置深度可以很深而不受地面建筑物和交通的影响，因此在水底公路隧道、城市地下铁道和大型市政工程等领域均被广泛采用。地铁盾构施工是从一个车站的预留洞推进，按设计的线路方向和纵坡进行掘进，再从另一个车站的预留洞中推出，以完成地铁隧道的掘进工作。在软土层中采用盾构法掘进隧道，会引起地层移动而导致不同程度的沉降和位移，即使采用先进的土压平衡和泥水平衡式盾构，并辅以盾尾注浆技术，也难以完全防止地面沉降和位移。随着城市隧道工程的日益增多，在道路、桥梁、建筑物下进行盾构法隧道施工必须要求将地层移动减少到最低程度。为此，通过监测，掌握由盾构施工引起的周围地层的移动规律，及时采用必要的技术措施改进施工工艺，对于控制周围地层位移量，确保邻近建筑物和管线的安全是非常必要的。

本章着重介绍在盾构法施工隧道时所需进行的变形监测工作。

6.1　地铁盾构隧道工程监测的意义和目的

在软土地层进行盾构法隧道施工的工程，由于盾构机穿越沿线各地层的地质条件多种多样，岩土介质的物理力学性质也极其复杂，加之针对工程设计所做的工程地质勘察总是在局部、有限的地段进行，因而，设计者基于此地质报告来认识、了解工程地质状况，以进行工程设计时，对沿线的地质条件和岩土介质物理力学性质等方面的认识便总存在着诸多的不确定性和不完善性。在此种前提条件下来进行软土地层的盾构隧道设计和施工，设计和施工方案或多或少总存在着不足，需要在施工中进行检验和改进。

现今，地铁盾构法的设计工作，一般多是在盾构法的理论基础的指导下，借鉴已建工程的设计参数进行初选设计后，再通过盾构施工过程对地面的监测来完善设计。因此，盾构隧道工程施工监测工作便成为监视设计、保证施工是否正确的眼睛，是监视临近地面建筑物是否安全稳定的手段，它应始终伴随着施工的全过程来实施进行，这也正是盾构法修筑隧道的非常重要的特点。大量实践证明，利用工程类比法和监测手段获得有关数据进行设计或设计反演可以达到满意的效果。

为保证盾构隧道工程安全、经济、合理、顺利地实施，且在施工过程中能对设计进行验证，以便积极改进施工工艺和工艺参数，需对盾构机推进以掘进隧道的全过程进行监测。在设计阶段要根据周围环境、地质条件、施工工艺特点，做出盾构隧道施工监测方案设计和预算，在施工阶段要按监测方案实施，并将获取的各监测项的监测结果及时反馈，以合理调整施工参数和采取技术措施，最大限度地减少地层移动，以确保工程安全并保护周围环境。盾构隧道施工监测的主要目的有：

（1）通过监测来认识各种因素对地表和土体变形等的影响，以便有针对性地改进施工工艺和修改施工参数，减少地表和土体的变形，利用监测结果以修改完善设计并指导施工；

（2）预测下一步的地表和土体变形，根据变形发展趋势和周围建筑物情况，决定是否需要采取保护措施，并为确定出既经济又合理的保护措施提供依据；

（3）建立监测工作的预警机制，定出各监测项目合理的预警值，以保证工程安全，避免结构和环境发生安全事故而造成工程总造价增加；

（4）监督控制地面沉降和水平位移及其对周围建筑物的影响，以减少工程保护费用；

（5）对施工引起的地面沉降进行监测检查，以判定隧道是否在受控范围内；

（6）为研究地表沉降和土体变形的分析计算方法等积累数据资料；

（7）为研究岩土性质、地下水文条件、施工方法与地表沉降和土体变形的关系积累数据，为以后的设计提供可借鉴的第一手技术参数资料；

（8）发生工程环境责任事故时，为仲裁机关提供具有法律效用的数据。

6.2　地铁盾构隧道工程监测方案设计

同其他工程的监测工作一样，在接受了业主的委托之后，应着手完成盾构隧道工程监测方案设计工作，其监测方案的设计，一般应确定出以下几方面的内容。

6.2.1　监测项目的确定

盾构法隧道施工监测项目的确定必须建立在对工程场地地质条件、盾构法隧道设计和施工方案、以及隧道工程相邻环境详尽的调查基础之上，同时还需与业主单位、施工单位、监理单位、设计单位等进行协商。在确定具体监测项目时应考虑以下因素：

（1）地铁隧道沿线的工程地质和水文地质情况；

（2）地铁隧道的设计埋深、直径、结构形式和相应盾构机的施工工艺；

（3）双线隧道的间距或施工隧道与旁边大型及重要公用管道的间距；

（4）隧道施工影响范围内现有房屋建筑及各种构造物的结构特点、形状尺寸及其与隧道轴线的相对位置；

（5）设计提供的变形及其他控制值及其安全储备系数。

通常来看，盾构隧道施工的基本监测项目的确定可参见表 6-1。但对于具体的盾构隧道工程，还需要根据每个工程的具体情况、特殊要求、经费投入等因素综合确定，根本目标是要确保施工监测能最大限度地反映周围土体和建筑物的变形情况，控制盾构施工，使其对周围建（构）筑物及环境不产生有害破坏。对于某一些施工细节和施工工艺参数需在施工时通过实测确定时，则要专门进行研究性监测。

6.2.2　监测部分和测点布设位置的确定

监测项目确定好后，应根据具体的监测项目确定监测部位，并相应确定测点的埋设位置。

1. 对地表变形和沉降监测需布置纵剖面监测点和横剖面监测点

纵（即掘进轴线方向）剖面监测点的布设一般需保证盾构顶部始终有监测点在监测，所

表 6-1　　　　　　　　　　　　　　盾构隧道基本监测项目的确定

监测项目		地表沉降	隧道沉降	地下水位	建筑物变形	沉层沉降	地表水平位移	深层位移、衬砌变形和沉降、隧道结构内部收敛等
地下水位情况	土壤情况							
地下水位以上	均匀黏性土	※	※	△	△			
	砂土	※	※	△	△	△	△	△
	含漂石等	※	※	△	△	△	△	
地下水位以下，且无控制地下水位措施	均匀黏性土	※	※	※				
	软黏土或粉土	※	※	※	○			
	含漂石等	※	※	※				
地下水位以下，用压缩空气	软黏土或粉土	※	※	※	○			△
	砂土	※	※	※	○			△
	含漂石等	※	※	※	○			△
地下水位以下，用井点降水或其他方法控制地下水位	均匀黏性土	※	※	△	△			
	软黏土或黏土	※	※	△	○	○	○	△
	砂土							

注：※必须监测的项目；

　　○建筑物在盾构施工影响范围以内，基础已作加固，需监测；

　　△建筑物在盾构施工影响范围以内，但基础未作加固，需监测；

　　表中建筑物的变形系指地面和地下的一切建筑物和构筑物的沉降、水平位移和裂缝。

以，布设沿轴线方向监测的监测点时，其测点间的间距一般小于盾构长度，通常为 3～5m 一个测点。监测横剖面的变形测点应每隔 20～30m 布设一个，且在横剖面上从盾构轴线由中心向两侧按测点间距从 2～5m 递增布点，布设的范围为盾构外径的 2～3 倍，在该范围内的建筑物和地下管线等都需进行变形监测。

在地表沉降控制要求较高的地区，为了确定合理的盾构施工参数，使盾构施工对地表的影响最小，往往在盾构推出竖井的起始段便开始进行以土体变形为主的监测工作，然后依据监测数据，绘制出横断面地表变形曲线和纵断面地表变形曲线，以此来调整、确定合理的盾构机的相关施工参数。在调整确定时，将横断面地表变形曲线与预估计算出的沉降槽曲线（预估计算出的沉降槽曲线采用地表沉降估算方法进行计算和绘制，一般需同工程设计人员相配合进行，在此不予介绍）相比，若两者较接近，说明原来实施的盾构施工基本正常；若实测沉降值偏大，说明地层损失过大，需要按监测反馈资料来调整盾构正面推力、压浆时间、压浆数量和压力、推进速度、出土量等施工参数，已达到控制沉降的最优效果。

2. 土体深层位移监测的测点布设

若是为了进行盾构施工理论研究的目的，则还需对离开盾构中心线一定距离的土体进行深层沉降监测。另外，当盾构机穿越建筑物地下施工时，特别应该对纵向地面变形进行连续监测，以严密控制盾构正面推力、推进速度、出土量、盾尾压浆等施工细节。

土体深层位移监测的各监测孔一般布置在隧道中心线上，这样其监测结果比地表沉降更为敏感，因而能有效地监测施工状态，特别是盾构机正前方一点的沉降。

地下土体的水平位移监测应沿盾构前方两侧布设监测孔，并用测斜仪量测，其监测结果可以分析盾构推进中对土体扰动引起的水平位移，从而研究制定出减少扰动的对策。

土体回弹监测点设在盾构前方一侧的盾构底部以上土体中,采用埋设深层回弹标,以分析这种回弹量可能引起的隧道下卧土层的再固结沉降。

3. 隧道沉降监测点的布设

隧道沉降由衬砌环的沉降反映出来,衬砌环的沉降监测是通过在各衬砌环上设置沉降点,自衬砌脱出盾尾后监测其沉降,隧道的沉降情况可以反映盾尾注浆的效果和隧道地基处理效果。隧道沉降相当于增加地基损失,也必然加大地表沉降。

4. 道路、铁路及地下管线沉降监测点的布设

在道路沉降监测中,必须将地表桩埋入道路表面以下的土层中才能比较真实地测量到地表沉降,铁路的沉降监测必须同时监测路基铁轨的沉降。在地下管线沉降监测点的布设中,对重点保护的管线应将测点设在管线上,并砌筑保护井盖,一般的监测也可在管线周围地面上设置地表桩。

5. 地下水位监测的测点布设

对于埋置于地下水位以下的盾构隧道,地下水位和孔隙水压力的监测是非常重要的,尤其在砂土层中用降水法施工的盾构隧道,根据对地下水位的监测结果,可检验降水效果,能为使用压缩空气的压力提供依据;对开挖面可能引起的失稳进行预报,还有益于改进挖土运土等施工方法。在进行检验降水效果的地下水位监测时,还需同时记录井点抽水泵的出水量自开始抽出后随时间的变化情况。专门打设的水位监测井一般分为全长水位监测井和特定水位监测井两种,全长水位监测井设置在隧道中心线或隧道一侧,井管深度自地面到隧道底部,沿井管全长开透水孔;特定水位监测井是为监测特定土层中和特定部位的地下水位而专门设置的,如监测某一个点或几个含水层中的地下水位的水位监测井、设置于接近盾构顶部这样的关键点上的水位监测井、监测隧道直径范围内土层中水位的监测井、监测隧道底下透水地层的水位监测井等。

其他监测项目的布设部分和监测方法与基坑监测的相类似。

6.2.3　监测频率的确定

各监测项目在前方距盾构切口 20m,后方离盾尾 30m 的监测范围内,通常监测频率为 1 次/d;其中在盾构切口到达前一倍盾构直径时和盾尾通过后三倍盾构直径以内的范围内应加密监测,监测频率加密到 2 次/d,以确保盾构推进安全;盾尾通过三倍盾构直径的距离后,监测频率改为 1 次/d,以后每周监测 1～2 次。

6.2.4　盾构推进引起的地层移动规律

盾构推进引起的地层移动因素有盾构直径、埋深、土质、盾构施工情况等。其中拟施工的隧道线型、盾构外径、埋深等设计条件和土的强度、变形特性、地下水位分布等地质条件是客观因素,盾构形式、辅助工法、补砌壁后注浆、施工管理情况是主观因素。

在盾构施工推进过程中,地层移动的特点是以盾构机本体为中心的三维运动的延伸,其分布随盾构推进而前移。在盾构开挖面产生的挖土区,这部分土体一般随盾构的向前推进而发生沉降;但也有一些挤压型盾构由于出土量相对较少而使土体前隆。对挖土区之外的地层,因盾构外壳与土的摩擦作用而沿推进方向挤压导致沉降。盾尾地层因盾尾部的间隙未能完全及时的充填而发生沉降。

根据对盾构施工中地层移动的大量实测资料的分析,按地层沉降变化曲线的情况,大致可分为五个阶段:

（1）前期沉降一般发生在盾构开挖面前 3m～（$H+D$）范围内（H 为隧道上部土层的覆盖深度，D 为盾构机的外径，单位均为 m），地下水位随盾构推进而下降，使该段地层的有效土压力增加而产生压缩、固结沉降。

（2）盾构开挖面之前的隆陷发生在盾构切口即将达到监测点，开挖面坍塌导致地层应力释放，使地表隆起；盾构推力过大使地层应力增大，使地表沉降；盾构周围与土体的摩擦力作用使地层产生弹塑性变形。

（3）盾构通过时的沉降，从切口到达至盾尾通过之间产生的沉降，主要是由于土体扰动后引起的。

（4）盾尾间隙的沉降，盾构外径与隧道外径之间的空隙在盾尾通过后，由于注浆不及时和注浆量不足而引起地层损失，并产生弹塑性变形。

（5）后期沉降，盾尾通过后由于地层扰动引起的次固结沉降。

6.2.5　监测信息对施工的控制作用

在盾构施工监测中，所采集的所有监测数据应及时整理并绘制成有关的图表，施工监测数据的整理和分析必须与盾构的施工参数采集相结合，如开挖面土压力、盾构推力、盾构姿态、出土量、盾尾注浆量等，大多数监测项目的实测值的变化与时间和空间位置有关，因此，在时程曲线上要尽量表明盾构推进的位置，而在纵向和横向沉降槽曲线、深层沉降和水平位移曲线等的图表上面，要绘出典型工况和典型时间点的曲线。

监测的各种变量如位移、应力、应变等，应及时绘出时程曲线：位移—时间曲线、应力—时间曲线、应变—时间曲线。一般横坐标表示为时间，纵坐标表示为各类变量（位移、应力、应变等）。这些曲线可能形成极不规律的散点联线，如果将工序标在水平坐标上，就可以看出各工序对隧道变形的影响。这个散点图是作为变形分析的第一手原始资料，也是判断地层是否稳定的重要依据。

6.2.5.1　盾构施工监测信息对施工的反馈作用

1. 最大允许位移值的控制

最大位移值与地铁隧道的地质条件、盾构隧道的埋深、断面大小、开挖方法、支护类型和参数有关，在规定最大位移值时，必须考虑这些因素的影响。大量的施工实践经验证明拱顶下沉是控制稳定较直观的和可靠的判断依据；水平收敛和地表下沉有时也是重要的判断依据。对于地下铁路来讲，地表下沉测量显得尤为重要。

2. 根据隧道周边位移监测数据确定净空预留量

在隧道施工中，隧道周边或结构物内部的净空尺寸由于变形会发生变化，此种尺寸的改变称为收敛位移。通过收敛位移监测，以采集位移量。然后，可根据位移随时间变化的测量资料进行回归分析，推算最终位移值，此最终位移值可作为净空预留量。

3. 二次衬砌施作时间的控制

按照规定，二次衬砌是在初次支护变形基本稳定后施作的。基本稳定的标志是外部荷载基本不再增加，位移不再变化，因此可用周边接触应力和位移值这两项指标控制。当隧道断面小于 $10m^2$ 时，周边位移率 v_n 应小于 0.1mm/d；断面大于 $10m^2$ 时，v_n 小于 0.2mm/d 或周边接触应力 v_p 小于 5.0kPa/d 时，都可认为是基本稳定。

现今，为方便现场掌握，多以机械量测仪器测量位移，然后进行控制。当达不到基本稳定指标时，应进行补救，其措施是对初期支护予以加强，并立即施作二次衬砌。

值得指出的是，对位于软弱围岩中的浅埋隧道，提出"基本稳定"的准则并不合适。同深埋隧道的情况不同，在初次支护完成之时，浅埋隧道应及进行二次衬砌，尽早施作二次支护，这是为了保护和发挥围岩的自承力，对"浅埋隧道进行支护"这一施工阶段，其监测的重点应考虑的问题是对围岩变形的控制而不是释放；对于支护系统需强调的是刚性而不是柔性。铁路规范规定"浅埋隧道应及早施作二次支护"。这一点在地铁浅埋隧道中很重要，在施工时，二次补砌的时间处理不当是会引起坍塌的。

6.2.5.2　盾构施工监测信息对设计的反馈作用

在盾构隧道工程中，其地质条件的复杂性使地下工程设计不得不采用信息化的设计方法，即在相关理论基础的指导下，借鉴已建工程的设计参数进行初选设计后，再通过盾构施工监测得到的围岩变形的动态信息（主要是指位移信息）对设计进行验证、修改，以完善地下工程设计。基于监测数据，首先采用反分析技术，推求围岩的本构模型和力学参数，如弹簧模量、内摩擦角、黏聚力、黏性系数等；再采用正分析技术，求出围岩和支护结构中新的应力场和位移场，验算和核实预设计的可靠性，并对其进行修改。

监测点的初始读数，应在开挖循环节施工后 24h 内，并在下一循环节施工前取得，其测点距开挖工作面不得大于 2m。

隧道施工中出现下列情况之一时，应及时停工，查明原因，并采取合理的技术措施进行处理：

（1）周边及开挖面塌方、滑坡及破裂；

（2）地表沉降监测数据有不断增大的趋势；

（3）支护结构变形过大或出现明显的受力裂缝且不断发展；

（4）时程曲线长时间没有变缓的趋势。

如：南京地铁西沿线三个车站及地下隧道均处于长江漫滩中，地下明挖区间采用间隔钻孔桩加搅拌桩支护。由于三个车站的基坑深度、周边环境以及场地条件的不同分别采用不同的形式，后经综合比选，经过设计变更，其中胜站采用 SMW 工法，元通站采用钻孔咬合桩，奥体站采用放坡开挖加土钉墙支护。

6.2.5.3　盾构施工监测信息是制定基坑变形控制标准的依据

在深基坑开挖施工中，应避免因渗漏而引起水土流失，要严格控制地表沉降量，并根据安全等级提出监测要求，以确保临近建筑物和重要管线的安全和正常使用。

6.3　地铁盾构隧道工程监测项目及方法

盾构隧道监测的对象主要是土体介质、隧道结构和周围环境，监测的部位包括地表土体内、盾构隧道结构以及隧道沿线周围道路、建筑物和管线等，监测类型主要是地表和土体的沉降、深层沉降和水平位移，地层水土压力和水位变化，建筑物和管线及其基础等的沉降和水平位移，盾构隧道结构内力、外力和变形等，具体见表 6-2。

应用监控量测信息指导设计与施工是隧道暗挖法施工的重要组成部分。在工程设计文件中应对盾构施工监测提出具体要求和监测内容，其监控量测的费用也应纳入工程成本。在实施过程中施工单位要有专门机构执行与管理，并由技术总管统一掌握、统一领导。

隧道施工前，应根据盾构隧道的埋深、工程地质条件、地铁隧道沿线的地面环境、开挖断面和施工方法，来设计盾构隧道施工监测方案，确定出具体的监测项目，拟定具体的监控

表 6-2   盾构隧道施工监测项目和仪器

序号	监测对象	监测类型	监 测 项 目	监测元件与仪器
1	隧道结构	结构变型	(1)隧道结构内部收敛	收敛计,伸长杆尺
			(2)隧道、衬砌环沉降	水准仪
			(3)隧道洞室三维位移	全站仪
			(4)管片接缝张开度	测微计
		结构外力	(5)隧道外侧水土压力	压力盒、频率仪
			(6)隧道外侧水压力	孔隙水压力计、频率仪
		结构内力	(7)轴向力、弯矩	钢筋应力传感器、频率仪、环向应变计
			(8)螺栓锚固力、管片接缝法向接触力	钢筋应力传感器、频率仪、锚杆轴力计
2	地层	沉降	(1)地表沉降	水准仪
			(2)土体沉降	分层沉降仪、频率仪
			(3)盾构底部土体回弹	深层回弹桩、水准仪
		水平位移	(4)地表水平位移	经纬仪
			(5)土体深层水平位移	测斜仪
		水土压力	(6)水土压力(侧、前面)	土压力盒、频率仪
			(7)地下水位	监测井、标尺
			(8)孔隙水压	孔隙水压力探头、频率仪
3	相邻环境周围建(构)筑物,地下管线铁路、道路		(1)沉降	水准仪
			(2)水平位移	经纬仪
			(3)倾斜	经纬仪
			(4)建(构)筑物裂缝	裂缝计

实施方案,确定并埋设各隧道断面上的监测点。

盾构隧道施工中所需监测的项目和采用的监测方法、仪器大多在以前各章已有介绍,方法大同小异。这里着重介绍用全站仪监测隧道三维位移的技术。

该技术是近几年来在隧道洞室位移观测中正在探索应用的测量技术。三维观测隧道洞室位移是使用全站仪在洞内自由设站进行观测,其施测步骤是:

(1) 在洞口设置两个基准点,用常规测量方法测定出其三维坐标;

(2) 在开挖成洞的横断面上布设若干测点,测点上贴上反射片;

(3) 在基准点上安置好反射镜或简易反射镜后,选一适当位置安置全站仪,用方向法测量基准点和监测点之间的水平角、高差、平距;

(4) 当观测到一定远处时,再在某一断面上设两个基准点,逐步向后传递三维坐标。

图 6-1 中 A、B 为基准点,测点 1,2 为待定点,A'、B'、$1'$、$2'$ 分别为上述各点在通过仪器中心 P 点的水平面上的投影。S_A、S_B、S_1、S_2 为测得的斜距,V_A、V_B、V_1、V_2 为测得的竖直角,还有测得的水平角 $\angle A'PB'$、$\angle A'P1'$、$\angle A'P2'$、$\angle B'P1'$、$\angle B'P2'$ 等。D_A、D_B、D_1、D_2 为计算出的平距,即 $D_i = S_i \cos V_i$（$i = A$，B，1，2）。

根据 A，B 的已知坐标 X，Y,反算出 A，B 两点的水平距离 D_{AB} 和方位角 α_{AB},再求算出 AP 和 BP 的方位角 α_{AP} 与 α_{BP},则测站点 P 的三维坐标为

$$X_P = X_A + D_A \cos\alpha_{AP}$$
$$Y_P = Y_A + D_A \sin\alpha_{AP}$$
$$H_P = H_A - h_{AP}$$

式中　H_P——P 点的视线高程；

　　　h_{AP}——A，P 两点的高差，$h_{AP} = S_A \sin V_A$。

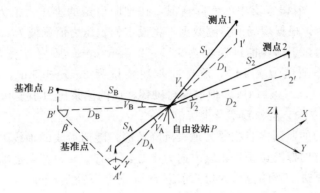

图 6-1　用全站仪监测隧道各测点的三维位移

最后，根据测站点的坐标，以及测得的水平角、斜距、竖直角和算得的平距、方位角，求出各测点的三维坐标。即：

$$X_i = X_P + D_i \cos\alpha_{Pi}$$
$$Y_i = Y_P + D_i \sin\alpha_{Pi}$$
$$H_i = H_P + S_i \sin V_i$$

式中，$i = 1$，2。

同理，以后各期观测测算出各测点的三维坐标，将各期各测点的三维坐标与首期测算的三维坐标进行比较，计算出各期各点的三维位移矢量。为了提高测算精度，还可以利用各期所观测的数据，对各期观测值进行严密平差，最终得到平差后的各点各次观测后的三维坐标，再进行比较计算。

三维位移监测技术的优点是：

（1）可在运营隧道和施工隧道内自由设站；

（2）在一个测点上可对多个断面进行观测；

（3）可较多地设置各断面上测点。

本监测方法的不足之处在于：采用该技术需要观测多个测回，这样洞内观测时间太长。且断面上设点越多，观测时间越长，对列车运输和隧道开挖干扰越严重。

为解决以上不足，不少学者一直致力于研究改进隧道洞室位移的量测方法。曾将近景摄影测量的方法用于洞室位移观测。而采用近景摄影测量的方法虽然能取得较好的效果，但皆因对操作技术要求太高，又需专用设备，且对隧道施工和运营影响较大，故很难在隧道洞室位移观测中推广应用。不过，手持普通像机监测隧道洞室位移的近景设想新技术正在开发研究中，它将为隧道洞室位移监测带来新的希望。

6.4　地铁盾构隧道工程监测实例

1. 工程概况

上海地铁一号线盾构隧道外径 6.2m，内径 5.5m，衬砌由六块平板型钢筋混凝土管片拼装而成，管片厚 35cm，宽 100cm，环向由 12 根 M27mm×400mm 的螺栓连接，环与环之间由 16 根 M30mm×950mm 的螺栓连接，隧道覆土厚 6～8m。隧道所处的土层为最软弱的淤泥质粉质黏土和淤泥质黏土层，其含水量为 43.4%～59.8%，孔隙比为 1.4～1.6，粘结力为 1.08～13.7kPa，内摩擦角为 7°～13°，易流塑，属高压缩性土。盾构机外径 6.34m，长 6.54m，盾壳后部设有六根注浆管，可在盾构推进的同时对盾尾进行注浆。静止土压力理论计算值为 0.16MPa，根据施工中的实际情况，初推断设定的土压力值为 0.18～0.20MPa，盾构机推进 100m 后，根据现场的实测数据，将设定的土压力值调低为 0.16～0.18MPa。盾构推力为 10000～12000kN，推进速度为 1.5～2.5cm/min。盾尾外壳与衬砌环的间隙为 7cm，推进一环的空隙量为 1.4m³，盾尾同步注浆量为 2.5～3.5m³，注浆率达 180%～250%，注浆压力为 0.3～0.4MPa，但实测衬砌环背面的注浆压力小于 0.2MPa。

2. 监测内容、方法、监测频率及报警值

本盾构隧道工程的监测内容主要为地表沉降监测，隧道沿线的轴线附近各建筑物及地下管线沉降。在宽度方向以隧道掘进轴线方向为中心，左右 10m；在掘进轴线纵深方向是以盾构机头为中心，每掘进一环的范围为机头前方 20m 到机头后方 30m。

本盾构隧道工程的监测过程为：首先建立监测工作的监测控制网，平面控制测量采用闭合导线测量方式，用以布设掘进施工的轴线方向，高程控制测量是从已知水准控制点出发，按二等水准测量的要求建立一条附合水准路线；然后利用所建立的水准控制点来测量各监测点的高程，观测完后经数据平差处理得到沿线各水准点的高程，在盾构推进位置的前方约 20m，测量两次各监测点的高程，取平均值为各监测点的初始值。

监测频率按盾构每天推进约 10m 制定，由于此种施工对地面沉降的影响较大，所以每天监测两次（上午 7:00～8:00 时，下午 17:00～18:00 时）。

按照地铁公司要求，累计上升 1cm 和下沉 3cm 为报警值。

3. 地表沉降监测结果

在盾构初推段施工时，对地表变形、土体压力、土压力和孔隙水压力进行了监测，典型的沿盾构推进方向地表变形的变化见图 6-2，横向地表沉降槽的变化见图 6-3，具体变形情况简述如下。

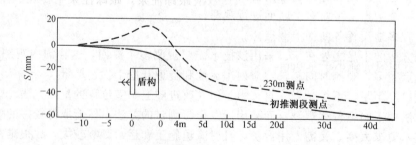

图 6-2　盾构推进方向地表变形曲线

（1）盾构到达前（离切口 3m 以外），地表已产生变形，其影响范围在 12m 以内，略小于覆土厚度与盾构直径的和 [即（H+D）范围内]；在开挖面的前 5～12m 范围内，地表隆陷量小于 0.5cm；在开挖面之前的 3～5m 范围内，地表隆陷量在 1cm。

（2）盾构到达时（切口前 3m 至后 1m），地表变形量增大，隆陷量增大到 1.5cm 以内，

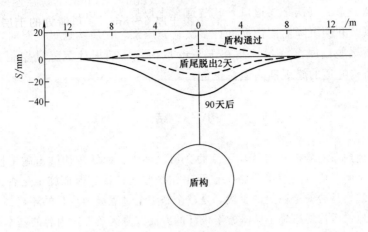

图 6-3　横向地表沉降槽的变化过程

若因挤压而引起土体隆起，则隆起量在切口上方到达峰值。

（3）盾构通过时（切口后 1m 至盾尾脱出前），一般表现为地表沉降，其沉降量达 1.0～2.0cm，特别是在盾尾，有时发生先隆起后沉降的现象，经分析，这主要是因为盾壳外粘结一层土体而扩大了盾构直径而产生的。

（4）盾尾通过时（盾尾脱出至继续推进 4m），这是沉降量最大的阶段，可达 1.0～2.0cm，特别是在盾尾刚脱出时，若未及时进行同步注浆或注浆量不足，则其沉降速率明显增大。

（5）盾尾通过后，扰动后的土体产生长期固结沉降，10d 后的沉降速率约为 1mm/d，30d 后沉降速率降至 0.2mm/d，100d 后沉降速率降至 0.06mm/d，而 100d 内的后期固结沉降可达 3.0cm。

横向地表沉降槽为正态曲线分布，两侧影响范围离轴线约 12m，主要影响范围离轴线约 5m 以内，其沉降量是沉降槽总面积的 80%。

4. 地面建筑物保护监测情况

盾构穿越一座 3 层框架结构的工业厂房，地下有一砖砌防空洞，盾构隧道的覆土厚度为 7.5m。为了保护厂房，在施工时实施了地面双液跟踪注浆，跟踪注浆主要在盾尾脱出时进行，以后随沉降监测数据进行多次补充压浆，厂房东西向沉降曲线见图 6-4，从图中可以看出，厂房的沉降不对称，其轴线西侧沉降量达到 6.0cm，东侧略大于 2.0cm；沉降槽接近斜直线，整个不均匀沉降小于 4.0cm，没有发现厂房开裂。

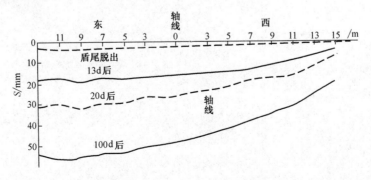

图 6-4　工业厂房东西向沉降曲线

盾构还穿越一条沪杭铁路线道口，其隧道覆土厚度为 7.0m，为了保护铁路，实施了地面双液跟踪注浆，并随沉降监测数据进行多次补充压浆，在盾构通过铁路时，铁路的隆起量小于 1.0cm，盾尾脱出时沉降量控制在 1.5cm 以内，后期累计沉降量控制在 3.0cm 以内，沪杭铁路在本盾构隧道的施工期间运营正常。

小　　结

（1）通过对地铁盾构隧道施工及其监测的介绍，讲述了地铁盾构隧道施工监测对工程建设的意义和目的。阐明了盾构隧道工程施工监测工作是监视设计、保证施工是否正确的眼睛，是监视临近地面建筑物是否安全稳定的手段，是整个施工全过程极为重要的环节。

（2）讲述了地铁盾构隧道施工监测方案设计的方法，原则及方案内容的基本确定方法。

（3）讲述了地铁盾构隧道工程监测项目及基本监测方法，重点介绍全站仪三维位移监测技术的工作步骤。

（4）通过对上海地铁一号线盾构施工监测实例的介绍，来说明盾构施工监测的基本工作情况。

习　　题

1. 为什么要进行盾构隧道施工监测？盾构隧道施工监测对地铁隧道施工有何意义与作用？

2. 如何进行盾构隧道施工监测方案设计？盾构隧道施工监测方案设计应确定哪几个方面的内容，如何确定？

3. 如何进行盾构隧道施工中的地表沉降监测？其地表沉降监测的测点应怎样布设，观测周期一般是怎样确定的？

4. 结合实例说明盾构施工监测的报告的内容。

第7章　水利工程监测

水利工程变形监测主要是指大坝和近坝区岩体变形监测以及水库库岸的稳定性监测，对于超大型水库还应考虑库区地形的形变监测，以监测水库诱发地震。水利工程变形监测的主要项目有水平位移、垂直位移、倾斜、挠度、应力及接缝（裂缝）监测等。水利工程变形监测的特点是：观测对象是水利设施的变形量，因而监测精度要求高，且应进行多次重复观测；监测时需要综合应用各种观测方法，要求严密地进行数据处理，更需多学科的配合。本章的重点是介绍各种水利工程的监测方法和对所得到的变形监测资料的分析处理方法，包括数据处理、几何分析、物理解释等，要求学生掌握大坝、坝基和堤防工程的监测方法以及对各种监测资料的处理方法。

7.1　水利工程监测的内容、方法

水利工程变形监测主要是指大坝和近坝区岩体变形监测以及水库库岸的稳定性监测，对于超大型水库还应考虑库区地形的形变监测，通过对此监测项的监测数据来对所监测水库诱发地震的情况进行预报，以便能采取措施预防地震的发生。水利工程变形监测的主要项目有水平位移、垂直位移、倾斜、挠度、应力及接缝（裂缝）监测等。

《土石坝安全监测技术规范》（SL 60—1994）规定"大坝安全监测范围，包括坝体、坝基、坝肩，以及对大坝安全有重大影响的近坝区岸坡和其他与大坝安全有直接关系的建筑物和设备"。影响大坝安全的因素的存在范围大，包括的内容也多，如泄洪设备及电源的可靠性、梯级水库的运行及大坝安全状况、下游冲刷及上游淤积、周边范围内大的施工（特别是地下施工爆破）等。大坝安全监测的范围应根据坝址、枢纽布置、坝高、库容、投资及失事后果等进行确定，根据具体情况由坝体、坝基推广到库区及梯级水库大坝，大坝安全监测的时间应从工程项目设计时开始直至运行管理，大坝安全监测的内容不仅包括坝体结构及地质状况，还应包括辅助机电设备及泄洪消能建筑物等。

大坝安全监测主要包括大坝位移变形监测、坝体接缝及裂缝监测、渗流量监测、环境量监测、大坝自动化系统监测，分别对大坝水平位移、垂直位移、裂缝、渗漏、扬压力、上下游水位等进行自动化监测，并配合人工比测校核，数据自动化系统对大坝的在线控制、离线分析、安全管理、数据管理、预测预报、工程文档资料测值及图像管理、报表制作、图形制作等日常大坝安全测控和管理的全部内容进行收集整理、智能分析，从而获得反映大坝工作形态的有关信息，提供给各级管理部门以进行安全评估，以便采取有效措施，确保大坝安全。

大坝安全监测的方法主要有巡视检查和仪器监测的方法，巡视检查应从施工期到运行期，各级大坝均须进行巡视检查，巡视检查中如发现大坝有损伤、附近岸坡有滑移崩塌征兆或其他异常迹象，应立即上报，并分析其原因；仪器监测的方法有多种，对于水平位移监测来说，常用的监测方法主要有引张线法、视准线法、激光准直法、交会法、测斜仪与位移计法、卫星定位法和导线法等；垂直位移的监测方法主要有精密水准法、三角高程法、沉降仪法、沉降板法和多点位移计等方法；挠度监测的常用方法主要有正垂线和倒垂线监测法；裂缝的监测主要利用测微器和测缝计进行；应力应变的监测主要是利用测压管和测压计进行；渗流的监测除了采用测压管和测压计以外还可采用传感器法。对于水库库岸稳定监测，监测的对象主要有地面绝对位移、地面相对位移、钻孔深部位移、应力、水环境、地震、人类相关活动的监测等。

7.2 水利大坝和坝基安全监测

7.2.1 水利大坝和坝基安全监测方案设计

7.2.1.1 水利大坝和坝基安全监测设计的目的

大坝安全监测有校核设计、改进施工和评价大坝安全状况的作用，但重在评价大坝安全。大坝安全监测的浅层意义是为了人们准确掌握大坝性态；深层意义则是为了更好地发挥工程效益、节约工程投资。大坝安全监测不仅是为了进行被监测坝的安全评估，还要有利于其他大坝包括待建坝的安全评估。具体来说大坝安全监测设计的主要目的如下：

(1) 保障建筑物安全运用；

(2) 充分发挥工程的效益；

(3) 检验设计、提高水平；

(4) 改进施工、加快进度。

7.2.1.2 水利大坝和坝基安全监测设计的要求

(1) 水利大坝和坝基安全监测设计主要有以下准备工作：

1) 了解监测的原理和方法；

2) 熟悉工程设计的资料；

3) 了解要监测的主要内容。

(2) 大坝安全监测是针对具体大坝的具体时期作出的，一定要有鲜明的针对性。

1) 时间上的针对性。由于大坝施工期、初次蓄水期和大坝老化期是大坝安全最容易出现问题的时期，因此在前一个阶段监测的重点应是对设计参数的复核和施工质量的检验，而后一个阶段则应是针对材料老化和设计复核进行。

2) 空间结构上的针对性。针对具体的坝址、坝型和结构有针对性地加强监测，如主要针对面板堆石坝的面板与趾板之间的防渗、碾压混凝土坝的层间结构、库岸高边坡的稳定等进行监测。

3) 选用先进的监测方法和设施。

4) 必要的经济性和合理性。

7.2.1.3 水利大坝和坝基安全监测的限差要求

以混凝土坝变形监测的精度要求为例，混凝土坝变形监测的精度要求见表7-1。土石坝安全监测的精度要求见《土石坝安全监测技术规范》(SL 60—1994)。

7.2.2 水利大坝和坝基安全监测方法

7.2.2.1 水平位移监测

水平位移变形量的正负号应遵守的规定：水平位移以向下游为正，向左岸为正，反之为负；船闸闸墙的水平位移以向闸室中心为正，反之为负。

表 7-1　　　　　　　　　　　混凝土坝变形监测的精度要求

项　目				位移量中误差限值
水平位移/mm	坝顶	重力坝、支墩坝		±1.0
		拱坝	径向	±2.0
			切向	±1.0
	坝基	重力坝、支墩坝		±0.3
		拱坝	径向	±0.3
			切向	±0.3
坝体、坝基垂直位移/mm		坝顶		±1.0
		坝基		±0.3
倾斜(")		坝体		±5.0
		坝基		±1.0
坝体表面接缝和裂缝/mm				±0.2
近坝区岩体和高边坡		水平位移/mm		±2.0
		垂直位移/mm		±2.0
滑坡体		水平位移/mm		±3.0(岩质边坡)
		垂直位移/mm		±3.0
		裂缝/mm		±1.0

1. 监测网布设

(1) 观测断面。

1) 土石坝（含堆土坝）。观测横断面监测网应布置的位置为最大坝高处、原河床处、合拢段、地形突变处、地质条件复杂处、坝内埋管或运行可能发生异常反应处。监测横断面的点位一般不应少于 2～3 个。观测纵断面在坝顶的上游或下游侧布设 1～2 个，而在上游坝坡正常蓄水位以下可视需要设临时监测断面，下游坝坡 2～5 个。内部断面监测网一般布置在最大断面处及其他特征断面处。通常可视需要布设 1～3 个，且每个断面可布设 1～3 条观测垂线，各观测垂线还应尽量形成纵向监测断面。

2) 混凝土坝（含支墩坝、砌石坝）。观测纵断面通常应平行于坝轴线在坝顶及坝基廊道内设置，当坝体较高时，可在中间适当增加 1～2 个观测纵断面。内部断面一般布置在最大坝高坝段或地质与结构复杂的坝段，具体布设时应视坝长情况布设 1～3 个断面，且应将坝体和地基作为一个整体进行布设。

另外，在拱坝的拱冠和拱端一般也应布设断面，必要时也可在 1/4 拱处布设。

3) 近坝区岩体及滑坡体。靠两坝肩附近的近坝区岩体，一般垂直于坝轴线方向各布设 1～2 个观测横断面。通常滑坡体顺滑移方向布设 1～3 个观测断面，包括主滑线断面及其两侧特征断面。必要时可大致按网格法布置。

(2) 观测点。一般分别在坝顶及坝基处各布设一排标点以作为水平位移监测点（相应地，在高混凝土坝中间高程廊道内和高土石坝的下游马道上，也应适当布置垂直位移观测标点）。另外，对混凝土坝每个坝段相应高度位置处各布置一点；对于土石坝沿坝轴线方向的位置至少布置 4～5 点，在重要部位可适当增加；对于拱坝在坝顶及基础廊道每隔 30～50m

各布设一点，其中在拱冠、四分之一拱位置及两岸拱座位置各应布设标点，近坝区岩体的标点间距一般为0.1～0.3km。

按埋设位置的不同，水平位移监测位移标可设计成综合标、混凝土标、钢管标和墙上标等结构型式。其中综合标是将水平位移和垂直位移标点结合起来的一种监测标，该类型的标多用于坝面监测工作中（见图7-1和图7-2）；混凝土标适用于坝顶、廊道及其他混凝土建筑物的位移监测工作，也可用于基岩的位移监测工作，其监测标点一般直接布置在基岩上（见图7-3）；钢管标适用于当基础部位浇注的混凝土较厚时，用来监测地基岩石的位移所建立的一种监测标（见图7-4）；墙上标多用于净空较矮的廊道内，不便竖立3m长的水准尺时，可在廊道墙上埋设墙上标，并用特制的微型水准尺进行观测，该尺也可用于外表面的标点观测（参见本书第2章）。

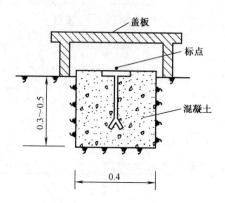

图7-1 岩石上的工作基点综合标（单位：m）

图7-2 综合标

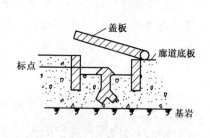

图7-3 混凝土标

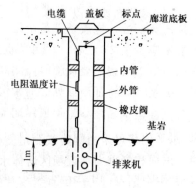

图7-4 钢管标

1）位移监测变形标点。建（构）筑物上各类监测点应和建（构）筑物牢固结合，以便能表征建（构）筑物变形情况。建（构）筑物外部各类测点，应埋设在新鲜或微风化基岩上，以保证测点稳固可靠，能代表该处岩体变形。

① 土石坝。在每个横断面和纵断面交点等处布设监测位移标点，一般每个横断面不少于3个。位移标点的纵向间距，当坝长小于300m时，一般取30～50m，当坝长大于300m时，一般取50～100m。

② 混凝土坝。在观测纵断面上的每个坝段、每个垛墙或每个闸墩各布设一个标点，对于重要工程也可在伸缩缝两侧各布设一个标点。

③ 近坝区岩体及滑坡体。在近坝区岩体每个断面上至少布设 3 个标点，重点布设在靠近坝肩下游。在滑坡体每个观测面上的位移标点一般不少于 3 个，重点布设在滑坡体后缘起至正常蓄水位之间。

2）位移监测工作基点。作为监测工作的监测基准点应建在稳定区域。对不同的监测对象，其工作基点通常可按以下方法布设：

① 土石坝。在土石坝的位移监测工作中，应在两岸沿纵排标点的延长线各布设一个监测工作基点。当坝轴线为折线或坝长超过 500m 时，可在坝身每一个纵排标点中部增设工作基点且兼作标点，工作基点的间距取决于所采用的测量仪器。

② 混凝土坝。可将工作基点布设在混凝土坝两岸山体的岩洞内或位移监测线延长线的稳定岩体上。

③ 近坝区岩体及滑坡体。选择距观测标点较近的稳定岩体建立工作基点。

3）校核基点（即监测基准点）。监测基准点应布设在变形影响区范围之外的稳定地方。对不同的监测对象，其基准点通常可按以下方法布设：

① 土石坝。一般仍采用延长方向线法，即在两岸同排工作基点连线的延长线上各设 1～2 个校核基点。

② 混凝土坝。校核基点可布设在两岸灌浆廊道内，也可采用倒垂线作为校核基点，此时校核基点与倒垂线的观测墩宜合二为一。

③ 近坝区岩体及滑坡体。可将工作基点和校核基点组成边角网或交会法进行观测。有条件时也可设置倒垂线。

2. 监测方法

（1）监测方法的选择。水利大坝和坝基水平位移常用的监测方法见表 7-2，对表中未列出的部位可参照布设。以下为具体选择方法。

1）坝体挠度监测宜采用垂线法观测。而坝基挠度可采用倒垂线或其他适宜方法观测。

2）重力坝或支墩坝坝体和坝基水平位移监测宜采用引张线法观测，必要时可采用真空激光准直法。若坝体较短、条件有利，坝体水平位移可采用视准线法或大气激光准直法观测。

3）拱坝坝体和坝基水平位移监测宜采用导线法观测。若交会边长较短、交会角较好，则坝体水平位移可采用测边或测角交会法观测。有条件时亦可采用视准线法观测。

4）拱坝和高重力坝近坝区岩体水平位移，应布设边角网（包括三角网、测边网）进行观测，其中个别点可采用倒垂线或其他适宜方法进行观测。

5）高边坡及滑坡体的水平位移监测在进行此项监测工作时，基准点和工作基点应尽量组成边角网。测点可用视准线和交会法观测。深层位移可采用倒垂线、多点位移计、挠度计或测斜仪进行观测。

总之，在应用这些监测方法工作时，应注意以下几点：

1）准直线和导线的两端点、交会法的工作基点，应尽量设置倒垂线作为基准。引张线、导线、真空激光准直的两端点，也可设在两岸山体的平洞内。视准线可在两端延长线外设基准点；交会法工作基点可用边角网校核。

2）重力坝或支墩坝如坝体较长，需分段设引张线时，分段端点应设倒垂线作为基准。当地质条件较差，对倒垂锚点的稳定性有怀疑时，可采用连续引张线法进行校核。

表 7-2 水利大坝和坝基安全常用的监测方法

部　位	方　法	说　明
重力坝	引张线 视准线 激光准直	一般坝体、坝基均适用 坝体较短时用 包括大气和真空激光,坝体延长时可用真空激光
拱坝	视准线 导线 交会法	重要测点用 一般均适用 交会边较短,交会角较好时用
土石坝	视准线 大气激光 卫星定位 测斜仪或位移计 交会法	坝体较短时用 有条件时用,可布设管道 坝体较长时用(GPS法,下同) 测内部分层及界面位移用 同拱坝
近坝区岩体	一等或二等精密水准 三角高程	监测表面、山洞内及地基回弹位移 监测表面位移
高边坡及滑坡体	二等精密水准 三角高程 卫星定位	观测表面及山洞内位移 可配合光电测距仪使用或用全站仪 范围大时用(即 GPS)
内部及深层	沉降板 沉降仪 多点位移计 变形计	固定式、监测地基和分层位移 活动式或固定式,可测分层位移 固定式,可测各种方向及深层位移 监测浅层位移
高程传递	垂线 钢钢带尺 光电测距仪 竖直传高仪	一般均适用 一般需利用竖井 要用旋转镜和反射镜 可实现自动化测量,但维护比较困难

3) 坝基范围内的重要断裂或软弱夹层,应布置倒垂组或多点位移计监测其变形。

(2) 常用观测方法的实施。

1) 准直线。引张线法观测可采用读数显微镜、两线仪、两用仪或放大镜,也可采用遥测引张线仪。严禁单纯使用目视直接读数。在监测工作中每一测次应观测两测回,以计算两测回观测值之差,当使用读数显微镜时,该差值不得超过 0.15mm;当使用两用仪、两线仪或放大镜时,不得超过 0.3mm。

视准线法应采用视准仪或 J_1 型经纬仪进行观测。每一测次应观测两测回,两测回观测值之差的限差为采用活动觇标法时,不得超过 1.5mm;采用小角度法时,该差值不得超过 3″。视准线法的观测限差具体见表 7-3。

表 7-3 视准线观测限差

方　式	正镜或倒镜两次读数差	两测回观测值之差
活动觇牌法	2.0mm	1.5mm
小角法	4.0″	3.0″

同样,采用大气激光准直法来进行水平位移监测,每一测次应观测两测回,两测回测得偏离值之差不得大于 1.5mm。而真空激光准直每一测次应观测一测回,两个"半测回"测

得偏离值之差不得大于 0.3mm。

2）边角网、交会法、导线法。在此种观测工作中，水平角应以 J₁ 型经纬仪观测，对边角网而言，其测角中误差不得大于 $0.7''$，交会法测角中误差不得大于 $1.0''$。边长用精度约为 1/500000 的电磁波测距仪直接测量。

7.2.2.2 垂直位移监测

在进行垂直位移监测时，测量规程规定垂直位移下沉为正，上升为负。

1. 监测点的设置

根据实际情况设计水准基点结构时，可采用以下几种形式。

（1）上基标。如图 7-5 所示，此标石由标志和底盘组成，在标石柱的顶部用不锈钢或玛瑙制成水准标志，并在底盘正北方向安装一个水准标志的副点以作校核。底盘应埋设于最大冻土深度以下 0.5m 以上。

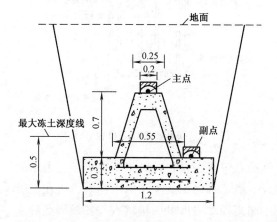

图 7-5 土基中的水准标石（单位：m）

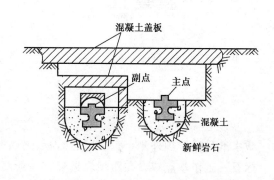

图 7-6 地表岩石标

（2）岩石标。适用于岩石覆盖层较薄的地表岩石标，也可用混凝土表面（如图 7-6）。

（3）深埋钢管标。如果岩石覆盖层较厚，为了使水准基点埋设于新鲜岩石上，可设计如图 7-7 的深埋钢管标。钢管深入新鲜基岩 2m 以下。

（4）双金属管标。在地表覆盖层较厚，全年温度变化幅度较大的地方，为了避免温度变化影响基点高程，可采用如图 7-8 所示的双金属管标。钢管标的高程改正值算式为

$$\Delta_{钢} = h_1 - h_0 \tag{7-1}$$

式中 h_1——某次观测时两金属管之间的高差，单位为 mm；

　　　　h_0——首次观测时两金属管之间的高差，单位为 mm。

2. 监测方法的选择

（1）精密水准法。坝体、坝基和近坝区岩体的垂直位移，应采用一等水准测量的方法，并应尽量组成水准网。高边坡和滑坡体的垂直位移，可采用二等水准测量。一等水准网应尽早建成，并取得基准值。水准基准点一般设在坝下游 1～3km 处。水准路线上每隔一定距离应埋设水准点。水准点分为基准点（水准原点）、工作基点（坝体、坝基垂直位移观测的起测基点）和测点三种。各种水准点应选用适宜的标石或标志。基准点和工作基点宜采用基岩标、平洞基岩标、双金属标、岩石标、钢管标；坝体上的测点宜采用地面标志，墙上标志，

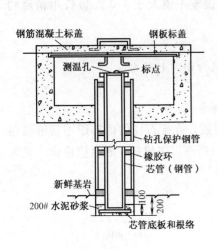

图 7-7 深埋钢管标（单位：cm）

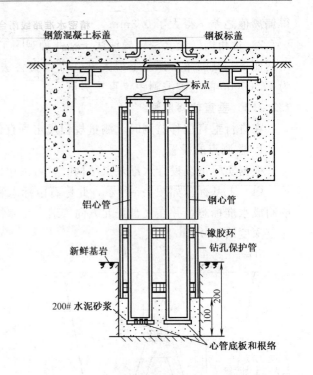

图 7-8 双金属管标（单位：cm）

微水准尺标；坝外测点宜采用岩石标、钢管标。基准点应成组设置，每组不得少于三个水准标石。工作基点应设在距坝较近处，一般两岸各设一组，每组不宜少于两个标石。应在基础廊道和坝顶各设一排垂直位移测点，高坝还应在中间高程廊道内设一排测点。各排测点的分布，一般每一坝段一个测点。近坝区岩体垂直位移测点的间距，在距坝较近处一般为 0.3～0.5km；距坝较远处可适当放长，一般不超过 1km。为连接坝顶和不同高程的廊道的水准路线，可通过竖井用铟瓦尺作高程传递。

（2）其他方法。

1）连通管法（即液体静力水准法）。连通管法适用于测量坝体和坝基的垂直位移，应设在水平廊道内。

2）真空激光准直法。

采用以上两种方法，进行垂直位移监测时，应在大坝的两端设垂直位移工作基点。

3）三角高程法。适用于近坝区岩体的垂直位移观测，在高山区，可采用三角高程法。高边坡和滑坡体的垂直位移也可用三角高程法测定。必要时可将此法与边角网结合组成"三维网"。近年来由于光电测距仪和全站仪的应用及对大气折射问题的深入研究，人们对三角高程测量给予了高度重视，已能达到或接近四等水准测量的精度。此法测量外业简单、快速，而且可以观测难以到达测点的高程和垂直位移。

3. 常用监测方法的实施

一等水准应以 S_{05} 型或更高等级的水准仪和线条式铟瓦水准标尺进行观测。二等水准也可用 S_1 型水准仪。精密水准观测的要求应按《国家一、二等水准测量规范》（GB/T 12897—2006）中的规定执行。水准路线闭合差不得超过表 7-4 的规定。

表 7-4　　　　　　　　　　　　　　精密水准路线闭合差之限值

		往返测不符值	符合线路闭合差	环闭合差
一等	坝外环线	$2mm\sqrt{R}$		$1mm\sqrt{F}$
	坝体及坝基垂直位移	$0.3mm\sqrt{n_1}$	$0.2mm\sqrt{n_2}$	$0.2mm\sqrt{n_2}$
二等		$4mm\sqrt{R}$	$4mm\sqrt{F}$	$4mm\sqrt{F}$
		$0.6mm\sqrt{n_1}$	$0.6mm\sqrt{n_2}$	$0.6mm\sqrt{n_2}$

注：1. R 为测段长度，以 km 计；F 为环线长度或符合线路长度，以 km 计；n_1 为测段站数（单程）；n_2 为环线或符合线路站数。

2. 三角高程测量中，天顶距应以 J_1 型经纬仪观测。气泡倾斜仪的气泡格值不应大于 $5''$。

用精密水准法进行倾斜观测，应满足表 7-4 中关于一等水准的限差规定。观测时，必须保证标心和标尺底面清洁无尘。每次观测均由往、返测组成，由往测转为返测时，标尺应该互换。必须固定水准仪设站位置，最好将水准仪装设在观测墩上。当在基础廊道中观测时，应读记至水准仪测微器最小分划的 1/5。在水准测量中，应尽量设置固定测站和固定转点，以提高观测的精度和速度。

当采用三角高程测量方法时，推算高程的边长不应大于 600m。天顶距应以 J_1 型经纬仪对向观测 6 测回（宜做到同时对向观测），测回差不得大于 $6''$。仪器高的量测中误差不得大于 0.1mm。

另外还可以采用沉降仪法进行垂直位移的监测。

7.2.2.3　倾斜和裂缝

倾斜监测的符号规定：向下游转动为正，向左岸转动为正，反之为负。接缝和裂缝开合度的符号规定：张开为正，闭合为负。

1. 倾斜

坝体、坝基的倾斜，应采用一等水准观测，也可采用连通管和遥测倾斜仪观测。坝体倾斜还可采用气泡倾斜仪观测。基础附近测点宜设在横向廊道内，也可在下游排水廊道和基础廊道内对应设点。坝体测点与基础测点宜设在同一垂直面上，并应尽量设在垂线所在的坝段内。整个大坝倾斜观测的布置，在基础高程面附近不宜少于 3 处，在坝顶和高坝中部的高程面不宜少于 4 处。用精密水准法观测倾斜，两点间距离，在基础附近不宜小于 20m；在坝顶不宜小于 6m。连通管应设在两端温差较小的部位。气泡倾斜仪宜用于坝体中、上部。其底座长度不宜小于 300mm。气泡倾斜仪的气泡格值不应大于 $5''$。

2. 表面接缝和裂缝

表面接缝和裂缝的变化，可选择有代表性的部位埋设单向或三向机械测缝标点或遥测仪器进行观测。

单向机械测缝标点和三向弯板式测缝标点的观测，通常直接用游标卡尺或千分卡尺量测。单向机械测缝标点也可用固定百分表或千分表量测。平面三点式测缝标点宜用专用游标卡尺量测。

对机械测缝标点每测次均应进行两次量测，两次观测值之差不得大于 0.2mm。用气泡倾斜仪观测时，每测次均应将倾斜仪重复置放在底座上三次，并分别读数。读数互差不得大于 5″。

平面三点式和立面弯板式测缝标点结构，分别如图 7-9 （a）、7-9 （b）和图 7-10 所示。

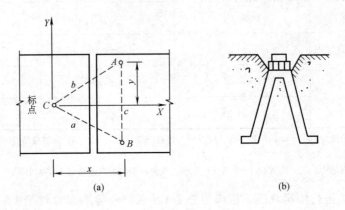

图 7-9 平面三点式测缝标点结构图

（a）平面图；（b）标点剖面图

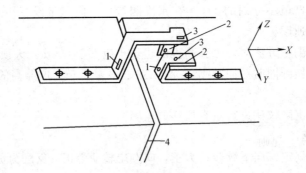

图 7-10 立面弯板式测缝标点结构

1—观测 X 方向的标点；2—观测 Y 方向的标点；3—观测 Z 方向的标点；4—伸缩缝

7.2.3 大坝和坝基安全监测资料分析和反馈

7.2.3.1 监测资料分析的目的和意义

对大坝体进行变形观测是掌握坝的运行状态，保证大坝安全运用的正确措施，也是检验设计成果，监察施工质量和认识坝的各种物理量变化规律的有效手段。通过监测所取得的大量数据，为了解大坝状态提供了第一手基础资料。但是，原始的观测成果往往只展示了大坝的直观表象，要深刻地揭示规律和做出判断，从大量的监测资料中找出关键问题，还必须对监测数据进行分析、解析、提炼和概括，这就是监测资料分析工作。它可以从原始数据中提取出有用的信息，为坝的建设和管理提供有价值的资料。

对于监测分析的意义，还可从以下几点来理解，首先，原始数据本身，既隐含着大坝实际状态的信息，又带有观测误差及外界偶然因素随机作用所造成的干扰。必须经过辨析，识别干扰，才能显示出真实的信息。其次，影响坝状态的多种内外因素是交织在一起的，观测值是其综合效应。为了将影响因素加以分解，找出主要因素及各个因素的影响程度，也必须对观测值作分解和剖析。再者，只有将多种观测量的测点、多次观测值放在一起综合考察，相互补充、印证，才能了解观测值在空间分布上和时间发展上的联系，找出变动特殊的部位和薄弱环节，了解变化过程和发展趋势。此外，为了对大坝观测值作出物理解释，为了预测未来观测值出现范围及可能的数值等，也都离不开分析工作。因此，监测资料分析是实现原体观测根本目的的最后和最重要的环节。

通过观测分析，可以掌握坝的运行状态，为安全运用提供依据。一般来说，坝在平时的变化是缓慢和微小的，然而变化一旦呈现明显异常，往往已对安全产生严重威胁，甚至迅速发展到不可挽救的地步。对大坝平时观测资料进行细致的分析，可以认识坝的各种变化和有关因素的关系，了解坝的各个物理量变动范围和正常变换规律。在遇到观测值异常或者出现不利发展趋势时，就能及时发现问题作出判断，从而采取措施防止坝从量变发展到质变破坏。而在遇到大洪水、地震等特殊情况时，通过对观测数值的分析，如果证实坝的变化仍在正常范围之内，就可得出大坝处于安全状态的结论，做到心中有数地从容调度。

7.2.3.2　观测资料整理分析的一般规定

对观测分析的基本要求是应正确、深入地认识大坝工作状态和测值变化规律，准确、及时地发现问题和作出安全判断，充分地利用现场观测所取得的信息，有效地为安全运行和设计、施工、科研服务。

对观测资料的分析要客观和全面，切忌主观和片面，力求较正确地反映坝体变形的真实情况和规律。要把握监测值和结构状态的内在联系，不停留在表面的描述上。在观测手段所提供的信息范围内，对坝所存在的较大问题，要找得准，既不遗漏，也不虚报；要抓得及时，在有明显迹象时就应察觉，在可能带来严重后果之前就有明确的判断。

为了做好观测分析工作，除了要具备数量上充分、质量上合乎要求的观测资料以外，还应详尽地阅读坝的勘测、设计、施工资料，掌握观测期坝址水文、气象、地震等资料，在这个基础上运用适当的方法，通过认真细致的工作，从资料中提炼出有用的信息来。

具体来说应遵守以下规则：

（1）资料分析的项目、内容和方法应根据实际情况而定，但对于变形量、渗漏量、扬压力及巡视检查的资料必须进行分析。

（2）直接反映大坝工况（如大坝的稳定性和整体性，灌浆帷幕、排水系统和止水工作的效能，经过特殊处理的地基工况等）的监测成果，应与设计预期效果相比较。

（3）应分析大坝材料有无恶化的现象，并查明其原因。

（4）对于主要监测物理量应建立数学模型，借以解释监测量的变化规律。预报将来的变化，并确定技术警戒范围。

（5）应分析各监测量的大小、变化规律及趋势，揭示大坝的缺陷和不安全因素。

（6）分析完毕后应对大坝工作状态作出评估。

7.2.3.3　观测资料分析的内容和方法

在观测设计付诸实施、观测设备已经安装埋设、投入使用以后，原型观测包括现场观测、成果整理、资料分析三个环节。能真实反映实际情况并具有一定精度的现场观测，是整理分析工作的基础和前提；而将观测数据加工成理性认识的分析成果，则是观测目的的体现；根据现场记录进行计算得到所观测的物理量的数值，并将它编列成系统的、便于查阅使用的图、表、说明的工作，通常称作"整理"。它是介于现场观测和资料分析之间的中间环节。

1. 观测资料分析的基础工作

（1）资料的收集与积累。观测成果体现为一定形式的资料，观测资料是观测工作的结晶。收集和积累观测资料才能为利用观测成果提供条件。为了对观测成果进行分析，必须了解各种有关情况，这也需要有相当的资料。因此，收集和积累资料是整理分析的基础。观测分析水平与分析者对资料掌握的全面性及深入程度密切相关。正确的结论只能来自适当收集的具有代表性的资料。观测人员必须十分重视收集和积累资料，熟悉资料。资料收集、积累的范围与数量，应根据需要与可能而定、厂部、分场和班组存档的分工，应便于使用并有利于长期管理和保存。

为了做好观测分析工作，应收集、积累或熟悉、掌握的资料有以下三个方面：

1) 观测资料。①观测成果资料：包括现场记录本、成果计算本、成果统计本、曲线图、观测报表、整编资料、观测分析报告等。②观测设计及管理资料：包括观测设计技术文件和图纸、观测规程、手册、观测措施及计划、总结、查算图表、分析图表等。③观测设备及仪器资料：包括观测设备竣工图、埋设安装记录、仪器说明书、出厂证书、检验或鉴定记录、设备变化及维护、改进记录等。

2) 水工建筑物资料。坝的勘测、设计及施工资料包括坝区地形图、坝区地质资料、基础开挖竣工图、地基处理资料、坝工设计及计算资料、坝的水工模型试验和结构模型试验资料、混凝土施工资料、坝体及基岩物理力学性能测定结果等。坝的运用、维修资料包括上下游的水位流量资料、气温、降水、冰冻资料、泄洪资料、地震资料。坝的缺陷检查记录、维修、加固资料等。

3) 其他资料。包括国内外坝工观测成果及分析成果，各种技术参考资料等。

(2) 观测资料的整理与整编。从原始的现场观测数据，变成便于使用的成果资料，要进行一定的加工，以适当的形式加以展示，这就是观测资料整理。清楚而明晰的展示，对于了解和正确地解释资料有重要的帮助。观测资料整理是资料分析的基础，常包括计算、绘图、编成果册三个环节。

1) 计算。把现场数化为成果数值，如根据水准测量记录测点高程及垂直位移等。

2) 绘图。把成果数据用图形表示出来，如绘制过程线、分布图、相关图等。根据几何原理，用曲线的形式、形状、长度、曲率、所围面积或用散点、曲面等几何图形来表示观测值与时间、位置、各有关物理量之间的关系，这就是观测成果的作图表示法，它简明直观地展现出观测值的变化趋势、特点、相互关系等，是观测资料整理中最常用的成果表达方式，如等值线图。

3) 编成果册。把成果表、曲线图作适当整理并加以说明，汇编成册，提供使用。

(3) 观测资料的初步分析。观测资料分析是从已有的资料中，抽出有关信息，形成一个概括的全面的数量描述的过程，并进而对资料作出解释、导出结论、作出预测。初步分析是介于资料整理和分析之间的工作。常用的方法是绘制观测值过程线、分布图和相关图，对观测值作比较、对照。

1) 绘制观测值过程线。以观测时间为横轴，所考查的观测值为纵坐标点绘的曲线叫过程线。它反映了观测值随时间而变化的过程。由过程线可以看出观测值变化有无周期性，最大值最小值是多少，一年或多年变幅有多大，各时期变化梯度（快慢）如何，有无反常的升降等。图上还可同时绘出有关因素如水位、气温等的过程线，来了解观测值和这些因素的变化是否相适应，周期是否相同，滞后多长时间，两者变化幅度大致比例等。图上也可同时绘出不同测点或不同项目的曲线，来比较它们之间的联系和差异。

2）绘制观测值分布图。以横坐标表示测点的位置，纵坐标表示观测值所绘制的台阶图或曲线叫分布图。它反映了观测值沿空间分布情况。由图可看出观测值分布有无规律，最大、最小数值在什么位置，各点间特别是相邻点间的差异大小等。图上还可绘出有关因素如坝高等的分布值，来了解观测值的分布是否和它们相适应。图上也可同时绘出同一项目不同测次和不同项目同一测次的数值分布，来比较其间的联系和差异。

当测点分布不便用一个坐标来反映时，可用纵横坐标共同表示测点位置，把观测值记在测点位置旁边，然后绘制观测值的等值线图来进行考察。

3）对观测值作比较对照。

① 与历史资料对照。和上次观测值相比较，看是连续渐变还是突变；和历史极大、极小值比较，看是否有突破；和历史上同条件观测值比较，看差异程度和偏离方向（正或负）。比较时最好选用历史上同条件的多次观测值作参照对象，以避免片面性。除比较观测值外，还应比较变化趋势、变幅等方面是否有否异常。

② 与相关资料对照。和相邻测点观测值互作比较，看它们的差值是否在正常范围之内，分布情况是否符合历史规律；在有关项目之间作比较，如水平位移和挠度，坝顶垂直位移和坝基垂直位移等，看它们是否有不协调的异常现象。

③ 与设计计算、模型试验数值比较。看变化和分布趋势是否相近，数值差别有多大，测值是偏大还是偏小。

④ 与规定的安全控制值相比较。看观测值是否超限。和预测值相比较，看出入大小是偏于安全还是偏于危险。

2. 观测资料分析的内容

观测资料分析的主要内容包括 10 个方面。

（1）分析监测物理量随时间或空间而变化的规律。①根据各物理量的过程线，说明该监测量随时间而变化的规律、变化趋势，其趋势有否向不利方向发展。②同类物理量的分布曲线，反映了该监测量随空间而变化的情况，有助于分析大坝有无异常征兆。

（2）统计各物理量的有关特征值。统计各物理量历年的最大和最小值（包括出现时间变幅、周期、年平均值及年变化趋势等）。

（3）判别监测物理量的异常值。主要进行以下判别：

1）把观测值与设计计算值相比较；

2）把观测值与数学模型预报值相比较；

3）把同一物理量的各次观测值相比较，同一测次邻近同类物理量观测值相比较；

4）看观测值是否在该物理量多年变化范围内。

（4）分析监测物理量变化规律的稳定性。主要进行以下分析：

1）历年的效应量与原因量的相关关系是否稳定；

2）主要物理量的时效量是否趋于稳定。

（5）应用数学模型分析资料。对于监测物理量的分析，一般用统计学模型，亦可用确定性模型或混合模型。应用已建立的模型作预报，其允许偏差一般采用 $\pm 2s$（s 为剩余标准差）；分析各分量的变化规律及残差的随机性；定期检验已建立的数学模型，必要时予以修正。

（6）分析坝体的整体性。对纵缝和拱坝横缝的开度以及坝体挠度等资料进行分析，判断坝体的整体性。

（7）判断防渗排水设施的效能。根据坝基（拱坝拱座）内不同部位或同部位不同时段的渗漏量和扬压力观测资料，结合地质条件分析判断帷幕和排水系统的效能；在分析时，应注意渗漏量随库水位的变化而急剧变化的异常情况。还应特别注意渗漏出浑浊水的不正常情况。

（8）校核大坝稳定性。重力坝的坝基实测扬压力超过设计值时，应进行稳定性校核。拱坝拱座出现上述情况时，也应校核稳定性。

（9）分析巡视检查资料。应结合巡视检查记录和报告所反映的情况进行上述各项分析。

（10）评估大坝的工作。根据以上的分析判断，按上述有关规定，对大坝的工作状态作出评估。

3. 观测资料分析的方法

资料分析的方法有比较法、作图法、特征值的统计法及数学模型法。

（1）比较法。比较法有监测值与技术警戒值相比较；监测物理量的相互对比；监测成果与理论的或试验的成果（或曲线）相对照。

1）技术警戒值是大坝在一定工作条件下的变形量、渗漏量及扬压力等设计值，或有足够的监测资料时经分析求得的允许值（允许范围），在蓄水初期可用设计值作技术警戒值，根据技术警戒值可判定监测物理量是否异常。

2）监测物理量的相互对比是将相同部位（或相同条件）的监测量作相互对比，以查明各自的变化量的大小、变化规律和趋势是否具有一致性和合理性。

例如，图 7-11（a）是某大坝在灌浆廊道内各测点的垂直位移分布图，图 7-11（b）是此大坝在灌浆廊道内测得的坝基垂直位移过程线，三条过程线相应的测点分别位于 25，30，33 坝段。这些过程线表明在 1978 年上半年前，30 坝段与 25 及 33 坝段的观测值变化速率是不一致的。经检查 30 号坝段处在基岩破碎带范围内，于是对该坝段基岩部位进行了灌浆处理。从 1978 年下半年开始，30 号坝段的垂直位移增长速率与其他两坝段的垂直位移增长速率基本上就一致了。

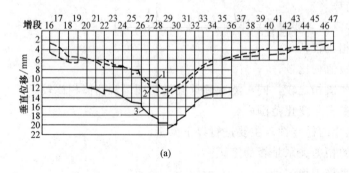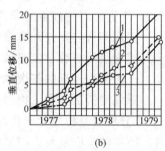

(a) (b)

图 7-11 坝基垂直位移观测结果

(a) 沿大坝轴线垂直位移分布图（1、2—分别相应于 1978 年 8 月和 11 月的垂直位移；

3—1979 年 4 月）；(b) 垂直位移过程线（1 为 30 坝段，2 为 25 坝段，3 为 33 坝段）

3）监测成果与理论的或试验的成果相对照比较其规律是否具有一致性和合理性。

例如，图 7-12 是某大坝的坝踵混凝土应力 σ_y 与上游水深之间的相关图。从这张相关图可以看出，第 32 号坝段实测坝踵部位混凝土应力 σ_y 曲线与上游水位的升高无关，且与有限单元计算的曲线及 39，26 号坝段坝踵部位实测应力的变化规律也不一致。经研究，第 32 号坝段坝踵接缝已经裂开，因而产生这种现象。

（2）作图法。根据分析的要求，画出相应的过程线图、相关图、分布图以及综合过程线图等。由图可直观地了解和分析观测值的变化大小和其规律，影响观测值的荷载因素和其对观测值的影响程度，观测值有无异常。

图 7-13 是根据变形过程线来判断观测值所处状态的示意图。图 7-14 是某坝坝基发生漏水事故中 13 号垛水平位移过程线。由过程线可知，1962 年 11 月 6 日该垛位移值突然增大，

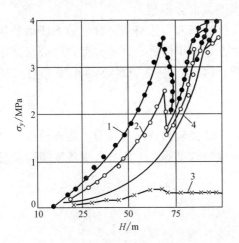

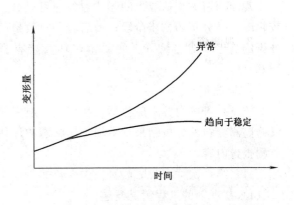

图 7-12　坝踵混凝土应力 σ_y 与上游水位之间关系图

H—上游水位；1—第 39 号电站坝段；2—第 26 号非溢流坝段；
3—第 32 号电站坝段；4—按有限单元法计算的 $\sigma_y = f(H)$

图 7-13　变形量随时间的变化过程示意图

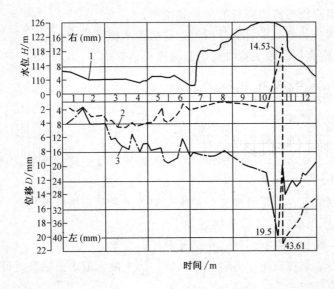

图 7-14　某坝一九六二年 13 号垛水平位移过程线

1—库水位；2—左右向；3—上下向

向下游达 19.56mm，向右达 14.53mm，位移的上下游向和左右向的变化率亦与以前的速率有着显著差异，这是该事故在水平位移观测值中的异常反映。

（3）特征值的统计法。特征值包括各物理量历年的最大和最小值（包括出现时间）、变幅、周期、年平均值及年变化趋势等。通过特征值的统计分析，可以看出监测物理量之间在数量变化方面是否具有一致性和合理性。

（4）数学模型法。用数学模型法建立原因量（如库水位、气温等）与效应量（如位移、扬压力等）之间的关系是监测资料定量分析的主要手段。它分为统计学模型、确定性模型及混合模型。有较长时间的观测资料时，一般常用统计模型（回归分析）。当有可能求出原因量与效应量之间的函数关系时，亦可采用确定性模型或混合模型。

观测分析方法从成果的形式看，还可以分为定性分析和定量分析两种。前者所得的认识较粗略，是分析的初步阶段；而后者则有数量的概念，认识前进了一步。但定性分析是定量分析的基础，对定量分析的质量好坏直接有影响，因此也应给予足够的重视，把它切实做好。

4. 监测报告

监测报告的内容一般包括工程概况、巡视检查和仪器监测情况的说明、巡视检查资料和仪器监测资料的分析结果、大坝工作状态的评估及改进意见等。下面是大坝各监测阶段时的监测报告内容。

（1）第一次蓄水时的监测报告内容如下：

1）蓄水前的工程情况概述；

2）仪器监测和巡视工作情况说明；

3）巡视检查的主要成果；

4）蓄水前各有关监测物理量测点（如扬压力、渗漏量、坝和地基的变形、地形标高、应力、温度等）的蓄水初始值；

5）蓄水前施工阶段各监测资料的分析和说明；

6）根据巡视检查和监测资料的分析，为首次蓄水提供依据。

（2）蓄水到规定高程、竣工验收时的监测报告内容如下：

1）工程概况；

2）仪器监测和巡视工作情况说明；

3）巡视检查的主要成果；

4）该阶段资料分析的主要内容和结论；

5）蓄水以来，大坝出现问题的部位、时间和性质以及处理效果的说明；

6）对大坝工作状态的评估；

7）提出对大坝监测、运行管理及养护维修的改进意见和措施。

（3）运行期每年汛前的监测报告内容如下：

1）工程情况、仪器监测和巡视工作情况简述；

2）列表说明各监测物理量年内最大最小值、历史最大最小值以及设计计算值；

3）年内巡视检查的主要结果；

4）对本年度大坝的工作状态和存在问题作分析说明；

5）提出下年度大坝监测、运用养护维修的意见和措施。

（4）大坝鉴定时的监测报告内容如下：

1）工程概况；

2）仪器监测和巡视工作情况说明；

3）巡视检查的主要成果；

4）资料分析的主要内容和结论；

5）对大坝工作状态的评估；

6）说明建立、应用和修改数学模型的情况和使用的效果；

7）大坝运行以来，出现问题的部位、性质和发现的时间，处理的情况及其效果；

8）根据监测资料的分析和巡视检查找出大坝潜在的问题，并提出改善大坝运行管理、养护维修的意见和措施；

9）根据监测工作中存在的问题，应对监测设备、方法、精度及测次等提出改进意见。

（5）大坝出现异常或险情时的监测报告内容如下：

1）工程简述；

2）对大坝出现异常或险情状况的描述；

3）根据巡视和监测资料的分析，判断大坝出现异常或险情的可能原因和发展趋势；

4）提出加强监视的意见；

5）对处理大坝异常或险情的建议。

7.3　地质灾害监测

地质灾害是指由自然地质作用和人为活动作用形成的，对人类生存和工程建设可能构成危害的各种特有的自然环境灾害的总称。自然地质环境和人为活动是引发地质灾害的两大主要原因。在最近的 20 多年时间里，随着我国人口的增加、经济建设的快速发展、特别是基础设施建设规模的扩大，建设与用地的矛盾十分突出。植被的破坏严重，使山体滑坡、泥石流、地面沉降等地质灾害在全国许多地区频繁发生，严重阻碍了灾害发生地的经济建设和社会发展。

7.3.1　我国主要的地质灾害形式及危害

1. 地质灾害常见形式

常见的地质灾害形式主要有 6 种，它们分别是崩塌、滑坡、泥石流、地面塌陷、地裂缝和地面沉降，一般简称为崩、滑、流、塌、裂、沉。

2. 地质灾害的主要危害

地质灾害的危害是显而易见的。我国 33 个省、市、自治区以及特别行政区均存在着不同形式和不同程度的地质灾害，每年都要造成惨重的人员伤亡和财产损失。其中滑坡、泥石流和山洪等突发性地质灾害被定为国际减灾 10 年的主要灾种，由于这些灾害具有潜在性和突发性，一旦发生，来势凶猛，常造成断道、断航、构筑物损毁、人员伤亡和财产损失。在我国，每年丧生地质灾害的总人数达 800～1000 人，经济损失达 100 多亿元人民币。

7.3.2　地质灾害监测的特点

地质灾害监测一般具有以下特点：

（1）滑坡等变形体分布通常较为分散，成因机制复杂，开展监测工作前，需有一定前期地质环境勘察、研究工作基础。

（2）地质灾害体大多位于交通、通信十分不便地区，电源接入也很困难。

（3）目前大多数监测以手动为主，数据汇交速度相对较慢，人工劳务成本较高。

（4）与大坝、桥梁、隧道等固定建筑物、构筑物的安全监测相比，地质灾害监测具有开放的监测边界，条件复杂，自动化监测和遥测等监测手段、监测仪器的选择、固定安装、运行等须注意仪器设备的环境适应性和抗干扰性能，保证正常使用和安全运行。

7.3.3　地质灾害防治工程中监测的必要性

地质灾害防治工程的监测，根据工程所处的不同阶段，可分为施工安全监测、防治效果监测和长期稳定性监测，目前一般简单地统称为监测。在以往的工作实践中经常发现，除经济原因外，在地质灾害的治理过程中存在一定的盲目性。有些地质灾害进行了治理，理由是认为它不稳定。有些没有进行治理，理由是认为它是稳定的。除一些简单粗糙的勘察资料外，几乎没有充分的证据证明一个变形体稳定与否，是否需要进行工程治理。如果对滑坡等变形体进行必要的监测，将会减少这种盲目性，收到事半功倍的效果。

1. 对于已采取工程措施的地质灾害体

对于已采取工程措施的地质灾害防治工程，随着周围环境条件的变化，约束条件也会发生变化。如锚索的腐蚀和松弛、地下水位变化、临空面加大、工程质量不高、巨大外力（如地震和大爆破）等，都有可能使一些已经治理过、暂时处于相对稳定的滑坡变形体重新失稳，如不进行持久的监测，它们具有更大的欺骗性和危险性，仍需通过必要的监测来评判它的治理效果和长期稳定性。

2. 对于未采取工程措施的地质灾害体

对于一些未经治理、而又具有潜在危害的地质灾害体，监测也是十分必要的。一些暂时没有资金进行工程整治但又对人民生命财产构成较大潜在威胁的大型滑坡变形体，以投资较小的监测工作来弥补是有效的方法和途径。通过有效的监测既可对其稳定性进行评价，监测结果又可为是否治理和如何治理提供设计依据。用监测的手段对滑坡等变形体进行有效的监控，是一项投资少、见效快的方法，目前已逐步被一些政府官员和业主所接受并推崇。

7.3.4　当前地质灾害监测的主要方法

目前，国内外崩塌滑坡监测技术方法已发展到一较高水平。由过去的人工用皮尺地表量测等简易监测，发展到仪器仪表监测，现正逐步实现自动化、高精度的遥测系统。

监测技术方法的发展，拓宽了监测内容，由地表监测拓宽到地下监测、水下监测等，由位移监测拓宽到应力应变监测、相关动力因素和环境因素监测。

监测技术方法的发展，很大程度上取决于监测仪器的发展。随着电子摄像激光技术、GPS技术、遥感遥测技术、自动化技术和计算机技术的发展，很多新技术、新方法被应用到滑坡监测中。

1. 地面绝对位移监测

地面绝对位移监测是最基本的常规监测方法，测量崩滑体测点的三维坐标，从而得出测点的三维变形位移量、位移方位与变形位移速率。主要使用经纬仪、水准仪、红外测距仪、激光准直仪、全站仪和GPS、近景摄影测量和遥感的方法等，应用大地测量法来测得变形体上点的三维坐标来进行对比分析。

2. 地面相对位移监测

地面相对位移监测是量测崩滑体重点变形部位点与点之间相对位移变化（张开、闭合、下沉、抬升、错动等）的一种常用的变形监测方法。主要用于对裂缝、崩滑带、采空区顶底板等部位的监测。目前常用的监测仪器有振弦位移计、电阻式位移计、裂缝计、变位计、收敛计等。

3. 钻孔深部位移监测

对于滑坡等变形地质体来讲，不仅要监测其地表位移，也要监测其深部位移，这样才能对整体的位移进行判断。方法是先在滑坡等变形体上钻孔并穿过滑带以下至稳定段，定向埋入专用测斜管，管与孔间环状间隙用水泥砂浆（适于岩体钻孔）或砂、土石（适于松散堆积体钻孔）回填固结测斜管；下入钻孔倾斜仪，以孔底为零位移点，向上按一定间隔（一般为0.5m或1m）测量钻孔内各深度点相对于孔底的位移量。常用的监测仪器有钻孔倾斜仪、钻孔多点位移计等。

4. 应力监测

对于滑坡等变形体不仅要监测其位移的变化，还需要监测其内部应力的变化。因为在地质体变形（或称运动）的过程中必定伴随着变形体内部应力变化和调整，所以监测应力的变化是十分必要的。常用的仪器有锚杆应力计、锚索应力计、振弦式土压力计等。

5. 水环境监测

对于崩滑体来讲，除了自然地质条件和人为扰动外，水是对滑坡的稳定状态起直接作用的最主要因素，所以对水环境（含过程降雨及降雨强度、地表水的流量、地下水位、渗流量、渗流压、孔隙水压力、地下水温度等）进行监测十分重要。常用的监测仪器有遥测雨量计、测钟、电测水位计、遥测水位计、渗压计、渗流计、电测温度计等。

6. 地震监测

地震监测适用于所有的崩滑监测。由于地震力是作用于崩滑体的特殊荷载之一，对崩滑体的稳定性起着重要作用，当地质灾害位于地震高发区时，应经常及时收集附近地震台站资料；必要且条件许可时，可采用地震仪等监测区内及外围发生的地震强度、发震时间等。分析震中位置、震源深度、地震烈度、评价地震作用对区内的崩滑体稳定性的影响。

7. 人类相关活动监测

人类活动如掘洞采矿、削坡取土、爆破采石、加载及水利设施的运营等，往往造成人工型地质灾害或诱发产生地质灾害，在出现上述情况时，应予以监测并停止某项活动。对人类活动监测，应监测对崩滑体有影响的项目，监测其范围、强度、速度等。

8. 宏观地质调查监测

采用常规地质调查法，定期对崩滑体出现的宏观变形痕迹（如裂缝发生及发展、地面沉降、塌陷、坍塌、膨胀、隆起、建筑物变形等）和与变形有关的异常现象（如地声、地下水异常等）进行调查记录。该法具有直观性强、适应性强、可信程度高的特点，为崩滑监测的主要手段。适用于所有崩滑体。

7.3.5　监测方法和监测仪器的选择

1. 监测方法的选择

在选择监测方法时应首先根据被监测的崩滑体的危害性和重要性，即根据监测的需要性，进行选择。对于灾害重大的崩滑体，为确保监测的成果质量，应投入高、精、尖的监测方法（如全自动遥测等）和多种监测方法，以相互验证，补充、分析和评价；在保证监测精度的前提下还应考虑经济上的可行性，如 GPS 监测和大地测量法之间的选择。其次还应根据勘查手段和工程量进行选择，如钻孔倾斜仪监测，岩（土）体深部位移监测等，需一定勘探工程（如钻孔、平斜洞等）予以支持。除此以外还要根据技术上的可行性进行选择，即根据崩滑体的形体特征及所处的监测环境，如通视条件、气候条件、洞内湿度等，要因地制宜地予以选择。如对于无法攀登的高陡绝壁构成的危岩体，近景摄影法则是比较好的选择。对无法通视的城区及植被区，GPS 监测则优于大地测量。最后应根据各种监测方法的特点应用范围和适用条件作出合理的选择。

2. 监测仪器的选择

对于监测仪器的选择，首先要考虑的是必须满足监测精度和量程的需要。按照误差理论，观测误差一般应为变形量的 $1/5 \sim 1/10$，据此来确定适当的监测精度，长期监测的仪器一般应适应较大的变形，在选择量程方面应充分注意；对于灾害体所处的地理环境也要加以考虑，所选用的仪器应适应所处监测环境；必须要保证仪表及传输线路的长期稳定性和抗干扰能力，尽量减少故障率，同时要求便于维护和更换；当需要快速监测、全面监测、迅速处理及时反馈时，以及需要实时监测时，应选择自动化程度高、质量好的电测仪器，建立自动化遥测系统；一定要选择一部分机测；保证电测与机测相结合，以便互相校核，互相补充，提高监测成果的可靠度；最后根据各种监测仪器的应用范围和适用条件进行选择。

7.3.6 监测网点的布设

对于监测网点的布设应根据崩滑体的形体特征、变形特征和赋存条件，因地制宜的进行布设。监测网由监测线（剖面）和监测点组成，要求能形成点、线、面、体的三维立体监测网，能全面监测崩滑体的变形方位、变形量、变形速度、时空动态及发展趋势，要能监测其致灾因素和相关因素，能满足监测预报各方面的具体要求。

1. 监测剖面的布设及功能分析

（1）监测剖面是监测网的重要构成部分，每条监测剖面要控制一个主要变形方向，监测剖面原则上要求与勘查剖面重合（或平行），同时应为稳定性计算剖面。

（2）监测剖面不完全依附于勘查剖面，应具有轻巧灵活的特点，应根据崩滑体的不同变形块体的和不同变形方位进行控制性布设。当变形具有 2 个以上方向时，监测剖面亦应布设 2 条以上；当崩滑体发生旋转时，监测剖面可呈扇形布设。在有条件的情况下，应照顾到崩滑体的群体性特征和次生复活特征，兼顾到主崩滑体以外的小型崩滑体及次生复活的崩滑体的监测。

（3）监测剖面应充分利用勘查工程的钻孔、平洞、竖井布设深部监测，尽量构成立体监测剖面。

（4）监测剖面应以绝对位移监测为主体，在剖面所经过的裂缝、滑带上布置相对位移监测设施，构成多手段、多参数、多层次的综合性立体监测剖面，达到互相验证、校合、补充并可以进行综合分析评判的目的。剖面两端要进入稳定岩土体并设置大地测量用的永久性水泥标桩，作为该剖面的观测点和照准点。

（5）监测剖面布设时，可适当照顾大地测量网的通视条件及测量网形（如方格网），但仍以地质目的为主，不可兼顾时应改变测量方法以适应监测剖面。

（6）监测剖面的功能分析。监测剖面布设后，应结合地质结构、成因机制、变形特征，分析该剖面上全部监测点的功能并予以综合，建立该剖面在平面上和剖面上代表崩滑体的变形块体范围及其组合。

2. 监测点的布设与功能分析

（1）监测点的布设首先应考虑勘查点的利用与对应。勘查点查明地质功能后，监测点则应表征其变形特征。这样有利于对崩滑机理的认识和变形特征的分析。同时利用钻孔或平洞、竖井进行深部变形监测。孔口建立大地测量标桩，构成绝对位移与相对位移连体监测，扩大监测途径。

（2）监测点要尽量靠近监测剖面，一般应可能控制在 5m 范围之内。若受通视条件限制或其他原因，亦可单独布点。

（3）每个监测点应有自己独立的监测功能和预报功能，应充分发挥每个监测点的功效。这就要求选点时应慎重，有的放矢，布设时应事先进行该点的功能分析及多点组合分析，力求达到最好的监测效果。

（4）监测点不要求平均分布，对崩滑带，尤其是崩滑带深部变形监测，应尽可能布设。对地表变形剧烈地段和对整个崩滑体稳定性起关键作用的块体，应重点控制，适当增加监测点和监测手段。但对于崩滑体内变形较弱的地段也必须有监测点予以控制并具代表性。

（5）位于不动体的作为监测站和照准点绝对位移监测桩点选点时要慎重，要尽量避免因地质判断失误选在崩滑体或其他斜坡变形体上，同时应避开临空小陡崖和被深大裂隙切割的岩块，以消除卸荷变形和局部变形的影响。

7.3.7 监测信息系统

对于有重要的或有条件的监测项目，应建立地质灾害监测信息系统，以便对监测信息更好地进行管理和分析。

（1）建立数据库。应建立宏观地质监测库、绝对位移库、相对位移库（裂缝崩滑带等）、钻孔倾斜库、地面倾斜库、声发射监测库、地应力监测库、地表水库、地下水库、水文气象库、崩滑体地质库、背景库、总库等。

（2）建立数据库管理系统。根据所采用的监测方法和所取得的监测数据，采用相应的数据处理方法和程序软件包，对监测资料进行分析处理。一般要求能进行数据的平滑滤波，曲线拟合，绘制时程曲线，进行时序和相关分析。

（3）应编制的图件。对于绝对位移监测，应编制水平位移矢量图、垂位移矢量图、水平与垂直位移选加分析图、位移（某一监测点水平位移、垂向位移等）历时曲线；相对位移监测，应编制相对位移分布图、相对位移历时曲线；地面倾斜监测，应编制地面倾斜分布图、地面倾斜历时曲线；钻孔倾斜仪监测，应编制位移与深度关系曲线、变化值与深度关系曲线、位移历时曲线；声发射监测，应编制噪声总量历时曲线、声发射分布图；地表水、地下水监测，应编制地表水水位、流量历时曲线、地下水水位历时曲线、孔隙水压力历时曲线、泉流量历时曲线等。

为进行相关分析，可编制如下图件：崩滑体变形位移量（包括绝对位移、相对位移）与降水变化关系曲线，变形位移量与地下水位变化关系曲线，地面倾斜变形与降水变化关系曲线图，地面倾斜与地下水位变化关系曲线图，崩滑体地下水水位与降水量关系曲线，泉流量与降水关系曲线，地表水水位、流量与降水关系曲线图等。

（4）建立图形系统主要功能：图形编辑、图形输入、图形输出、空间分析、图形检索和图形库。

（5）建立目标管理系统。

7.3.8 预测预报系统

对于地质灾害监测来说，监测本身不是目的，通过监测对地质灾害进行成功的预报才是目的，监测的一切都是为了预报。因此，对于任何一个地质灾害综合监测网（站）来说，工作的核心和重点，是如何对所监测的地质灾害进行准确的预测预报。

目前阶段建立崩滑灾害预报系统的一般工作程序、预报判据和预报方法的选择如下所述。

1. 崩滑灾害预报的主要内容

(1) 变形破坏的方式（倾倒、陷落、滑动、滚动等）、方向、运动线路、规模（体积）；

(2) 成灾范围（危险区范围）；

(3) 成灾时间。

2. 预报对象的选择

(1) 监测对象不全是预报对象，尤其是对大型崩滑体或崩滑群。其主要预报对象是对整个崩滑体稳定性起关键作用的块体；其变形速度对整个崩滑体的变形破坏具有代表性的块体；变形速度大的块体；产生严重危害的块体。

(2) 预报剖面和预报点位的选取要依据选定的预报块体，选择该块体的主监测剖面；预报监测点应选择各预报块体及剖面上具有代表性的监测点。

3. 灾害范围的确定

崩滑灾害的范围应包括：

(1) 崩滑体自身的范围；

(2) 崩滑体运动所达到的范围；

(3) 崩滑体所造成的次生灾害（如涌浪、堵江、破坏水库和其他水利设施，在暴雨条件下崩滑堆积体转化为泥石流等）的危害范围；

(4) 在恶劣条件（地震、暴雨等）下放大效应所波及的范围。

4. 预报模型和预报判据的建立

(1) 对于重要的崩滑体，应建立起地质模型，进行大比例尺地质力学模型试验和三维数值模拟，确定其变形破坏模式、变形破坏的宏观形迹及其量级、崩滑短临前兆及其时效、破坏时位移速率及其阈值，建立该崩塌（或滑坡）失稳综合预报判据和预报模型。同时必须进行大量的类比分析和专家系统分析，建立其类比分析预报模型，与试验模拟所建立的模型进行分析比较，进行完善。

(2) 综合预报判据一般要包括安全系数判据和破坏概率（可靠度）判据；位移速率判据（阈值）；位移总量判据；宏观变形破坏短临前兆判据；类比分析预报判据；其他判据（如干扰能量判据，声发射判据等）。

(3) 预报模型一般可包括①确定性预报模型：极限平衡法、极限分析法等，一般适用于长期状态预报；②非确定性预报模型：灰色系统模型、生长曲线预报模型、动态跟踪预报模型、卡尔漫滤波法等，一般适用于中期、短期预报；③类比分析模型：人工神经网络模型、综合信息预报模型等，一般适用于长期、中期、短期及临阵预报。

(4) 预报模型和预报判据建立后，应进行运行，报上级主管，组织专家评审鉴定批准后方可采用。之后，应不断改进完善。

5. 地质灾害预报的发布

地质灾害预报的发布属于政府行为，任何监测单位都无权发布，必须及时上报主管部门由政府发布。

7.4　监测实例

7.4.1　大坝安全监测实例

国内外大量工程实践表明，对水利水电工程进行全面的监测和监控，是保证工程安全运行的重要措施之一。同时，将监测和监控的资料及时反馈给设计、施工和运行管理部门，又可为提高水利水电工程的设计及运行管理水平提供可靠的科学依据。下面以天生桥一级水电站大坝施工期及蓄水期监测为例，说明大坝安全监测的具体实施过程以及资料处理的方法。

天生桥一级水电站的挡水大坝为混凝土面板堆石坝，坝高178m，坝顶高程为791.00m，电站厂房为坝后岸坡式。为了设置一套完整可靠的大坝原型观测设施，承建各方都聘请了国内外专家进行咨询。天生桥一级水电站面板堆石坝大坝主体分三个断面进行填筑，相应的面板也分三期进行浇筑。大坝主体在1999年3月28日全线填至高程787.30m，三期面板在5月18日全部浇至高程787.00m。

1. 大坝外部变形观测

(1) 永久监测控制网。为量测建筑物的绝对位移，专门建立了枢纽监测控制网。平面位移监测网为Ⅰ等三角网，次网的3个基准点设在坝下游115km处，分为外网和内网，外网8个点，内网7个点，全网由15个点组成。垂直位移监测网为Ⅰ等水准网，次网的基准点设在右岸115km开挖的平洞内，分为基本水准网和两条水准支线，全网22个点组成。到现在该控制网已全部建立完工并启动使用。

(2) 视准线。分别在坝体上游坝面、坝顶路面和下游坝面布置平行坝轴线方向的8条视准线。其中上游坝坡680.00m、746.00m和787.00m高程各1条；坝顶路面1条；下游坝面4条，间隔50m。到目前为止，680.00m高程视准线已完成任务，淹没在库水位以下；746.00m高程视准线在三期面板浇筑后已完成工作使命；787.00m高程视准线和下游4条视准线正在进行正常观测。

1) 高程680.00m视准线——L1视准线。1997年6月9日建立，读取初始值，共埋设安装7个测点，至1998年3月19日二期面板开始蓄水前停止观测。从其观测成果来看，垂直位移表现为沉降；水平位移表现为向上游移动；坝轴线方向表现为向河谷中心移动。

2) 高程746.00m视准线——L2视准线。1998年6月23日建立，读取初始值，共埋设安装了13个测点，9对不锈钢棒测点。在三期面板浇筑时停止观测。从其观测成果来看，沉降表现为左岸比右岸大，中间部位的沉降比左右两岸大，垫层料上沉降比面板沉降大，说明面板与垫层料有脱空。水平位移表现为都向下游移动，左岸比中间部位大，而中间部位比右岸大，垫层料与面板水平位移接近，相差不大。横向位移表现为左右岸向河谷中心部位移动，左岸变化比右岸大，中间部位变化最小。从布置在面板左右两侧的9对测量面板垂直施工缝的不锈钢棒的观测成果来看，均表现为张拉状态；靠左右岸施工缝张开量变化比中间部位变化大，左岸变化比右岸大。从L2视准线蓄水前后的观测成果来看，无论垂直沉降、水平位移，还是横向位移都有变化，但变化量不大。

3) 高程787.00m视准线——L3视准线。高程787.00m视准线1999年4月18日开始建立，至1999年6月1日共计23个测点全部建立完毕，其成果表现为水平位移向下游移动，中间部位比左右两岸位移大，左岸比右岸大；垂直沉降表现为中间部位比左右两岸大，左岸比右岸大，垫层料上的沉降与面板沉降相近；横向位移表现为左右两岸向河谷中部移动，且左岸比右岸大。L3 视准线的变化规律与 L2 视准线相近。

4）视准线 L4、L5、L6、L7、L8。目前，下游坡面视准线 L4、L5、L6、L7、L8 视准线已建立完毕，正在读取测值，由于测值较少尚没有作下游坡面变形的比较。

2. 坝体内部观测

天生桥一级面板堆石坝相应的 C3 标大坝观测工作已全部完成；观测仪器完好率96.88%。其观测设施系统在水库首次蓄水期间对大坝各部位的监测都取得了很好的监测资料，水库蓄水前的观测成果为整个大坝是否具备蓄水条件提供了可靠的依据。无论是从面板的挠曲变形、应力、周边缝的开合度变形情况，坝基、坝体的渗漏情况及大坝的沉降、水平位移等各方面都有全面、可靠的观测数据及观测成果。在进行首次蓄水前大坝安全鉴定会上，全国大坝咨询专家组及巴西专家都对此项工作给予很高的评价。

（1）观测仪器布置及运行状态。

1）垂直水平位移计。大坝垂直水平位移计主要布置在最大断面坝 0+630、位于岸坡约 1/2 最大坝高处坝 0+438 及位于坝体纵向断面突变处，即不均匀沉陷的集中部位坝 0+918 共 3 个断面。在坝 0+630 断面，沿 4 个不同高程分别布置了 4 条垂直水平位移计，即坝 0+640、665.00m 高程，坝 0+630、692.00m 高程，725.00m 高程，758.00m 高程，共计沉降测点 32 个，水平位移测点 19 个。到 1999 年 2 月底已完成了 4 条垂直水平位移计的埋设安装。坝 0+438 断面两个高程 725.00m、758.00m 布置了两条垂直水平位移计，到 1998 年 10 月底已全部埋设安装完毕，引入下游永久观测房内进行观测，共计沉降测点 9 个，水平位移计测点 6 个。

坝 0+918 断面沿两个高程 725.00m、758.00m 布置了两条垂直水平位移计，共计沉降点 9 个，水平位移测点 6 个，到 1999 年 2 月 10 日已全部埋设安装完毕。天生桥一级面板堆石坝共布置埋设 8 条垂直水平位移计，计 81 个测点。所有埋设安装的垂直水平位移计测点全部按设计技术要求进行，现场施工在监理工程师监督指导下操作，到现在大部分测点运行正常，测值客观反映了大坝的变形规律。

2）坝体应力观测。为了解坝体内部应力状况，于最大观测断面（坝 0+630 桩号）的过渡料ⅢA 料中和坝轴线处堆石体中分 4 个高程布置土压力计，过渡料中每组测点 4 支仪器，坝轴线处每组测点 2 支仪器。为了解面板与垫层料之间的接触应力情况，在以上相应高程面板和垫层料之间各布置了 1 支界面土压力计，土压力计的布置高程与垂直水平位移计的布置高程一致，共计 28 支。到 1999 年 3 月 10 日已埋设安装完毕，所有土压力计工作状态良好，较好地反映了大坝坝体内部的应力变化情况。

3）周边缝位移变形观测。混凝土面板是混凝土面板堆石坝的主要防渗结构。面板由趾板与岸坡和坝基牢固连接，由于趾板固定在基岩上，面板是靠在可压缩性的堆石体上，面板和趾板之间为周边缝压缩性伸缩缝，缝之间布置 3 道止水。施工期和水库蓄水过程中，由于堆石体的位移而形成周边缝位移和变形，周边缝开合度发展情况、止水是否可靠，直接关系到大坝的安全运行，因此周边缝变形观测是保证坝体安全运行，改进周边缝止水设计，积累资料极为重要的一项监测内容。天生桥一级面板堆石坝共布置了 12 个测点，每个测点均采用三向测缝计来观测面板和趾板之间的开合度、垂直面板方向的相对沉降以及沿缝方向的剪切位移。到目前为止，共埋设安装了 13 个测点（其中 1 个测点是补埋的），由于施工原因，前期埋设的 4 个测点失效、其余 7 个测点共 21 支仪器工作状态良好，客观地反映了周边缝在施工期和蓄水期开合度、沉降、剪切位移的变化情况。

4）垂直施工缝位移变形。混凝土面板水平间隔 16m 设垂直缝，靠近坝肩部位的垂直缝为张拉缝，为监测张性缝的开合度，了解张性缝的确切范围，了解蓄水期随着水库水位上升张性缝与压性缝范围的变化，在高程 745.00m 和 787.00m 沿视准线的张性缝和张性缝与压性缝的过渡区间隔布置单向测缝计，与该高程间隔布置的观测标石联合监测，以判断止水可靠性，同时检验计算成果，为今后的设计提供工程经验。到目前为止，埋设了高程 745.00m 左右坝肩各 4 支单向测缝计，高程 780.00m 左右，坝肩各 8 支单向测缝计，共计 24 支仪器，增埋了两支单向测缝计监测面板。L25～L26 之间存在施工缝，对其也布置测缝计，以进行位移监测。所有单向测缝计工作状态良好。

5）面板法线方向的挠曲变形观测。在相应垂直水平位移的 3 个观测断面（桩号坝 0＋630、坝 0＋438、坝 0＋918）的上游坝面上布置 3 条电平器，观测面板法方向挠曲变形。坝 0＋438 断面共布置了 13 支电平器，坝 0＋630 断面共布置了 36 支电平器，坝 0＋918 断面共布置了 15 支电平器，到现在工作状态良好，观测成果很好地反映了该断面面板施工期和蓄水期的挠曲变形情况。

6）混凝土面板应力、应变观测。为了解面板内部的应力、应变情况，在 6 条横剖面的面板内布置了应变计（二向、三向、四向应变计组）、无应力计组和钢筋计组，在 4 条横剖面沿高程下疏上密布置温度计。面板设计部位的应变计、钢筋计、无应力计和温度计共有 202 支仪器。到 1999 年年底，除了 7 支仪器损坏外，其余 195 支仪器工作状态良好，实际反映了面板内部的应力变化情况。

7）渗流观测。渗流汇集量测系统。大坝下游坝脚处设置截水墙，拦截通过坝体和部分坝基的渗透水流，并布置了渗流汇集量测系统，用量水堰（梯形堰）量测流量。坝体渗流观测采用坑埋式渗压计。在周边缝布置三向测缝计的位置，与其对应的周边缝下游垫层料下布置了 13 支渗压计（包括后来设计增加 4 支），用以监测周边缝止水系统的阻渗效果，测量衰减的水头，现已全部埋设安装完毕。目前为止，有 11 支仪器运行良好，有 2 支渗压计由于仪器本身原因而失效。坝基渗流观测采用钻孔式渗压计。在河床部位桩号坝 0＋600、0＋630、坝 0＋660 的灌浆帷幕上游各布置 1 支渗压计，下游按不同深度布置了 4 支渗压计用以监测坝基渗流态势和帷幕的阻渗效果。后来设计增设的坝 0＋404、坝 1＋022 也在灌浆帷幕上游各布置了 1 支渗压计，而相应下游按不同深度布置了 2 支渗压计，现已全部埋设完毕。到目前为止，有 18 支渗压计工作状态良好，有 3 支损坏。绕坝渗流观测采用测压管。在左坝肩布置了 7 个、右坝肩布置了 6 个测压管，并利用 3 个原勘测钻孔观测水库蓄水期和运行期地下水位的变化情况，现已完成所有钻孔测压管埋设安装并投入使用。

绕坝渗流观测采用右坝肩排水系统。在右坝肩排水系统的 3♯、7♯ 排水洞布置了三角量水堰，观测溢洪道引渠内的水流经坝基向右坝肩的渗水量。

8）面板脱空观测。后因设计增加对面板与垫层料之间脱空观测，采用单向测缝计组来进行监测，每个测点 2 支测缝计，共计 9 个测点，埋设 9 个测点共计 18 支仪器，工作状态良好。

（2）观测仪器运行成果分析，以下是垂直位移和水平位移的分析。

1）垂直位移和水平位移。

① 垂直位移。在水库蓄水前（1998年7月30日）上游库水位为666.0m，坝体最大沉降发生在坝0+730的坝轴线部位（C2-V5），沉降量为219.7cm。蓄水后（1998年10月30日上游库水位740.0m），最大沉降量为229.6cm。蓄水期间上游水位对坝体的沉降影响不大，3个月才沉降10.0cm左右，平均每月沉降3.3cm。但上游坝面垫层料蓄水后的沉降比蓄水前较大，如坝0+640、高程665.00mⅡA料上的C1-V9：蓄水前沉降为27.3cm，蓄水后为56.6cm，变化量近29.3cm。到1999年7月31日止，坝体的最大沉降发生在坝0+730、高程725.00m，坝轴线部位的C3-V8，沉降量为320.0cm。到1999年12月27日，从能正常观测的沉降仪来看，坝体的最大沉降已调整至坝0+630、高程725.00m，距坝轴线下游30m的C3-V2部位，沉降量为327.9cm。

② 水平位移。由于在蓄水前只完成了2条完整的垂直水平位移计（坝0+640、高程665.00m和坝0+438、高程725.00m），其他水平位移计均在临时观测房内，无法进行观测，所以蓄水前后无法对比其他水平位移变化情况。蓄水前，坝0+640、高程665.00m水平位移计H1最下游的点（坝轴线部位）向下游位移量为208.9mm，H6（距坝轴上游174m）为20.6mm。蓄水后，H1位移量为244.7mm，H6位移量为220.4mm，可见上游坝面的位移变化在蓄水过程中比下游测点的位移变化大。坝0+430、高程725.00m水平位移计距下游坝轴线46.3的H1位移量为86.6mm，上游垫层料H4位移量向上游移动17.1mm。蓄水后，H1位移量为198.5mm，H4向下游位移17.0mm，由此可见随着上游库水位的上升，坝体的水平位移增大，且下层变化比上层变化大，同一层中上游变化比下游变化大，观测出来的成果变化规律是符合大坝蓄水过程中变形规律的。到1999年7月31日止，所有垂直水平位移计全部安装完毕，最大位移量为682.5mm，发生在坝0+630、高程692.00m的（C2-H1）最下游的测点。到1999年12月27日，从所有水平位移测点观测的成果来看，坝体的最大位移已调整至坝0+630、高程725.00m距坝轴线下游70m的C3-H1部位，位移量为818.6mm。

2）坝体内部应力。从观测计算资料来看，水库蓄水前后对坝体应力的影响主要是界面土压力计和过渡区土压力计。对坝轴线部位的土压力计影响不大，它主要是受填筑体的影响。

坝0+630、665.00m高程。现将该断面665.00m高程的土压力计测值在蓄水前和蓄水后列入表7-5。

表7-5 坝0+630、665.00m高程的土压力计测值 （单位：kPa）

仪器编号	C1-CPT1	C1-PT1	C1-PT2	C1-PT3	C1-PT4
埋设部位	界面	过 渡 区			
埋设方向	平行面板	水平	垂直面板	平行面板	竖直
蓄水前	24.6	173.9	140.4	106.4	111.7
蓄水后	29.0	274.0	164.4	178.8	151.1
变化量	4.4	100.0	24.0	72.4	39.4
1999年12月27日	24.6	315.8	174.8	211.2	185.5

由表7-5可见，蓄水后由于受到水的作用力，坝体应力增加。到目前为止，由于上游水位的降低，坝体填筑的完成，土压力计测值有所降低。

坝 0＋630、692.00m 高程。现将该断面 692.00m 高程的界面土压力计测值在蓄水前和蓄水后列入表 7-6 中。

由表 7-6 可知，蓄水后土压力值普遍升高，尤其是平行面板方向的土压力计，主要是受水压力作用引起的。

表 7-6　　　　　　　　坝 0＋630、692.00m 高程的土压力计测值　　　　　　（单位：kPa）

仪器编号	C2-CPT1	C2-PT1	C2-PT2	C2-PT3	C2-PT4
埋设部位	界面	过 渡 区			
埋设方向	平行面板	水平	垂直面板	平行面板	竖直
蓄水前	34.7	89.3	122.6	63.4	27.0
蓄水后	177.4	195.6	194.9	187.5	13.9
变化量	142.7	106.3	72.3	124.1	−13.1
1999 年 12 月 27 日	218.9	276.4	277.9	253.2	42.5

坝 0＋630、725.00m 高程，现将该断面 725.00m 高程蓄水前后土压力值列入表 7-7。

表 7-7　　　　　　　　坝 0＋630、725.00m 高程的土压力计测值　　　　　　（单位：kPa）

仪器编号	C3-CPT1	C3-PT1	C3-PT2	C3-PT3	C3-PT4
埋设部位	界面	过 渡 区			
埋设方向	平行面板	水平	垂直面板	平行面板	竖直
蓄水前	15.5	36.6	18.7	59.2	33.5
蓄水后	21.1	38.9	11.2	72.3	31.7
变化量	5.6	2.3	−7.5	13.1	−1.8
1999 年 12 月 27 日	21.1	16.8	8.4	47.3	64.1

由表 7-7 可知，蓄水后此部位大约受到 15m 水头的压力，主要变化是平行于面板方向的土压力计。到目前为止，由于上游水位的降低，土压力值普遍降低。蓄水前后坝体内部应力中间部位的变化比上下高程（665.00m、725.00m）变化大。在运行过程中，主要与上游水位的变化及坝体填筑有关。

3）周边缝变形。从埋设在周边缝上完好三向测缝计的测值计算结果来看，蓄水前大部分仪器反映出周边缝存在微小的开合度，最大的开合度约为 9.76mm，发生在 0＋540 桩号、655.05m 高程的周边缝上；蓄水后，周边缝的开合度、沉降、剪切发生了微小的变化，最大开合度约 12.6mm，也是在 0＋524 桩号部位，其余部位的开合度、沉降、剪切位移变化较小，不存在周边缝张开，发生漏水现象。在 0＋524 桩号、655.05m 高程部位的面板ⅡA 料下面相应埋设了 1 支渗压计 PP3。从 PP3 蓄水前后的测值来看，水头并没有明显增大，这说明此外虽然有缝，但周边缝的止水系统及保护措施比较好，不存在漏水现象。到 1999 年 12 月 27 日，周边缝的最大开合度为 15.4mm，发生在右岸的 THJ4（0＋524、655.05m 高程）部位；最大剪切为 19.5mm，发生在右岸的 TH5（0＋572、631.418m 高程）部位；最大相对沉降量为 17.7mm，发生在左岸的 TH11（0＋918、685.644m 高程）部位。

4）垂直施工缝位移。从埋设在 745.00m 高程左右两岸的单向测缝计的计算结果来看，面板靠近左右坝肩部位的张性缝较大，靠近河床部位张性缝较小，逐渐向压性缝发展，到

1999 年 12 月 27 日，最大开合度发生在 1+023 桩号部位，变化量为 23.0mm，这与外观测量的对不锈钢棒测量结果相吻合。在施工过程中，设计上考虑左岸张性缝比较大，采取了垂直施工缝的保护措施，但右岸二期面板没有采取任何措施。三期面板左右岸均采取了保护措施。从观测成果的反映来看，二期面板的右岸施工缝也应采取相应的保护措施，这将对以后的工程设计提供可靠的依据。从埋设在 780.00m 高程左右两岸的 16 支单向测缝计的计算结果来看，到 1999 年 12 月 27 日，最大开合度发生在 1+070 桩号部位，变化量为 24.2mm。

5）面板法线方向的挠曲变形。以下对三个断面的挠曲变形进行分析。

① 坝 0+630 断面。在水库蓄水前，二期面板未浇筑完之前，一期面板整体向上游变形，向上游最大变形 13.8cm，（A9、665.00m 高程），出现面板与垫层料有脱空存在。在二期面浇筑完之后，水库开始蓄水，随着上游水位的上升，面板由于受到水压力的作用，整个面板向下游变形，从蓄水后最近一次测值计算结果来看，向下游最大变形（法线方向）为 2218cm（A13、681.50m 高程一期面板与二期面板交接处），而 A9 向下游变形 18.2cm。也就是说 A9 在水库蓄水后向下变形了 32cm，说明与垫层料处于紧密贴近状态，不出现脱空。三期面板在 1999 年 5 月 18 日浇筑完后，从 1999 年 12 月 27 日的观测成果来看，该断面的面板向下游变形了 40.8cm（A13），A9 向下游变形了 35.5cm。三期面板顶部向下游变形了 57.5cm。

② 坝 0+438 断面。从埋设 0+438 桩号的 7 支电平器观测资料计算结果来看，蓄水前面板向下游变形很小，最大变形 3.7cm。在二期面板顶部，蓄水后随着上游水位的增长，面板继续向下游变形，但变形幅度不大，二期面板顶部变形 6.7cm，整个蓄水期间（至 10 月 25 日止）最大变形幅度 3.0cm。到 1999 年 12 月 27 日，三期面板顶部的变形值为 13.6cm。

③ 坝 0+918 断面 L 从埋设 0+918 桩号的 9 支电平器来看，蓄水前面板也是向下游变形，最大变形在二期面板顶部，向下位移 2.3cm。蓄水后随着上游水位的上升，面板继续向下游变形，最大变形发生在二期面板顶部，量值为 1.6cm。即整个蓄水期间（至 10 月 25 日止）最大变形幅度为 13.7cm。到 1999 年 12 月 27 日，三期面板的顶部变形值为 51.6cm。

从以上 3 个断面面板的变形情况看，中间部位面板变形比左右岸面板变形大，左岸面板变形比右岸大，到目前为止，尚未发现面板被拉裂或压碎的现象，整个面板工作状态良好。

6）面板的应力、应变。一期、二期、三期面板共埋设安装 27 组应变计，共 84 支，完好 79 支，15 支无应力计，完好 13 支，27 组钢筋计组，1 支脱空观测的钢筋、21 支设计增加的钢筋计、27 支温度计。从应变计组、无应力计、钢筋计、温度计测值来看，主要表现在以下几方面：

① 蓄水前后应变计处于受压状态，到 1999 年 12 月 27 日实测混凝土最大应变 927.35×10^{-6}，顺坡向的压应力比其他方向大；

② 蓄水前后无应力计都表现为收缩变形，到 1999 年 12 月 27 日最大变形量 175.51×10^{-6}；

③ 一期面板大部分钢筋计均处于受压状态，有 1 支钢筋计处于受拉状态，拉应力为 3.78MPa，水平向最大压应力为 52.44MPa，顺坡向钢筋计压应力最大为 136.64MPa，二期面板主要表现为钢筋处于受拉状态，整个二期面板钢筋水平向最大拉应力均为 48.85MPa，最大压应力 141.03MPa，顺坡向最大拉应力为 34.7MPa，最大压应力为 121.04MPa；

④ 蓄水前后，混凝土温度受气温、水温的影响，分别在 19～24℃ 之间变化。

7）渗流变化。渗流汇集量测系统。在 1997 年 12 月 15 日导流洞下闸封堵之前，在坝脚下游设置了一个临时量水堰，下闸之前流量大约为 40L/S，下闸后随着上游水位的上升，坝体渗流反而减小，到 1999 年 12 月 28 日临时量水堰撤出时，流量减小至 8L/S 左右，这说明坝体在上游水库水位变化过程中没有明显的渗漏发生。在放空洞下闸水库蓄水过程中，由于下游量水堰不具备观测条件，至今尚在处理施工过程中，只测量集水井的水位。到 1999 年 12 月 27 日，下游集水井测出的坝体水位在 646.75m。坝后量水堰测出的渗流量为 53.3L/S。

坝体渗流观测采用坑埋式渗压计。从目前完好的 11 支渗压计来看，水库蓄水前，渗压计测出的水位与测头埋设高程相差不大。水库蓄水后，随着上游水位的上升，渗压计测值水位上升，但幅度不大。以 0+524 桩号、628.5m 高程的 PP3 渗压计为例，1998 年 10 月 25 日水头只有 24.4m，说明此处的止水效果明显，不存在明显的渗漏现象。到目前为止，周边缝的止水系统和保护措施是有效的。

坝基渗流观测采用钻孔式渗压计。从现在完好的 18 支渗压计的运行情况看，趾板上游的 3 支渗压计，在水库蓄水前后都明显随着上游水库水位的变化而变化，测出的水位与上游水库水位只有几米的水头差，这说明趾板上游坝基的渗透性能很好，而趾板下游面板垫层料下的渗压计虽然也随着上游水位变化而变化，但测出的水位剩余水头在 13%～33% 之间，剩余水头较小，说明帷幕灌浆的阻渗效果好，不存在渗漏通道。

绕坝渗流观测采用钻孔式测压管。从左右岸坝肩的钻孔测压管来看，在水库蓄水前测出的水位是坝肩本身地下水位，蓄水后随着上游水位的上升，地下水位有所升高，但变化不大，说明此坝肩区域内不存在大的绕坝渗流通道。绕坝渗流观测采用排水洞量水堰观测。从排水洞量水堰观测成果来看，右坝肩渗透流量很小，无大的渗透流量。

8）面板脱空观测。从埋设在桩号 0+622、681.50m 和 745.10m 两个高程的测缝计测值计算结果来看：①桩号 0+622、681.50m 高程 TSJ2 在水库蓄水前后均表现为负值，即面板与垫层料不存在脱空，面板与垫层相互挤压，随着上游库水位的上升，并继续增大，这与电平器测出的结果相吻合；②桩号 0+622、741.50m 高程的 TSJ1 在水库蓄水前后均表现为正值，表明面板与垫层料有脱空，脱空量随着上游水位的上升呈增大趋势，但由于受到 1999 年汛期水位上涨的影响，到 1999 年 12 月 27 日止，此部位已不存在脱空，向下游变形了 6.4mm；③位于坝 0+630、786.00m 高程三期面板顶部的 TSJ5 和坝 0+918、785.85m 高程三期面板顶部的 TSJ9 均存在脱空，脱空量分别为 33.4mm 和 34121mm。

3. 观测成果分析综述

无论是从外部观测还是内部观测来看，其观测资料能正确地反应出大坝各相关部位的变化情况及变化规律。在蓄水前后及运行期天生桥一级面板堆石体的整体变形如下：

（1）大坝水平位移整体向下游移动，且中间部位比左右两坝肩大，左坝肩变形比右坝肩大；

（2）大坝沉降从最大发生在最大断面 2/3 坝高处转移至坝 0+630、725.00m 高程距坝轴线下游 30m 的部位，每个断面的沉降都表现为坝轴线部位沉降变化较大，上游侧沉降最小，下游次之，左岸沉降比右岸大；

（3）坝体内部应力变化最大发生在最大断面 2/3 坝高处；

（4）面板挠曲变形中间部位左右两坝肩变形大，左岸变形比右岸大；

（5）面板内部应力应变表现为受压，钢筋应力有受拉、受压，一期面板主要表现为受压，二期面板主要表现为受拉，三期面板有拉有压；

（6）周边缝虽然存在微小的开合度、沉降和剪切位移，但不存在漏水现象；

（7）垂直施工缝左右坝肩两侧均有张性缝，但左岸比右岸大，靠近中间河谷部位逐渐转为压性缝；

（8）渗流总的来说不存在大的渗流量，无论是周边缝的止水系统还是帷幕灌浆都有很好的阻渗效果；

（9）三期的顶部、面板与垫层料在某些部位存在脱空现象。

天生桥一级面板堆石坝到目前工程量已接近尾声，相应的观测设施共完成埋设安装 558 支仪器或测点，尚未出现过仪器漏埋误埋的现象。除了 5 支渗压计、4 组 12 支三向测缝计、5 支应变计、2 支无应力计、1 支测缝计不能正常工作外，其余 539 仪器或测点均能正常工作，仪器的埋设完好率都保证在 100%，到现在为止仪器完好率在 96.88%，这在我国的观测史上尤其是在面板堆石坝上是一个新的突破。

7.4.2 地质灾害监测实例

1. 工程概况

忠武输气管道建成以后，沿线发现多处滑坡、危岩等地质灾害。在管道运行期间，若发生滑坡失稳将会对管道的运行及周边人民生命和财产的安全构成重大威胁，因此，必须对以上的滑坡进行监测和预报。监测的目的是为了了解滑坡在施工期间和运行期间的变形活动特征，判断滑坡稳定状态，保证施工安全，并对防治效果进行检测，必要时采取补救措施，为今后滑坡治理提供经验。

为保证施工期间管道的安全运营和后期能够对治理工作是否达到预期效果作出准确的评价，及时对滑坡和危岩体布设地质灾害监测网，建立地质灾害监测系统显得十分迫切和必要。

（1）监测工作之目的和任务。野水沟滑坡和张家沟危岩体监测的任务，主要包括以下 3 个方面的内容：

1）对滑坡体布设监测点和裂缝相对位移监测设施，建立地质灾害监测系统；

2）外业观测；

3）监测数据的处理和优化。

监测的目的为：

1）建立完备的忠武输气管道沿线地质灾害专业监测网，优化和规范监测方法；

2）检验灾害治理的效果；

3）验证总体设计及实施方案的正确性，求得设计的合理、完善和创新。

（2）项目的环境概况。此次欲监测的地质灾害位于湖北的利川，管道主干线沿 318 国道铺设，欲监测的地质灾害体在国道旁，测区中山高陡峻，交通十分不便，迁站时交通上将有一定的困难。

气象条件：测区雨（水）量丰富，暴雨、洪水发生的频率较高，在此影响下，滑坡、崩塌、泥石流等地质灾害频繁。全年气温温差较大，雨后易产生大雾天气，四季较为分明。空气湿度较大，气压较为稳定。

2. 监测方案

（1）方案设计的依据。忠武输气管道主干线沿线地质灾害监测设计主要依据下列文件、规范或标准：

1）忠武输气管道滑坡、危岩治理设计；

2）GB 50026—1993《工程测量规范》；

3）CH 2001—1992《全球定位系统（GPS）测量规范》；

4）CH 8016—1995《全球定位系统（GPS）测量型接收机检定规程》；

5）CH 1002—1995《测绘产品检查验收规定》；

6）CH 1003—1995《测绘产品质量评定标准》；

7）CH 1001—1991《测绘技术总结编写规定》；

8）DB 50/5029—2004，重庆地方标准《地质灾害防治工程设计规范》。

（2）监测点的设置。结合现场地形、地质、水文、气象等客观因素，经过仔细分析和认真比较、研究，现场设计布置了以 GPS 监测滑坡体的平面位移，采用精密水准测量的方法监测滑坡的垂直位移，以应力计监测抗滑桩内应力的变化。滑坡体布设平面和垂直位移基准点各三个，基准点应选在滑坡体变形范围以外稳定的地方；布置 3 条纵线共 8 个位移监测点，采用 GPS 测量法。监测点的布设情况见位移监测点平面布置图 7-15。在 7 号、20 号抗滑桩纵向受拉筋中间一根设置钢筋计，每 1.5m 设置 1 个，共设置钢筋计 18 个，可采用 $\phi36GJL-3$ 型钢筋应力计，额定应力 400MPa，工作温度

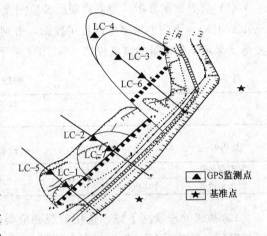

图 7-15　野水沟滑坡基准点及监测点点位分布图

$-30℃～+70℃$。与钢筋的联接方式可采用螺纹套管联接、挤压接头联接、对焊联接等。

（3）观测方案的实施。方案的实施是包括数据采集、数据整理、数据计算，以及变形统计分析和预警等功能的完整的一体化作业过程。要实现安全监测的实时准确性，作业中必须保证上述每一环节的顺利完成，并进行有效的组织和管理。

首期观测数据是各滑坡体的基准数据，基准数据是否正确、可靠，将关系到该滑坡体今后监测预报的准确性。通过首期观测的实践，视各滑坡体的特点和特征，可总结出各滑坡体今后监测的实施细则，有利于监测的一致性、统一性，这将有助于今后监测。通过对首期观测资料，用几种数据处理方案计算的比较，可确定最佳观测方案、最佳数据处理方法等，以便今后各期监测时仿照，这对于准确预测、预报非常重要。

外业观测是对滑坡上的监测基点及监测点进行 GPS 外业观测、预应力监测。各种观测数据的处理是对外业观测所获取的数据进行内业计算，并在此基础上进行监测网的优化工作。

（4）监测精度及等级。《工程测量规范》（GB 50026—1993）变形点的点位中误差为 $\pm(3～6)mm$，监测网的精度等级为二～三等；《水利水电工程施工测量规范》（SL 52—1993）规定工程施工期滑坡体变形监测精度要求为 $\pm5mm$，大地测量方法监测网的精度等级为二～三等。虽然相关规范的侧重点有所区别，但对滑坡体监测的精度要求却十分接近，结合工程实际，根据《全球定位系统（GPS）测量规范》（CH 2001—1992），观测方案宜按 B 或 C 级网实

施，考虑变形测量工作的重复性特点，按照先进实用、简捷可靠及经济的原则，忠武输气管道主干线滑坡 GPS 专业监测网采用 C 级较为合理，平面点位误差控制在±(3~6)mm 较适宜。

水准测量以二等水准的精度要求为标准。

3. 数据处理及分析预报（举例以第 9 次观测为例）

2006 年 4 月底、5 月初，野水沟滑坡治理工程 GPS 地表大地变形监测观测墩陆续埋设，并于 5 月 6 日~5 月 14 日期间实施了首测，至 10 月 10 日，一共进行了 8 次系统的施工期监测，提交了 8 期监测简报。

本期简报反映的是第九次监测，即 2006 年 10 月 11 日至 2006 年 12 月 27 日期间的监测情况，距上次监测间隔 46 天。

(1) 监测数据分析。为了直观反映监测点的三维位移情况，对 WGS—84 (WorldGeodetic-System 1984) 下的大地坐标进行了投影，得到在 WGS—84 下的平面直角坐标。为了减小投影变形，采用了任意带的高斯投影。WGS84 采用的椭球参数及投影参数见表 7-8 和表 7-9。

表 7-8 椭球参数表

椭球名称	长半轴/m	扁 率
WGS84	6378137	298.2572229329

表 7-9 投影参数

灾害点名称	中心经度	中心纬度	横轴加常数/m	纵轴加常数/m	尺度比
野水沟滑坡	109°00′00″E	0°00′00″N	500000	0	1

1) 基线处理及网平差。选用的观测值类型是 L1 载波相位观测值；解算类型为 L1 固定解。基线解算成功后，先进行自由网平差（无约束平差）。再以首期监测成果中监测基准点为约束条件，进行约束平差。基线处理结果及网平差结果见表 7-10~表 7-11。

表 7-10 野水沟滑坡基线处理结果

从	到	基线长度	解算类型	比 率	相对中误差
LC-JDA	LC-JDB	1161.181m	整数解	38.8	0.002m
LC-JDA	LC-1	1391.082m	整数解	99.9	0.004m
LC-JDA	LC-2	1338.914m	整数解	64.3	0.005m
LC-JDA	LC-3	1294.035m	整数解	7.5	0.004m
LC-JDA	LC-4	1282.128m	整数解	99.9	0.003m
LC-JDA	LC-5	1386.104m	整数解	99.9	0.003m
LC-JDA	LC-6	1351.147m	整数解	21.7	0.003m
LC-JDA	LC-7	1290.281m	整数解	99.9	0.005m
LC-JDB	LC-1	269.170m	整数解	99.9	0.004m
LC-JDB	LC-2	228.449m	整数解	39.3	0.005m
LC-JDB	LC-3	182.061m	整数解	99.9	0.004m
LC-JDB	LC-4	162.749m	整数解	99.9	0.004m
LC-JDB	LC-5	278.528m	整数解	99.9	0.004m
LC-JDB	LC-6	191.833m	整数解	99.9	0.005m
LC-JDB	LC-7	250.003m	整数解	46.6	0.003m
LC-1	LC-2	53.031m	整数解	67.5	0.005m
LC-3	LC-4	20.324m	整数解	33.0	0.004m
LC-5	LC-7	35.082m	整数解	99.9	0.004m
LC-7	LC-6	63.640m	整数解	99.9	0.006m

表 7-11　　　　　　　　　　　　　　　　野水沟滑坡网平差结果

点名称	北坐标/m	纵轴误差/m	东坐标/m	横轴误差/m	中误差/m
LC-JDA	3353583.112	0.000	500878.527	0.000	0.000
LC-JDB	3354320.969	0.000	501774.772	0.000	0.000
LC-1	3353326.663	0.002	500802.375	0.002	0.002
LC-2	3353358.505	0.002	500844.373	0.002	0.003
LC-3	3353402.833	0.002	500863.210	0.002	0.002
LC-4	3353421.878	0.001	500861.030	0.002	0.002
LC-5	3353312.674	0.001	500824.321	0.002	0.002
LC-6	3353393.275	0.002	500878.414	0.002	0.002
LC-7	3353337.389	0.001	500848.980	0.001	0.002

2）坐标水平位移变化。位移监测点水平位移监测结果见表 7-12。

表 7-12　　　　　　　　　　利川野水沟滑坡坐标水平位移变化量分析表

点号	水平位移变化量（第9次与第8次）/mm		水平位移累积变化量/mm		水平位移速率/(mm/d)		备注
	ΔX	ΔY	$\sum \Delta X$	$\sum \Delta Y$	$\sum \Delta X/46$	$\sum \Delta Y/46$	
LC-1	2	-1	-2	2	0.04	0.02	
LC-2	-3	2	-9	4	0.06	0.04	
LC-3	-1	5	-13	9	0.02	0.10	
LC-4	2	0	-4	0	0.04	0.00	
LC-5	5	2	1	-4	0.10	0.04	
LC-6	-3	4	-7	-2	0.06	0.08	
LC-7	4	-5	3	-2	0.08	0.10	

（2）GPS 监测结果分析。对于基线向量的解算结果，衡量基线向量的解算质量的因素有比率、参考变量及 RMS。比率越大基线解算的可靠性越高。对于双频接收机，基线解算的比率应该大于 3。参考变量用于衡量观测值的质量，参考变量越小，观测值的质量越高。RMS（rootmeansquare），衡量解算的质量，该值越小解算质量越高。

由基线解算结果表 7-10 所示，基线解算质量都满足精度要求，相对中误差都优于 6mm。

由网平差结果表 7-11 可见，所有监测点的精度都相当高，都能达到平面点位误差优于±2mm，达到了预期的监测精度要求。

从野水沟滑坡坐标水平位移分析（表 7-12，图 7-16、图 17）可见，所有的点的水平位移都比较小，而且在水平位移累积变化量都更加趋近于 0 累积变化量，因此经治理后的野水沟滑坡目前比较稳定。

（3）抗滑桩钢筋计与锚索应力计监测情况。野水沟滑坡抗滑桩治理的 7 号桩和 20 号桩安装了钢筋计监测，监测结果经计算处理，获得桩弯矩情况如图 7-18 和图 7-19 所示。

对于 7 号桩，可以总结如下几点特征：

1）随着时间的推移，弯矩略有增大。

2）弯矩曲线呈多峰型，这与根据设计条件计算的桩弯矩分布曲线不同，造成这种原因，一是桩身整体受到的滑坡推力的作用比较小，而由于桩混凝土浇注过程、初期冷凝、桩周土

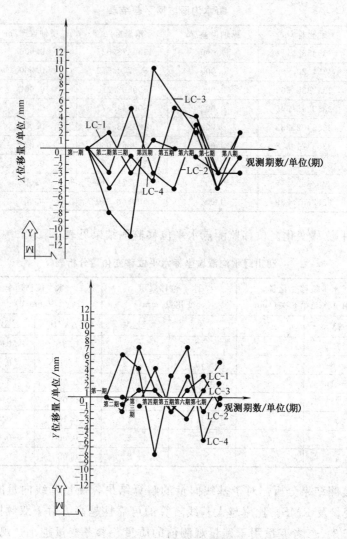

图 7-16　野水沟滑坡 X、Y 方向点位位移变化曲线图

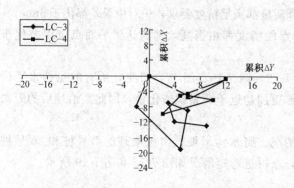

图 7-17　野水沟滑坡 LC-3、LC-4 点位位移矢量图

压实等产生的应力相对比较大，所以反映到弯矩图中呈无规律变化；二是可能存在多个滑面，各个峰值是滑面所在部位的反映。根据本滑坡的特点，未发现存在多个滑面的情况，因此应该为第一种情况的可能性比较大。考虑为第一种情况，将第一次测的弯矩作为背景值过滤掉，对数据进行处理后重作弯矩图，处理后的弯矩分布比较规则，总体呈单峰右凸的形态。

3）目前监测到的桩身最大弯矩 2109kN·m，根据设计条件计算的桩弯矩最大值为 18994kN·m。

总的说明桩目前受力较小，该部位滑坡是安全的。

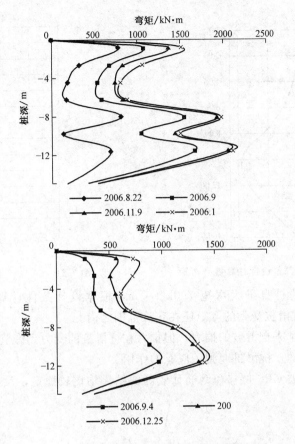

图 7-18　野水沟滑坡 7 号桩钢筋计监测弯矩图

对于 20 号桩，可以总结如下几点特征：

1）弯矩曲线呈单峰右突型，与根据设计条件计算的桩弯矩分布曲线形态基本一致（见图 7-20 和图 7-21，与 7 号桩的情况有所不同），这可能说明滑坡处于活动状态，并有剩余推力作用于抗滑桩上；

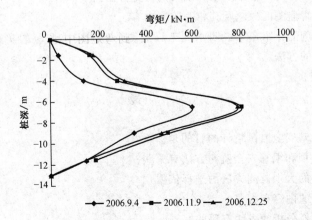

图 7-19　野水沟滑坡 20 号桩钢筋计监测弯矩图
（本图为取初始背景值处理后的）

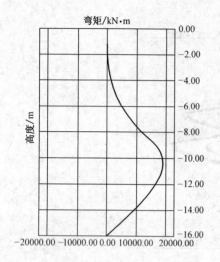

图 7-20　野水沟 7 号桩部位设计计算桩身弯矩

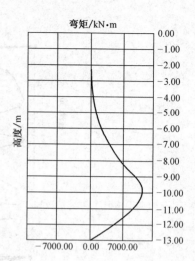

图 7-21　20 号桩部位设计计算桩身弯矩

2）目前监测到的桩身最大弯矩 790kN·m，根据设计条件计算的桩弯矩最大值为 10721kN·m，说明抗滑桩受到的弯矩还在容许范围之内。

说明桩目前受到了来自滑坡的推力，但推力在抗滑桩的受力允许范围之内，该部位抗滑桩治理后滑坡是安全的，抗滑桩起到了应有的作用。

结论：野水沟滑坡 GPS 位移和钢筋计监测的结果均比较稳定，没有异常出现，表明滑坡处于稳定状态。

小　　结

（1）讲述水利工程监测的概念、水利工程监测的内容、方法。

（2）介绍了水利大坝和坝基安全监测方案设计的内容、步骤以及精度的确定方法等，必须学会编制监测方案。

（3）讲述了水利工程的一些常规监测项目的实施方法。

（4）讲述地质灾害监测的概念及其相关监测内容。

（5）通过监测实例的介绍，来说明水利工程监测及地质灾害监测的实施流程，及监测数据分析与监测报告编写的方法。

习　　题

1. 水利大坝和坝基安全监测设计的目的是什么？

2. 常用的水利大坝和坝基安全监测方法有哪些？

3. 针对不同类型的大坝监测方法的选择依据。

4. 观测资料分析的内容有哪些？

5. 常用的观测资料分析的方法有哪些？

第8章 GPS定位技术在工程监测中的应用

随着科学技术的进步和对变形监测的要求的不断提高，GPS由于具有定位速度快、全天候、自动化、测站之间无需通视、可同时测定点的三维坐标及精度高等特点，在工程变形监测中的应用越来越广泛。本章主要介绍了GPS在滑坡、大坝的变形、地面建筑物的变形和沉陷、海上建筑物的沉陷、资源开采区的地面沉降等几个领域的变形监测。重点突出在滑坡和大坝变形监测的应用，同时还介绍隔河岩水库大坝外观变形GPS自动化监测系统。

8.1 GPS定位技术在工程监测中的应用概述

工程变形监测的对象主要是桥梁、水库大坝、公路、边坡、高层建（构）筑物等。工程变形监测内容主要是各工程实体基础沉陷、基坑位移以及工程建（构）筑物主体的沉降、水平位移、倾斜及裂缝、工程构件的挠度等。工程变形监测工作的特点是被监测体的几何尺寸巨大，监测环境复杂，监测精度及所采用的监测技术方法要求高。常规的地面监测技术主要是应用精密水准测量的方法来进行沉降观测；应用三角测量、导线测量、角度交会测量等方法来进行水平位移、倾斜、挠度及裂缝等观测。

常规的地面变形监测方法，虽然具有测量精度高、资料可靠等优点，但由于相应的监测工作量大，受外界环境等的影响大，且要求变形监测点与监测基准点相互通视，因而监测的效率相对较低，监测费用相对较高，这一切均使得传统的监测方法在工程监测中的应用存在一定的局限性，加之现今各种大型建筑物的兴建，高标准、高要求的水利大坝工程的纷纷上马，在对这些大型的工程实体进行快速、实时监测方面，传统的变形测量方法已显得越来越力不从心。随着科学技术的进步和对变形监测的要求的不断提高，变形监测技术得以不断地向前发展。全球定位系统GPS（Global Positioning System）作为20世纪的一项高新技术，由于具有高效、定位速度快、全天候、自动化、测站之间无需通视、可同时测定点的三维坐标及精度高等特点，对经典大地测量以及地球动力学研究的诸多方面产生了极其深刻的影响，在工程变形监测中的应用也已成为可能。目前，GPS技术已大量应用于大坝变形监测、桥梁监测、高层建筑物的变形监测中。

工程变形监测通常要求达到毫米级乃至亚毫米级精度。随着高采样率GPS接收系统的不断出现，以及GPS数据处理方法的改进和完善，后处理软件性能的不断提高，GPS已可用于工程变形监测。目前，GPS技术主要用于滑坡监测、大坝的变形、地面高层建筑物的变形和基坑沉陷、海上建筑物的沉陷、资源开采区的地面沉陷等若干领域的变形监测。

8.2 GPS在滑坡外观变形监测中的应用

8.2.1 GPS在滑坡外观变形监测上的可行性

滑坡监测包括滑坡体整体变形监测，滑坡体内应力应变监测，外部环境监测如降雨量、地下水位监测等等。变形监测是其中的重要内容，也是判断滑坡体是否滑动的重要依据。以往对其进行变形监测，多采用常规大地测量方法，即平面位移采用经纬仪导线或三角测量方法，沉降观测采用精密水准测量方法等。20世纪80年代中期以后，开始利用全站仪导线和电磁波测距的三角高程测量方法对滑坡进行空间几何变形监测。但上述方法从一定角度来看，都属于人工监测系统，所有的外业监测工作均需由观测人员在工程现场进行，工作量大，而且历时相对较长，特别是对于山区地形，树木杂草丛生，监测作业十分困难；另外，在此种情况下，也很难实现常规观测方法的无人值守监测。随着GPS卫星定位系统出现，基于GPS定位是利用接收空中卫星信号测距进行定位，国内外专家学者研究表明应用IGS精密星历和最新版本的GAMIT高精度GPS数据处理软件处理数据，中短边相对中误差优于1.4×10^{-7}m，长边相对中误差优于1.8×10^{-9}m，最弱点点位中误差水平分量优于2mm，可以满足高精度控制测量及滑坡监测精度的要求，而高程监测可直接使用通过网平差获得的高精度的大地高差。采用GPS技术进行监测，其监测站点之间不用通视，大大减少了工作量。而且利用无线通信技术可以将观测数据传到数据处理中心，以实现远距离监测。这样GPS技术应用于滑坡监测便成为可能。

现今，地质灾害的监测、预报及防治方面都是以防为主，防治结合；依靠科技进步，采用先进的监测仪器设备和管理手段加强对工程地质环境的监测和预报。目前GPS技术在滑坡监测中得到广泛应用，李家峡滑坡、四川雅安峡口滑坡、黄腊石滑坡及龙羊峡水电站近坝库岸滑坡等滑坡监测中均采用了GPS技术。

8.2.2 滑坡外观变形GPS监测网的实施

GPS用于滑坡外观变形监测，其监测控制网应采用二级布网方式。测区的首级控制网用GPS控制网进行布设，以建立监测的基准网，其二级网为滑坡体的监测单体网——变形监测点。下面是滑坡外观变形GPS监测的建网要求。

1. GPS基准网的建立

GPS基准网布设应根据滑坡体的具体地形、地质情况而定。GPS基准点宜布设在滑坡体周围（与监测点的距离最好在3km以内）地质条件良好，稳定，且易于长期保存的地方。每一个监测滑坡体应布设2～3个基准点，相邻的滑坡体间布设的基准点可以共用，某一地段的基准点应连成一体，构成基准网点。整个监测区可按地段测设几个GPS基准网点，但它们应能与就近的高等级GPS点（A、B级控制网点）联测，以利于分析基准网点的可靠性及稳定性等情况。就基准网点基线向量的中误差而言，当基线长度$D < 3$km时，基线分量绝对精度小于等于3mm。

2. 监测单体网——监测点的布设

视每一滑坡体的地质条件，特征及稳定状态，在1～2条监测剖面线上，布设4～8个监测点，由于GPS观测无须监测点间相互通视，所以监测点位完全可按监测滑坡的需要选定（但应满足GPS观测的基本条件）。观测时，每个监测点都应与其周围基准点（2～3个）直接联测。

8.2.3 滑坡外观变形GPS监测方法

8.2.3.1 全天候实时监测方法

对于建在滑坡体上的城区、厂房，为了实时了解其变化状态，以便及时采取措施，保证人民生命与财产的安全，可采用全天候实时监测方法——GPS自动化监测系统。

1. GPS自动化监测系统组成

滑坡实时监测系统由两个基点、若干个监测点组成，基准点至监测点的距离在3km左右，最好在 2km 范围以内。在基准点与监测点上都安置 GPS 接收机和数据传输设备，实时把观测数据传至控制中心（控制中心可设在测区某一楼房内，也可以设在某一城市），在控制中心计算机上，可实时了解这些监测点三维变形。

2. 系统的精度

实时监测系统的精度可按设计及监测要求设定，最高监测精度可达亚毫米级。

3. 系统响应速度

从控制中心敲计算机键盘开始，10min 内可以了解 5~10 个监测点的实时变化情况。

8.2.3.2　定期监测方法

定期监测方法是最常用的方法，按监测对象及要求不同可分为静态测量法、快速静态测量法和动态测量法三种。

1. 静态测量法

静态测量法，就是将超过三台以上的 GPS 接收机同时安置在观测点上，同步观测一定时段，一般为 1~2h 不等，用边连接方法构网，然后利用 GPS 后处理软件解算基线，经严密平差计算求定各观测点的三维坐标。

GPS 基准网，应采用静态测量方法，这种方法定位精度高，适用于长边观测，其测边相对精度可达 10^{-9}m，也可用于滑坡体监测点的观测。

2. 快速静态测量法

这种方法尤其适用于对变形监测点的观测。其工作原理是把两台 GPS 接收机安置在基准点上，固定不动以进行连续观测，另 1~4 台 GPS 接收机在各监测点上移动，每次观测 5~10min（采样间隔为 2s），整体观测完后用 GPS 后处理软件进行数据处理，解算出各监测点的三维坐标，然后根据各次观测解算出的三维坐标变化来分析监测点变形。要求基准点至各监测点的距离均应在 3km 范围之内，其监测精度为水平位移 $\pm(3~5)$mm，垂直位移 $\pm(5~8)$mm。若距离大于 3km，水平精度为 5mm $+ D \times 10^{-6}$，垂直精度为 8mm $+ D \times 10^{-6}$。

3. 动态测量法

（1）动态测量法。把一台 GPS 接受机安置在一个基准点上，另一台 GPS 接收机先在另一基准点建站并且保证观测 5min（采样时间间隔为 1s），然后在保持对所接收卫星连续跟踪而不失锁的情况下，对监测滑坡体的各监测点轮流建站观测，每站需停留观测 2~10min。最后用 GPS 后处理软件进行数据处理，解算出各监测点的三维坐标，其观测精度可达 1~2cm。

（2）实时动态测量方法。实时动态测量方法又叫 RTK 方法（Real Time Kinematic），是以载波相位观测为基础的实时差分 GPS 测量技术。其原理是在基准站上安置一台 GPS 接收机，对所有可见 GPS 卫星进行连续观测，并将观测数据通过无线电传输设备，实时的发送给在各监测点上进行移动观测（1~3s）的 GPS 接收机，移动 GPS 接收机在接受 GPS 信号的同时，通过无线电接收设备接收基准站的观测数据，再根据差分定位原理，实时计算出监测点三维坐标及精度，精度可达 2~5cm。如果距离近，基准点与监测点有 5 颗以上共视 GPS 卫星，精度可达 1~2cm。

8.2.4　GPS 滑坡监测的数据处理

滑坡监测的 GPS 基线较短，精度要求较高，因此，需在监测点埋设具有强制对中设备的混凝土观测墩，利用双频 GPS 接收机选择良好的观测时段进行周期性观测。在观测过程中应充分利用有效时间，观测采样以 10s 为一历元，通常应延长观测时间，每一观测时段的观测时间都应在 1h 以上。为了使观测结果更合理，可考虑在不同的时日进行重复观测，最好用不同的卫星。

GPS 高精度变形监测网的基线解算和平差计算，目前一般是采用瑞士 BERNESE 大学研制开发的 BERNESE 软件或美国麻省理工学院研制开发的 GAMIT/GLOBK 软件和 IGS 精密星历。国内目前较有影响的 GPS 平差软件有原武汉测绘科技大学研制的 GPSADJ 系列平差处理软件和同济大学的 TGPPS 静态定位后处理软件。这两种软件主要用于完成经过商用 GPS 基线处理软件处理以后的二维和三维 GPS 网的平差。

在 GPS 滑坡监测中，为了得到监测网中每一时段的精确基线解，根据滑坡监测作业的特点，在进行 GPS 监测数据后处理时，主要应考虑以下因素：

（1）卫星钟差的模型改正使用广播星历中的钟差参数。

（2）根据由伪距观测值计算出的接收机钟差进行钟差的模型改正。

（3）电离层折射影响用模型改正，并通过双差观测值来削弱。

（4）对流层折射根据标准大气模型用 Saastamoinen 模型改正，其偏差采用随机过程来模拟。

（5）卫星截止高度角为 15°，数据采样率均为 10s。

（6）周跳的修复。为了能正确修复周跳，根据滑坡区短基线的特点，采用 L1、L2 双差拟合方法自动修正周跳。解算的成果质量证明，此方法能较好地修复周跳。对未修复的周跳，通过附加参数进行处理。

（7）基准点坐标的确定。为避免起始点坐标偏差的影响，在每期基线解算中，起始点的坐标均取相同值。GPS 监测网各期观测，基线解算所用起算点的坐标一般应选择基准设计中起算点的坐标，起算点最好是具有高精度的 WGS—1984 年坐标，以提高基线解算精度。值得注意的是基线解算时选择了起算点的坐标后，首先应当解算与已知起算点相连的同步时段各条基线，然后依次解算与此相连的另一同步时段的各基线。也就是说，整个 GPS 网基线解算统一在同一基准之下，然后进行 GPS 网观测质量的检核，各闭合环合乎限差规定后，进行下一步的数据处理，即 GPS 网平差。

8.3 GPS 在大坝变形监测上的应用

8.3.1 GPS 在大坝变形监测上的可行性

对水电设施的管理机构和操作人员来说，监测大坝变形和地面沉降是他们的主要任务。及时发现大坝由于自然事故或大型建筑物引发的变形，就能够挽救生命，减少经济损失，避免严重的环境破坏。但是如果大坝及其设施位于偏远的地方，监测它们就比较困难。在偏远的、陡峭的或者有滑坡的地方，采用常规的地面监测方法，其所用的监测设备一般很难布置和维护，而且大多数情况下它们也只能提供定期的信息。

与传统的大坝安全变形观测技术相比，GPS 监测技术有许多吸引人的优点。GPS 只需固定在一个地方而不需要去读数，GPS 测量的数据是三维的，因此它能提供大坝在垂直方向和水平方向的变形信息。同样重要的是 GPS 系统非常适合于自动观测。由于大坝管理人员正致力于劳动力的精简，因此自动装置就显得越来越重要。许多常规的监测系统要求频繁地读数来提供精确的数据，而且有些还要每年拆卸，并且观测完后，需花费大量时间进行数据后处理。结果是关键的数据往往需要几星期，几个月甚至几年才能得到评估和分析。而 GPS 自动监测系统能自动进行实时的数据采集与处理这些问题，因而能高效、快速的获得监测信息结果，为实时的进行大坝安全预报奠定了基础。

应用 GPS 技术进行大坝变形监测，必须处理从固定在大坝上的 GPS 接收器实时发出的连续位置数据流，还得将一定时间段内的数据进行整合使干扰进一步降低。由于 GPS 解决误差所显示的分布与高斯分布配合的非常好，而且能随着时间的推移使监测误差显著地降低，因而 GPS 系统能提供可靠程度极高的长期连续的观测数据，而且能与倾斜感应器、激光铅垂仪等设备一起结合使用，这样可以提供其他系统不能提供的冗余测定成果。GPS 坐标系统是基于全球坐标的一种参照系统，所以它提供的数据是绝对精确的。GPS 的这个特性非常实用，因为大坝上同一测点的两个独立的、不同的测量过程的结果应该可以是相同的（在 GPS 允许误差范围内）。

实时 GPS 系统能通过因特网（Internet）、企业内部网（Intranet）和局域网（LAN）向操作人员和个人终端提供信息。传送实时 GPS 数据的一个好办法是通过局域网上的网页来实现。局域网网页能够提供友好的多用户界面，以便多用户访问 GPS 数据。GPS 系统可以被事先专门编写的程序所控制，因而可以根据系统设计者所定义的临界值来发送可靠的临界警报。

现今，采用 GPS 定位技术进行精密测量，平差后控制点的平面位置精度可以达到 $\pm(1\sim2)$mm，高程测量精度为 $\pm(2\sim3)$mm。若采用性能优良的 GPS 接收机及优秀的数据后处理软件，在采取一定措施后，GPS 能在短时间（数小时甚至更短）内以足够的灵敏度探测出变形体平面位移毫米级水平变形。基于此，许多大坝的安全工程师开始逐渐重视 GPS 系统监测大型构筑物的潜能。通过实践工程的验证，将 GPS 定位技术应用于大坝变形监测，具有精度高、速度快、全自动、全天候、可同时测定三维位移以及监测点间无需通视等特点，这就为大坝外观自动化监测提供了一种新的方法。GPS 技术在隔河岩大坝以及三门峡大坝变形监测的成功运用不仅说明 GPS 技术进行大坝变形监测是可行的，而且随着技术的不断进步，在今后大坝变形监测中使用越来越广泛。

8.3.2　GPS 技术进行大坝变形监测思路

1. 基准设计

基准设计是反映工程变形体监测成果是否可靠、准确的基础。常规的地面测量变形监测方法，由于受监测仪器和地形条件等因素的限制，使监测网的基准点不能离开变形影响区域范围太远，而且还必须考虑到离变形影响区太近时，自身会产生一定程度的变形而出现基准点失稳的情况，因为基准点的稳定问题是能否准确反映变形监测点的变形值的关键问题。而对于 GPS 技术而言，由于采用了高精度的 GPS 仪器，且在布网观测时不需考虑观测点间的通视问题，因而这一问题的就比较容易解决了，此时，完全可以将基准点布设在变形区外较远的地方，从而保证了基准点自身的稳定，进而确保变形监测点的观测数据的可靠度。

2. GPS 网图形结构强度设计

图形强度设计指变形点之间，变形点与基准点之间的几何图形配置，网中独立基线数目和相互连接方式的设计。

首先，在图形选择过程中，必须顾及基准点对变形点的有效控制，同时基准点之间又要能相互检校。其次，在模型识别和参数识别方面的设计将可保证真正的变形模型，和引起变形的真正因素，以便分析引起变形的真正因素和采取相应的对策。

3. 观测时段和周期的设计

针对观测时段和周期，可以将工程及工程变形的性质（如剧烈变化、连续较快变化、长时期的缓慢变化等）结合起来分析，做出有利于实现分析成果和监测意图的最佳观测周期，且可以结合目前太空的卫星分布情况，卫星的健康状况，对于时段的长短、白天、黑夜、气象等外界因素的各种分析，得出最佳的观测时段。

4. 连续长时间观测及分历元数据处理

通常所进行的相对静态定位方法是利用在某一时间段观测（同步）的数据，利用差分等手段，求得点与点之间的坐标向量。而对于连续不断的工程变形，获得的是这一时间段内点位之间最直接的关系值。

8.3.3 隔河岩水库大坝外观变形 GPS 自动化监测系统

隔河岩水库位于湖北省长阳县境内，是清江中游的一个水利水电工程。隔河岩水电站大坝为三圆心变截面混凝土重力拱坝，大坝坝顶弧线全长 653.5m，最大坝高 151m，外圆弧半径 312m，坝顶高程 206m。坝型结构较为新颖，坝体的下部（高程 150m 以下）为斜拱坝，上部（高程 150m 以上）为重力坝。

隔河岩水利枢纽工程规模大、地质条件复杂，枢纽安全监测的测点与测站多，仪器设备类型多，监测项目齐全。清江隔河岩水库大坝在国内首次建起了外观变形 GPS 自动化监测系统，对坝面上的各监测点进行连续同步的三维变形监测，实现了从数据采集、传输、分析、显示、存储、报警全过程自动化。隔河岩水库大坝外观变形 GPS 自动化监测系统于1998 年投入运行，系统由数据采集、数据传输及数据处理、分析和管理三大部分组成。

1. GPS 数据采集

GPS 数据采集分基点和监测点两部分，由 7 台 AshtechZ-12GPS 接收机组成。为提高大坝监测的精度和可靠性，选两个大坝监测基准点，并分别位于远离大坝的清江两岸。选择点位时，要求点位地质条件要好，点位要稳定且能满足 GPS 观测条件。点位选好后，建立了具有强制对中装置的混凝土观测墩，并分别安装 GPS 接收机以作为基准站。

监测点能反映大坝形变，并能满足 GPS 观测条件。根据以上原则，在大坝坝顶面上布设了 5 个变形监测点。

隔河岩水库大坝外观变形 GPS 自动化监测系统基准点为两个（为 GPS1/GPS2）、监测点为 5 个（GPS3 至 GPS7），其中 GPS3 位于坝肩，GPS6 位于坝拱（见图 8-1）。

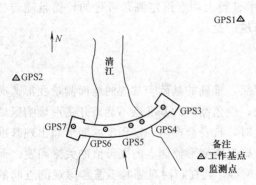

图 8-1 隔河岩大坝 GPS 监测点位分布图

2. 数据传输

为实现 GPS 自动化监测，GPS 观测的资料自动、准确地传输是监测系统的关键。根据现场条件，GPS 数据传输采用有线（大坝面监测点观测数据）和无线（基准点观测数据）相结合的方法，网络结构如图 8-2 所示。

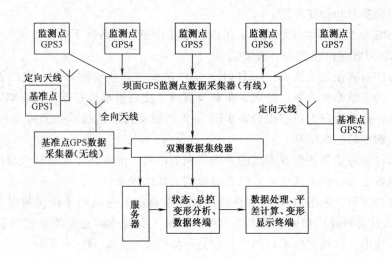

图 8-2　GPS 自动监测系统网络结构

3. GPS 数据处理、分析和管理

数据处理包括总控、数据处理、数据分析、数据管理四个模块组成，这是 GPS 自动监测系统的核心。

整个系统七台 GPS 接收机，在一年 365d 中进行连续观测，并实时将观测资料传输至控制中心，进行处理、分析、存储。系统反应时间小于 10min（即从每台 GPS 接收机传输数据开始，到处理、分析、变形显示为止，所需总的时间小于 10min），为此，建立了一个局域网，以组成一个完善的软件管理、监控系统。

整个系统全自动，应用广播星历 1~2h GPS 观测资料解算的监测点位水平精度优于1.5mm（相对于基准点，以下同），垂直精度优于 1.5mm，6h GPS 观测资料解算水平精度优于1mm，垂直精度优于 1mm。

8.4　GPS 在其他变形监测中的应用

8.4.1　GPS 用于大桥位移的实时监测

目前，监测大型结构位移的仪器主要有经纬仪、位移传感器、加速度传感器和激光铅直仪等，而利用这些常规仪器监测结构位移存在诸多缺陷，这主要是因为采用此类仪器进行监测工作大都难以监测结构位移的实时变化情况。

采用 GPS 卫星定位技术实时监测大桥在荷载作用下的连续位移，可以为大桥的安全性施工和运行提供依据，并可以评价桥梁结构的力学特性和在设计荷载作用下的工作性能，其对检验桥梁结构承载力是十分必要的。此种监测技术是利用 GPS 载波相位实时差分即 RTK技术来监视大桥的位移，具有如下特点：

（1）大桥上各点只要能接收到 5 颗以上卫星及基准站传来的 GPS 差分信号，即可进行RTK GPS 差分定位。由于各监测站不需相互通视，因而其观测值是独立观测值。

（2）GPS 测定位移自动化程度高。该技术的监测过程及数据处理均可以由仪器和相应的监控中心自动完成。可以全天候 24h 测量到大桥各测点的三维位移变化情况，通过计算机处理、分析、积累有关数据，进一步找出大桥三维位移的特性规律，为大桥的安全营运、维修养护提供重要参数和指导作用。

（3）GPS 定位受外界大气影响小，可以几乎在任何气候条件下进行监测。

（4）RTK GPS 定位速度快、精度高。

虎门大桥的监测便是采用 GPS（RTK）实时位移自动化监测系统。虎门大桥处于热带风暴多发区，为了监测到台风、地震、车载及温度变化对桥梁位移产生的影响，了解掌握大桥的安全特性，广东虎门大桥有限公司采用 GPS 实时动态测量技术，通过 7 台 GPS 接收机测量悬索桥关键点的三维位移。

该系统可以实时监测各个观测点的 3 个方向的位移，同时还可以得到大桥的扭角，并能对各点的监测数据进行记录回放，可以及时反映大桥的安全性。

大量的实践证明，采用 GPS 技术获得的监测位移值是可以用于桥梁的安全分析的。随着 GPS 技术、计算机技术和网络技术的发展，未来大型桥梁动态监测系统将是一个集 GPS 技术、数据库技术、可视化技术和网络技术为一体的综合性监测技术系统。

8.4.2　GPS 用于地面沉陷的监测

由于地下煤炭、石油和天然气的开采，引起了许多矿区的地面沉降；由于过量地抽取地下水，也使许多城市的地面，产生了显著的沉陷。

使用 GPS 测量技术对以上所述的沉陷现象进行监测是既经济而又有效的。GPS 观测不要求观测点间相互通视，且速度快，作业灵活，显著地提高作业效率。监测地面的垂直位移，无需将 GPS 测量的大地高程进行系统的转换，不仅简化了计算工作，同时也保障了观测精度。

地面沉陷监测中，GPS 基准点和沉降监测点的密度及位置选择很是关键。这些点位的选择首先必须满足地质分析的要求，而且还应将监测用的基准点布设在地质条件稳定的地方，最好是在基岩上，而变形沉降监测点应布设在能有效反映地壳形变的地方，要求各测点能紧密地和周围的监测地面固联在一起。同时，为了保证顺利地接收卫星信号，点位四周高度角 10° 以上要求无成片障碍物；在城区，还要避免多路径效应。

8.4.3　GPS 用于海上勘探平台沉陷的监测

在海上，由于石油和天然气的开采，可能引起海底地壳的沉降，从而引起勘探平台的下沉。根据北海油田的经验，典型的沉降速度每年可 $10 \sim 15$ cm。GPS 测量技术由于操作简单、快速，监测点之间不但不需相互通视，而且距离一般也不受限制，所以它为海上勘探平台的监测工作，开辟了重要途径。利用 GPS 高精度相对定位方法，对海上平台进行监测，应定期地周期性的进行重复观测。重复观测周期的长短，视相对定位的精度要求和平台可能的沉降量而定（例如每月 1 次或每半年 1 次）。由于平台位移监测的精度要求很高，在实际工作中，需注意削弱多路径效应等系统性误差的影响；在数据处理中，需设法（如采用轨道改进法）减弱卫星轨道误差的影响。

8.4.4　GPS 用于高层建筑物的监测

高层建筑物动态特征的监测对其安全运营、维护及设计至关重要，尤其要实时或准实时监测高层建筑物受地震、台风等外界因素作用下的动态特征，如高层建筑物摆动的幅度（相对位移）和频率。传统的高层建筑物的变形监测方法（采用加速度传感器、全站仪和激光准直等）因受其能力所限，在连续性、实时性和自动化程度等方面已不能满足大型建（构）筑物动态监测的要求。

近年来，随着 GPS 硬件和软件技术的发展，特别是高采样频率如 10Hz 甚至 20Hz GPS

接收机的出现，以及 GPS 数据处理方法的改进和完善等，为 GPS 技术应用于实时或准实时监测高层建筑物的动态特征提供了可能。目前，GPS 定位技术在这一领域的应用研究已成为热点之一，以高层建筑物动态特征的监测为例，设计了振动实验以模拟高层建筑物受地震和台风等外界因素作用下的动态特征，并采用动态 GPS 技术对此进行监测。实验数据的频谱分析结果表明，利用 GPS 观测数据可以精确地鉴别出高层建筑物的低频动态特征，并指出了随着 GPS 接收机采样频率的提高，动态 GPS 技术可以监测高层建筑物更高频率的动态特征，最终建立具有 GPS 数据采集、数据传输、数据处理与分析、预警等功能的高层建筑物动态变形自动化监测与预警系统。

由工程监测实践可知，采用 GPS 技术对高层建筑物进行动态变形观测是可行的，并且其观测数据可以用于高层建筑结构施工定位修正。就现今高层建筑的监测来说，可以采用连续观测方式，分析建筑物在施工期间受不同强度的风作用的动态变形规律（至少可以得到建筑物的最小位移和最大位移，也可以得到纠正时间），根据数据处理结果提供的建筑物施工位移，从而指导纠偏工作。由于建筑物的风振属于随机振动，利用 GPS 技术进行建筑物动态变形观测所获数据，研究建筑物随机振动的规律性，既能为高层建筑的施工纠偏提供可靠的科学依据，又能为优化高层建筑设计提供新的技术手段。

小　结

利用 GPS 定位技术进行变形监测具有测站间无需保持通视、能同时测定点的三维位移、全天候观测、易于实现全系统的自动化、可消除或削弱系统误差的影响以及可直接用大地高进行垂直形变测量等优点，因而在滑坡、大坝的变形、陆地建筑物的变形和沉陷、海上建筑物的沉陷、资源开采区的地而沉降等几个领域的变形监测得到了广泛应用，成为变形监测中的一种新的有效的手段。

GPS 应用于变形监测已取得许多试验研究成果。但在现阶段，在高山峡谷、地下、建筑物密集地区和密林深处，由于卫星信号被遮挡及多路径效应的影响，其监测精度和可靠性还不是很高或无法进行监测。而且应用 GPS 技术，也只能获取形变体上部分离散点的位移信息。另外，根据一些滑坡 GPS 监测资料的分析结果，目前 GPS 监测水平位移的精度较高，而监测垂直位移的精度较低（约比水平位移的监测精度低 2 倍），这种状况使得高精度变形监测中还难以利用 GPS 同时精确测定平面和垂直位移。由于 GPS 存在这些不足之处，在目前，它还不能完全替代常规的大地测量变形监测技术和摄影测量监测技术，而应在必要时采用由 GPS 与其他技术（GIS、RS、IN-SAR、近景摄影测量和特殊变形测量技术等）集成组合而成的变形监测系统。

习　题

1. 简述 GPS 定位技术在工程变形监测中的应用特点，其应用前景如何？
2. 目前 GPS 定位技术运用于哪些领域的变形监测？
3. 简述滑坡外观变形 GPS 监测方法。
4. 用哪些软件可进行 GPS 高精度变形监测网的基线解算和平差计算？
5. 隔河岩水库大坝外观变形 GPS 自动化监测系统包括哪几个部分？
6. 试述用 GPS 技术进行桥梁实时变形监测的特点？

第 9 章　变形监测新技术及发展趋势

本章共分两节，主要讲述内容是变形监测的发展趋势和当前变形监测的新技术。近几年伴随着电子技术、计算机技术、信息技术和空间技术的发展，新出现的变形监测新技术主要有光纤传感技术、激光扫描技术、GPS 技术、渗流热监测技术、DDA 和 TDDA 法、时间域反射技术和合成孔径干涉雷达技术等。变形监测技术未来将向高精度、自动化、实时化与智能化的方向发展。未来的变形监测技术应做到内外业一体化，将多媒体系统和模拟仿真技术应用于监测系统。

9.1　变形监测技术发展趋势

变形监测技术是一门集多学科为一体的综合技术应用。伴随着电子技术、计算机技术、信息技术和空间技术的发展，国内外变形监测方法和相关理论得到了长足的发展。常规监测方法趋于成熟，设备精度、性能都具有很高水平。监测方法多样化、三维立体化；其他领域的先进技术逐渐向变形监测领域进行渗透。未来变形监测技术的主要发展方向是：

1. 高精度、自动化、实时化的发展趋势

光学、电子学、信息学及计算机技术的发展，给变形监测仪器的研究开发带来勃勃生机，能够监测的信息种类和监测手段也将越来越丰富，同时某些监测方法的监测精度、采集信息的直观性和操作简便性有所提高，充分利用现代通信技术，提高远距离监测数据信息传输的速度、准确性、安全性和自动化程度；同时提高科技含量，降低成本，为经济型监测打下基础。

监测预测预报信息的公众化和政府化。随着互联网技术的开发普及，监测信息可通过互联网在各相关职能部门间进行实时发布。各部门可以通过互联网及时了解相关信息，及时做出决策。

2. 智能传感器的开发与应用

（1）调查与监测技术方法的结合。随着计算机的高速发展，地球物理勘探方法的数据采集、信号处理和资料处理能力大幅度提高，可以实现高分辨率、高采样技术的应用；地球物理技术将向二维、三维采集系统发展；通过加大测试频次，实现时间序列的变形监测。

（2）智能传感器的发展。集多种功能于一体、低造价的变形监测智能传感技术的研究与开发，将逐渐转变传统的点线式空间布设模式，且每个单元均可以采集多种信息，最终可以实现近似连续的三维变形监测信息采集。

变形监测的发展趋势，是内外业一体化、自动化、数字化、智能化，将多媒体系统和模拟仿真技术应用于监测系统，在被监测目标破坏刚开始或将要开始时实现安全预警功能。也就是说，在收集了前期的观测数据后，从物理力学角度运用多学科相关知识分析，输入模拟仿真系统进行受力后下一时期的变形结果预测；再不断地用后期收集的实测数据进行回代。对比其可靠性，并加以修正。这样，仿真技术成果趋于实际，并先于实际得出安全评判，以确保被监测目标安全运营，若发生故障可以及早补救。

9.2　变形监测新技术

随着科学技术的发展及对变形体变形机理的深入研究,目前国内外变形监测技术方法已逐渐向系统化、智能化方向发展。监测内容、方法、设备日趋多样化,监测精度越来越高。近年来出现了一些有别于传统监测方法的新技术。

1. 传感器和光纤传感技术

测量自动化的初级实现是近十几年发展起来的传感器,推动了连续观测方法的兴起。它根据自动控制原理,把被观测的几何量(长度、角度)转换成电量,再与一些必要的测量电路、附件装置相配合,即组成自动测量装置。所以传感器是自动化观测必不可缺的重要部件。从外部观测的静力水准、正倒锤、激光准直到内部观测的渗压计、沉降计、测斜仪、土体应变计、土压计,其自动化遥测都建立在传感器的基础上。由于用途不同,传感器的形式和精度也不相同。它可以分为机械式、光敏式、磁式、电式传感器(又分为电压式、电容式、电感式),目前运用最多的是电式和磁式传感器。

光纤传感技术,光导纤维是以不同折射率的石英玻璃包层及石英玻璃细芯组合而成的一种新型纤维。它使光线的传播以全反射的形式进行,能将光和图像曲折传递到所需要的任意空间。它是近 20 年才发展起来的一种光传输的特殊材料,主要用于邮电通信、医疗卫生、国防建设等方面,在各领域的应用才刚刚开始,并受到各发达国家研究机构的普遍重视,发展前景十分广阔。

光纤传感技术是以激光作载波,光导纤维作传输路径来感应、传输各种信息。80 年代中后期国外开始了应用于测量领域的理论研究,在美国、德国、加拿大、奥地利、日本等国已应用于裂缝、应力、应变、振动等观测上。凡是电子仪器能测量的物理量,它几乎都能测量,如位移、压力、流量、液面、温度等。其灵敏度对位移达 10^{-3} cm,对温度达 0.01℃。国内从 1990 年开始在应用理论研究上有了较快发展,针对大坝监测研究的几种光纤传感系统已获得专利权。光纤传感技术具有如下几个优点:

(1) 传感和数据通道集为一体、便于组成遥测系统,实现在线分布式监测;

(2) 测量对象广泛,适于各种物理量的观测;

(3) 体积小、质量轻、非电连接、无机械活动件,不影响埋设点物性;

(4) 通信容量大,速度快,灵敏度高,可远距测量;

(5) 耐水性、电绝缘好,耐腐蚀,抗电磁干扰;

(6) 频带宽,有利于超高速测量;

(7) 自动化程度高,仪器利用率高,性能价格比优。

所以,光纤传感技术适用于坝体的温度、裂缝、应力应变、水平位移、垂直位移等的测量,用以监测坝体关键部位的形变状况。尤其可以替代高雷区、强磁场区或潮湿地带等环境下可以采用此项技术替代电子类仪器进行恶劣环境下的坝体监测工作。同时注意,此方法不适合沥青混凝土裂缝的测试,由于沥青混凝土以流变和蠕变为主,难以出现脆性断裂开缝,且它与裸光纤之间摩擦系数小,光衰减变化与沥青混凝土变形不同步,要选择利用。随着工程应用和不断改进,光纤传感技术在大坝监测以及其他土木工程中将推广应用。通过合理的光纤铺设,可以监测整个变形体的应变信息。

2. 时间域反射技术

时间域反射技术(Time Domain Reflectometry)是一种电子测量技术。许多年来,一

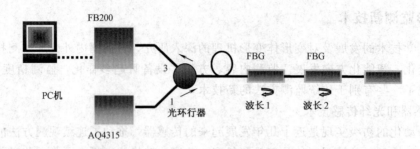

图 9-1 传感系统

图 9-2 桥梁、大坝、房屋建筑温度、应力监测系统

直被用于各种物体形态特征的测量和空间定位。早在 20 世纪 30 年代，美国的研究人员开始运用时间域反射测试技术监测通讯电缆的通断情况。在 20 世纪 80 年代初期，国外的研究人员将时间域测试发射技术用于监测地下煤层和岩层的变形位移等。20 世纪 90 年代中期，美国的研究人员将时间域反射测试技术开始用于滑坡等地质灾害变形监测的研究，针对岩石和土体滑坡曾经做过许多的实验研究，国内研究人员已经开始该方法的研究工作，并已在三峡库区投入实验应用阶段，同时开展了与之相关的定量数据分析理论研究。

3. 激光扫描技术

该技术在欧美等国家应用较早，我国近期开始逐渐引进。主要是用于建筑工程变形监测以及实景再现，随着扫描距离的加大，逐渐向地质灾害调查和监测方向发展。

该技术通过激光束扫描目标体表面，获得含有三维空间坐标信息的点云数据，精度较高。应用于变形监测，可以进行变形体测图工作，其点云数据可以作为变形体建模、监测的基础数据。

激光扫描技术提高了探测的灵敏度范围，减少了作业条件限制，克服了一定的外界干扰。它满足了变形监测的及时、迅速、准确的要求，同时也有自身的局限性，即激光设备要求用于直线型、可通视环境。

4. 合成孔径干涉雷达技术（InSAR）

运用合成孔径干涉及其差分技术（InSAR 及 D-InSAR）进行地面微位移监测是 20 世纪 90 年代逐渐发展起来的新方法。该技术主要用于地形测量（建立数字化高程）、地面形变监测（如地震形变、地面沉降、活动构造、滑坡和冰川运动监测）及火山活动等方面。

同传统地质灾害相比，具有以下特点：

(1) 覆盖范围大；

(2) 不需要建立监测网；

(3) 空间分辨率高，可以获得某一地区连续的地表形变信息；

(4) 可以监测或识别出潜在或未知的地面形变信息；

(5) 可以全天候监测，不受云层及昼夜影响。

但由于系统本身因素及地面植被、湿度及大气条件变化的影响，精度及其适用性还不能满足高精度地质灾害监测。

为了克服技术在地面形变监测方面的不足，并提高其精度，国内外技术人员先后引入了永久激射点（PS）的技术和 GPS 定位技术，使 InSAR 技术在城市及岩石出露较好的地区地面形变监测精度大大提高，在一定的条件下精度可达到毫米级。永久散射（PS）技术通过选取一定时期内表现出稳定干涉行为的鼓励点，克服了许多妨碍传统雷达技术的分辨率、空间及时间上基线限制等问题。

5. GPS 定位监测技术

GPS 卫星定位技术已经渗透到经济建设和科学技术的许多领域，尤其对测量界产生了深刻影响。由于 SA 政策和 AS 措施，使得民用 GPS 精度不高，难以满足大坝监测的要求。随着研究和改善 GPS 定位的工作模式和数据处理方法，并开发的相应软件已日趋成熟，隔河岩大坝首次在国内将 GPS 应用于大坝变形监测上。值得一提的是，在 1998 年 8 月大坝蓄水至 150 年一遇的洪水水位期间，GPS 监测系统一直安全可靠，抗干扰能力强，监测精度高，1h 的 GPS 观测资料解算的监测点位水平精度优于 1mm，垂直精度优于 1.5mm；6h 的 GPS 观测资料解算水平精度优于 0.5mm，垂直精度优于 1mm。该系统数据处理分析及时，反应时间小于 15min，能够快速反映大坝在超高蓄水下的 3 维变形，不仅确保了大坝的安全，也成功地实现了洪水错峰，为防洪减灾起到重大作用。实践证明，由于具有"全天候、实时、自动化监测"等优点，GPS 可用于大坝的动态实时位移监测、振动频率测试和安全运营报警系统。为了继续提高精度、扩大量程，不仅要求硬件的改进更新，还需要软件设计中解算功能进一步优化，这是专业技术人员发挥潜力之地。

小　　结

(1) 主要介绍变形监测技术发展趋势。讲述了变形监测技术未来将向高精度、自动化、实时化与智能化的方向发展的观点。未来的变形监测技术应做到内外业一体化，将多媒体系统和模拟仿真技术应用于监测系统。

(2) 介绍了几种变形监测新技术。目前国内外变形监测技术方法已逐渐向系统化、智能化方向发展。具体有以下监测新技术：传感器和光纤传感技术、时间域反射技术、激光扫描技术、合成孔径干涉雷达技术（InSAR）、GPS 定位监测技术等。

习　　题

1. 简述工程变形监测技术的发展趋势。

2. 举例说明现今的变形监测新技术的应用特点。

3. 叙述光纤传感技术的基本特点。

参 考 文 献

1. 杨晓平，王云江. 建筑工程测量. 武汉：华中科技大学出版社，2006.

2. 王云江，赵西安. 建筑工程测量. 北京：中国建筑工业出版社，2002.

3. 李青岳，陈永奇. 工程测量学. 北京：测绘出版社，1995.

4. 孔祥元，梅是义. 控制测量学. 武汉：武汉测绘科技大学出版社，1996.

5. 夏才初，潘国荣. 土木工程监测技术. 北京：中国建筑工业出版社，2002.

6. 张正禄等. 工程测量学. 武汉：武汉大学出版社，2006.6.

7. 高俊强，严伟标. 工程监测技术. 北京：国防工业出版社，2005.12.

8. 黄声享等. 变形监测数据处理. 武汉：武汉大学出版社，2004.7.

9. 吴玉财，丁仁伟等. 基于监测技术的公路高危边坡安全控制. 公路，2005年12期.

10. 高俊强，缪凯等. 建筑物沉降观测精度指标的研究. 南京建筑工程学院学报，2001.

11. 刘勇，陈超男等. 鹿城仓储中心建筑物沉降观测及分析. 浙江水利科技，2005.

12. 熊福文. 大坝GPS整体变形监测研究. 上海地质，2001.

13. 胡友健，梁新美等. 论GPS变形监测技术的现状与发展趋势. 测绘科学，2006.

14. 何秀凤等. GPS一机多天线变形监测系统. 水电自动化与大坝监测，2002.

15. 徐绍铨等. GPS测量原理及应用. 武汉：武汉大学出版社，2003.

16. 徐绍铨. 隔河岩大坝GPS自动化监测系统. 铁路航测，2001.

17. 吴子安. 工程建筑物变形观测数据处理. 北京：测绘出版社，1989.

18. 中华人民共和国国家标准. 建筑变形测量规程（JGJ/T 8—1997）. 1997.

19. 朱良峰，殷坤龙，张梁等. 地质灾害风险分析与GIS技术应用研究. 地理学与国土研究，2002，18（3）.

20. 殷坤龙. 滑坡灾害预测预报分类. 中国地质灾害与防治学报，2003，14（4）.

21. 陈永奇. 变形观测数据处理. 北京：测绘出版社，1988.

22. 陈德基. 水利工程勘测分册. 北京：中国水利水电出版社，2004.

23. 赵志仁. 大坝安全监测设计. 北京：黄河水利出版社，2003.

24. 李珍照. 混凝土坝观测资料分析. 北京：水利电力出版社，1989.

25. 季伟峰. 工程地质与地质工程. 北京：地质出版社，1999.